全新修订版

猫咪家庭医学

大百科

林政毅 ✚ 陈千雯
著

弹簧小姐王佳妮
审校

電子工業出版社·
Publishing House of Electronics Industry
北京·BEIJING

《猫咪家庭医学大百科2019年畅销新编版》 林政毅，陈千雯著

中文简体字版©2021年由电子工业出版社独家出版发行。

本书经城邦文化事业股份有限公司麦浩斯出版社授权出版中文简体字版本。非经书面同意，不得以任何形式任意重制、转载。

版权贸易合同登记号 图字：01-2016-0898

图书在版编目（CIP）数据

猫咪家庭医学大百科 : 全新修订版 / 林政毅, 陈千雯著. — 北京 : 电子工业出版社, 2021.4

ISBN 978-7-121-39889-6

Ⅰ. ①猫⋯ Ⅱ. ①林⋯ ②陈⋯ Ⅲ. ①猫病－防治 Ⅳ. ①S858.293

中国版本图书馆CIP数据核字（2020）第215091号

责任编辑：周　林

印　　刷：文畅阁印刷有限公司

装　　订：文畅阁印刷有限公司

出版发行：电子工业出版社

　　　　　北京市海淀区万寿路173信箱　邮编：100036

开　　本：720×1000　　1/16　　印张：21　　字数：470千字

版　　次：2016年5月第1版

　　　　　2021年4月第2版

印　　次：2025年1月第14次印刷

定　　价：118.00元

凡所购买电子工业出版社图书有缺损问题，请向购买书店调换。若书店售缺，请与本社发行部联系，联系及邮购电话：（010）88254888，88258888。

质量投诉请发邮件至zlts@phei.com.cn，盗版侵权举报请发邮件至dbqq@phei.com.cn。

本书咨询联系方式：zhoulin@phei.com.cn。

伴侣动物带给现代人无限的乐趣，尤其在少子化、高龄化的社会人口结构之下，伴侣动物对于人们而言更具有纾解压力、抚慰心灵的作用。众多的伴侣动物当中以猫、狗为主，特别是在发达国家，饲养的猫咪的数量更是多于狗狗的数量！以美国为例，2012年全美猫狗饲养统计数据为：猫咪总数8200万只、狗狗总数7000万只左右；日本也是如此，猫咪总数比狗狗总数多了将近100万只（猫咪1100万只，狗狗1000万只）。虽然在中国台湾，目前狗狗总数仍大于猫咪总数，但是台北市多位临床兽医师私下表示，目前猫咪诊所的数量正不断上升。

本人睥长林政毅医师几岁，但是对林医师在小动物临床医疗上的技术深表敬佩。他是位非常执着完美的医师，他执掌的台北中山动物医院和101台北猫医院都是在全台湾伴侣动物医疗界名列前茅的。当遇到猫咪疑难杂症时，林医师是我们建议转诊的不二人选。他不仅多次在中国台湾及香港地区发表猫科相关文章和演讲，也经常在大陆各城市的兽医大会做专题讲座，他被誉为"猫博士"绝对当之无愧！除此之外，林医师热衷公益，提携兽医后辈不遗余力，常常能在猫村看见林医师夫妇的身影……

本书承袭林医师一贯的"林氏风格"，由林医师与猫医院院长陈千雯医师共同编著，内容非常适合猫咪主人参考。从了解猫咪生理特性开始，两位医师将其多年来的临床经验用浅显易懂的方式详细介绍：猫一生的生理变化、常见疾病及症状、简易居家医疗照护等，其目的在于让所有猫咪的主人多了解猫咪、观察猫咪是否生病、给它们适当的照顾，最重要的是能够分辨猫咪的身体状况，及早预防潜藏的疾病，让猫咪健健康康地多陪我们一些时间！

杨静宇

台北市兽医师公会前理事长

　　动物医师是个什么样的职业？许多给人看病的医师朋友常常跟我开玩笑说："动物又不会说话，你们怎么看病？肯定是糊弄畜主的！"我说："和小儿科医师是一样的道理，只是动物除了不会说话，情绪不好时还会咬你一口，让你血流如注，这也让我们这行常常开玩笑说自己赚的是'血汗钱'！"也正因为如此，作为动物医师，需要更多的耐心和观察力，从洞察小小的行为改变，到理学检查、仪器检验，每个步骤及细节都可能告诉你——你的病患到底怎么了。这是当一位动物医师必须具备的能力和心态，也让我们这群动物医师常常自我期许，宁愿多花一点时间检查，也不愿放弃各种可能的信息。

　　我和林政毅医师认识超过5年了。在我还是个小小的兽医系学生时，就已经看过他在专业领域里写的几本书；他是台湾第一位全力投入猫病领域的专业医师，我们行业里给他取了一个"猫博士"的称号，且他经常通过专业的教学及演讲，无私地贡献其所学，分享他的临床经验，因此在业界已经是无人不知、无人不晓。也因为如此，他非常了解畜主教育的重要性，为了让猫奴们可以少陷入新手时期的窘境，且在猫咪生病时不要慌了手脚、彷徨无助，他和101台北猫医院的陈千雯医师一同写了这本书，希望网络上各种错误的信息不要再以讹传讹。

　　这是一本简单的入门书，由专业的猫病专家为你开启养猫知识的大门，可以让你更加了解猫咪衣食住行各方面的知识，甚至疾病的相关信息，让你不至于在猫咪生病时，急得像热锅上的蚂蚁，病急乱投医。何其有幸，我可以为这本书写推荐序，林政毅医师是一位无私奉献于兽医行业教学和畜主教育交流的好医师，我也很幸运地和他与谭大伦医师合著了两本专业书籍：《宠物医师临床手册》《小动物输液学》。林医师是我学习的榜样，古人常说出书立命是读书人一辈子要做的事，这个行业也正因为有了这群人的奉献与努力，让台湾的兽医水平持续进步，也让所有饲养伴侣动物的畜主，可以放心把家中的"小朋友"交到我们手上。让我们一同继续努力吧！

翁伯源

中国农业大学教学动物医院客座讲师／中国台湾小动物内科医学会理事长
中国小动物兽医师大会心脏科专任讲师／台北市兽医师公会常务理事
美国猫科医学会会员／剑桥动物医院院长

　　许多不了解猫咪的人，对猫咪的印象大多数比较负面，认为猫咪是一种很阴险的动物；而在好莱坞的卡通电影中，更是将猫咪塑造成十恶不赦的坏蛋，好像狗是很憨厚的动物，而猫却是处处奸诈狡猾、处心积虑想要除掉狗的动物。其实完全不是这样子的，如果仔细观察猫咪，跟猫咪好好相处，就会发现猫咪有很多动作是很细致、温柔且高雅的，只有长期与猫咪相处或是养过猫咪的人，才能体会与猫咪互动的奥妙，并能发现猫咪迷人的地方。

　　这本书对猫咪生老病死过程中会发生的事都有详细描述，从最基本的身体构造、迎接新成员、猫咪常见的疾病到老年猫的照顾，林医师将该注意的事项都巨细靡遗地告诉读者，这本书堪称讲述猫咪照顾最完善的一本书，所有养猫的人应该人手一本！

　　我跟林政毅医师认识已经超过十年，他在海峡两岸及港澳地区的演讲场场爆满、场场轰动，大家都知道他的演讲不但幽默，而且内容丰富。林医师在兽医行业里有着"猫博士"的称号，他创建了第一家专门治疗猫咪的动物医院——101台北猫医院。陈千雯医师是猫医院的院长，对猫咪的诊治无微不至、视病犹亲，这么多年下来给猫看诊的功力也是非同小可，相信这本书一定会让爱猫人士获益良多。最后希望所有爱猫人士看了这本书后，在照顾猫咪时能更加得心应手，猫咪都能健康、长寿又快乐。

谭大伦

亚洲小动物医学会主席

中国台湾小动物肾脏科医学会理事长

中国农业大学教学动物医院客座讲师

曼哈顿动物医院院长

　　我目前养了7只猫，生活和工作中都离不开猫，自称猫奴一点也不为过。很多朋友、网友都喜欢问我许多关于猫咪医疗的问题，因为他们认为我一定都懂，但其实我是直接打电话去问林政毅、陈千雯两位专业人士，这样比较快。这两位医师号称理性与感性的组合，我觉得对于爱猫人来说这是非常重要的！

理性的猫博士：

　　虽然年纪不小了（算是老兽医），但还是一直在专业领域里不断地钻研，结合高科技仪器来辅助治疗更多猫科的疑难杂症。他常告诉我："一位优秀的临床兽医师，要有能力正确地找出病因，才能对症下药减轻猫咪的病痛，也才能减少畜主的负担。"我看到他的努力，也相信这是他会成功的原因。

感性的小陈医师：

　　她除了传承猫博士的功力，更有自己独特的猫式风格，她讲话很慢，看诊时不仅对猫咪有耐心，对猫主人的态度更是诚恳与专业；下班没事时就宅在家查资料，或是陪我到偏远乡镇去协助做街猫的医疗，她回答我的问题都很仔细，不会像猫博士那样不耐烦！

　　现在有了这本书，也可以减少我打电话求助的次数，通过书上的专业解说、资料的整合分析，我想肯定会让许多猫奴在半夜能安稳地睡觉，不必再惶恐无助。最后也期待台湾的动物医疗水平能够在良医、优书、好环境下不断提升，这一切需要更多畜主的尊重与肯定。

猫夫人

现在的人们饲养猫咪不再像以前只是为了让猫抓老鼠，而是把猫变成了生活中的伴侣或是家人，因此养猫知识也越来越多元。很多猫奴对于猫咪的饲养和疾病观念大都来自网络、口耳相传或是国外书籍翻译的相关信息，目前并没有一本书完整提供饲养及疾病照顾的相关知识，尤其是在疾病照顾的部分，因此我们想写一本从猫咪出生到老年饲养照顾及疾病看护的书，让更多猫奴在照顾猫咪、遇到无法解决的问题时，能有暂时帮忙解决问题的工具书。

临床上，很多猫咪都是生病很严重了，猫奴们才会带着猫咪到宠物医院看医师，但往往都已经来不及了。每当看到猫奴们自责或是难过的样子，我心里都会想：如何才能减少猫奴的自责及难过？怎么样才能让疾病对猫咪的伤害减到最小？因此在本书中提到了很多疾病的早期症状，让猫奴们在日常生活中及早能注意到猫咪行为上的异常，并将其带到医院接受检查及治疗。

为了让猫奴们能更容易地饲养及照顾每个时期的猫咪，让猫咪能有更良好的生活质量，这本书对猫咪出生的照顾、日常生活的照顾、老年时期的照顾，以及生病时的照顾都有详细的介绍，希望通过专业的知识给猫奴们提供更多医疗帮助。想写在书里的东西很多，但无法全部收录，只能将一些经常发生或是遇到的情况写下来，但这些都只是提供日常或紧急时的照护参考。相信医师的医疗专业，配合医师的治疗方案，才是对猫咪最好的医疗！

林政毅　陈千雯

大陆宠物医院联袂推荐

北京宝来富动物医院

北京京冠动物医院

长沙维美宠物医院

常州市新北区三井宠爱宠物医院

常州贴心伴侣宠物医院

成都紫荆关爱动物医院

成都铭心宠物医院

东莞市虎门东东动物医院

广东珠海蓝澳动物医院

广州百思动物医院

广州市方舟动物医院

广州市海珠区宠物星动物医院

广州市吉雅动物医院

广州市明爱动物医院

广州市越秀区雅泰动物医院

广州致远动物医院

杭州张旭动物医院

合肥新安宠物医院

合肥新安猫专科医院

济南乐哇宠物医院

济南雷欧宠物医院

荆州市福心宠物诊所

南京博硕宠物医院

南京博研宠物医院

南京联萌宠物医院

青岛爱诺伴侣动物医院

瑞鹏宠物医院

汕头市柏康宠物医院

上海合爱堂动物医院

深圳福华宠物医院

深圳鹏爱猫专科医院

深圳市华南宠物医院

深圳市皇家宠物医院

深圳市联合宠物医院

深圳市联合立健宠物医院猫专科

深圳市南山区伴侣宠物医院

深圳伴侣宠物医院猫专科诊所

深圳市万宝宠物医院

深圳市协和佰佳动物医院

苏州曹浪峰宠物医院

无锡都市宠物医院

武汉博康动物医院

武汉皇家动物医院

武汉金桥动物诊所

武汉康美乐动物医院

武汉市新阳光动物医院

武汉希望动物医院

武汉卓越动物医院

厦门欣利康宠物医院

仪征真州镇多趣宠物诊所

肇庆好帮手宠物医院

重庆福源爱动物医院

|目录|

CONTENTS

PART

1

认识猫咪

Ⓐ 猫的中国史

　　以往猫一直被认为是阴森、狡诈、恐怖的代表，所以，动画片《太空飞鼠》打的坏蛋都是猫；电影《猫狗大战》中，猫就是要统治地球、奴役人类的小坏蛋；而以往的华语恐怖片也总喜欢在晚上用黑猫来制造恐怖气氛。

　　其实，这些都是对猫的偏见。随着社会的城市化，这些被养在家里的猫咪逐渐跃上台面，成了主流。

　　而我们在读中国历史时，却往往很难找到关于猫咪的蛛丝马迹。有一次我恳请著名书法家黄笃生大师帮我写各种字体的"猫"字，却只见他皱皱眉头说，其实"猫"的书法古字真的不多，楷书、行书、隶书或许还找得到，但大篆、小篆就真的有困难了。

　　到底猫在中国历史上扮演着什么角色呢？就让我们继续看下去吧！

猫的名字

　　如果你想靠"猫"这个字，去寻找中国历史上的猫咪们，那还真的是寥寥无几！但事实上，中国古代各朝代对猫都有着不同的称呼，例如"狸奴""玉面狸""衔蝉""鼠将""雪姑""女奴""白老""昆仑妲己"及"乌圆"等，都是古代对猫的称谓。

　　历史上与猫有关的最有名的桥段就属"狸猫换太子"了！所谓的"狸猫"是指狸花猫，也就是花猫。传说宋真宗第一个老婆死后，刘妃及李妃都怀了孕，只要谁先生下儿子，就可能被立为皇后。刘妃生怕被李妃抢了"头彩"，于是与宫中总管郭槐勾结密谋，并配合黑心产婆尤氏，把一只狸猫剥去皮毛，血淋淋地换走李妃刚生下的太子，这就是有名的"狸猫换太子"；而宋真宗也真是笨，真就以为李妃生下妖孽，便将李妃打入冷宫。但是，在这故事中最可怜的，其实是那只被扒了皮的花猫……

　　中国最早出现猫的历史文献，是西周时代的《诗经·大雅·韩奕》，其中写道："有熊有罴，有猫有虎"，这是世界上最早的对猫的文字记载；而《庄子·秋水》及《礼记》也都曾歌颂过猫咪抓老鼠的丰功伟业，甚至提到连天子都会迎猫祭祀，答谢

猫咪的辛劳。

到了东汉，汉明帝笃信佛教，为了保护翻译的《四十二章经》不被老鼠啃咬破坏，甚至远从印度进口猫咪到白马寺去保护经书。

而古代的名人雅士中也不乏猫奴，北宋的黄庭坚就是其中之一。其诗作《乞猫》是这么写的："秋来鼠辈欺猫死，窥瓮翻盘搅夜眠。闻道狸奴将数子，买鱼穿柳聘衔蝉。"他还有一篇《谢周文之送猫儿》："养得狸奴立战功，将军细柳有家风。一箪未厌鱼餐薄，四壁当令鼠穴空。"

而南宋另一位猫奴就是陆游，有诗作《赠猫》："盐裹聘狸奴，常看戏座隅。时时醉薄荷，夜夜占氍毹。鼠穴功方列，鱼餐赏岂无。仍当立名字，唤作小於菟。"

另一诗作《鼠屡败吾书偶得狸奴捕杀无虚日群鼠几空为赋》写道："服役无人自炷香，狸奴乃肯伴禅房。书眠共籍床敷暖，夜坐同闻漏鼓长。贾勇遂能空鼠穴，策勋何止履胡肠。鱼餐虽薄真无愧，不向花间捕蝶忙。"

还有一作《十一月四日风雨大作》："风卷江湖雨暗村，四山声作海涛翻。溪柴火软蛮毡暖，我与狸奴不出门。"

南宋的文天祥也是一名猫奴，曾作《又赋》："病里心如故，闲中事更生。睡猫随我懒，黠鼠向人鸣。羽扇看棋坐，黄冠扶杖行。灯前翻自喜，瘦得此诗清。"

而明朝的文徵明，也曾著有一首《乞猫》："珍重从君乞小狸，女郎先已办氍毹。自缘夜榻思高枕，端要山斋护旧书。遣聘自将盐裹箬，策勋莫道食无鱼。花阴满地春堪戏，正是蚕眠二月余。"

不管是"狸"还是"猫"，从许多中国古代诗词作品或画作中，都可以找到猫咪的身影。这也表明猫咪在古代中国拥有重要的地位。无论是守护珍贵的书籍不被老鼠啃咬，还是作为陪伴的友伴，从古至今同样不变的就是——猫咪走进了人类的生活，并"驯服"了人类，让人类甘愿成为猫咪的"奴隶"，不是吗？

B 猫的身体构造

因为具备优越的眼力、听力及运动能力，猫咪生下来就是一个狩猎高手。不过，猫咪身体的每一个器官都有各自的功能，看似独立却缺一不可，各器官有着互补的作用，缺少一个感觉器官，猫咪就无法完成完美的狩猎行为。

尾巴

当猫咪奔跑或走在较狭窄的地方时，会晃动尾巴来维持身体的平衡。尾巴也可以用来表达情感，例如，猫咪不开心的时候，尾巴会快速地左右摆动；受到惊吓时，尾巴的毛会竖起来，尾巴看起来又粗又大。此外，当母猫带着小猫行进时，母猫的尾巴就像北极星一样，可以作为指引的记号，小猫跟着母猫举高尾巴的方向走，才不会迷路。

肘部

主要是跳跃力量的来源。当猫咪趴下或是趴着准备起来时，靠肘部来支撑身体的重量。另外，肘部弯曲时会蓄积力量，伸展时会利用这个力量来跳跃。

腕部

腕部是由八块小骨头组成的。因为这个构造让腕部关节可以灵活地运动，所以前脚攀爬或狩猎才能更容易。

膝

膝关节与肘关节的作用是一样的。当膝关节弯曲并伸展时，可以产生与弹簧一样强而有力的弹力。因为这个特性，猫咪在跳跃时，高度可达自己身长的5倍。

飞节

对人来说是脚跟，而猫咪后脚跟的位置在较高的地方。以人来比喻，就像是在踮着脚尖走路。所以猫咪在跑步时和地面的摩擦力很小，踢的力量变大。因此，无论猫咪什么时候开始跑步，都能产生瞬间的爆发力。

眼睛　　　　猫咪的视野是280°，对于快速移动的物体或是在黑暗的房间里，都可以看得很清楚。

虹膜

虹膜可以控制瞳孔的大小，虹膜上有大量色素细胞的分布，可以保护视网膜、水晶体、玻璃体不受紫外线的伤害，也是很多猫品种判定的重要依据，如美国短毛猫和金吉拉猫是翠绿色的虹膜，波斯猫是橘色的虹膜。

巩膜

也就是眼白部分，它的上面覆盖着一层透明的结膜，在眼白上可能会看到几条较粗的血管分布。

第三眼睑

靠近鼻梁的眼角内侧有一小块可往外滑动的白色组织，就是所谓的第三眼睑或称瞬膜，具有分泌泪液、分布泪液及保护眼球的功能。这是人类所没有的构造。

瞳孔

瞳孔就是眼睛正中央所见的黑色孔径，会随着光线的强弱而增大或缩小。

眼睑（眼皮）

可以充分保护眼球，而泪腺所分泌的眼泪也能提供给眼球表面组织足够的湿润度。

鼻子　　　　猫咪的鼻子可以闻到500米以外的味道！

鼻镜

汗和皮脂让鼻镜变得湿润，因此气味分子容易附着，使猫咪的嗅觉变得较敏锐。

舌头　　　　猫咪舌头表面布满了向喉内生长的细小倒刺。

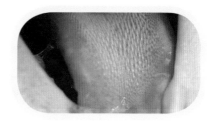

猫舌的丝状乳头

倒刺具有相当重要的功能！当猫咪在舔身体时，像在用梳子梳理毛发；在吃饭或喝水时，不仅有勺子的作用，还可以将猎物骨头上的肉剔除干净。

牙齿

猫咪幼年时期有 26 颗牙齿，6 个月后会更换成 30 颗永久齿。永久齿和人类一样分成三种，作用各不相同，一旦掉了就不会再长出来了！

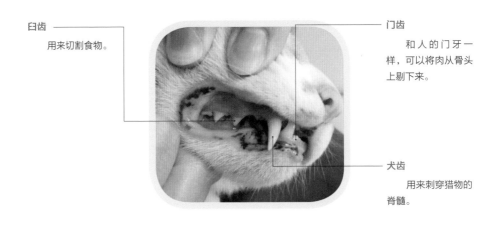

臼齿
用来切割食物。

门齿
和人的门牙一样，可以将肉从骨头上剔下来。

犬齿
用来刺穿猎物的脊髓。

肉垫

肉垫是一个有很多神经通过的感觉器官，与人的指腹一样敏感。猫咪走路时不会发出声音，因为肉垫着地时可作为减震器，并有消音效果。除此之外，也是猫咪体内少数有汗腺的地方，因此肉垫具有排汗功能；且趾间也有臭腺，在流汗时臭腺会一起散发出气味。

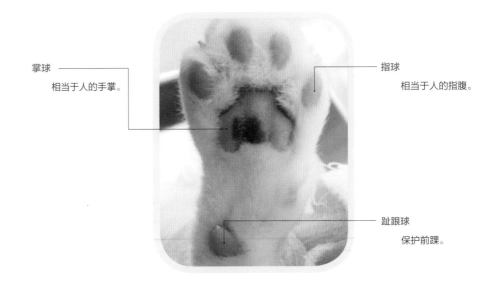

掌球
相当于人的手掌。

指球
相当于人的指腹。

趾跟球
保护前踝。

爪子

    猫咪的指甲又弯又尖，爪子形状很适合用来压制猎物。此外，猫咪的爪子可以伸缩自如，把爪子收起来能防止磨损指甲，走起路来不会发出声音，也就能缓慢地向猎物靠近，避免惊动对方。

胡须

    猫咪会以胡须来测量可以通过区域的宽度。

耳朵

    猫咪耳朵可以听到的声音范围是人类听觉范围的3倍。

C 猫的感官

视觉

猫的眼睛构造与人类大同小异，但还是有些特殊的地方，这也使得它具有某些人类不具备的功能。

猫咪在夜晚也能看得很清楚？

我们常说"猫在黑暗中仍看得见东西"，其实不然，如果将猫放在完全黑暗的空间中，它也和你我一样完全看不见东西，只是猫咪的眼睛能聚集环境中微弱的光线。

猫的视网膜前有一个类似镜子的构造，称为明朗毯。微弱的光线射入视网膜后打到明朗毯上，又会反射到视网膜上，而使光接受细胞（视杆和视锥细胞）再度接受光的刺激，提升了光的作用，进而增加夜间视力。再加上猫的瞳孔在黑暗中会放大，有利于收集更多光线，所以猫咪接收的光线量只需要人的 1/6，就能看得很清楚。

我们常常在夜间看见猫咪的眼睛闪着金光或绿色的光，这就是因为明朗毯的反射作用。打开闪光灯给猫咪照相时，也会有相同的结果。而人类因为不具有明朗毯，所以眼睛在夜间是不会发出亮光的。

猫咪的视野比人宽广？

当猫咪正视前方时，它的视野夹角为 280°，较人的 210° 更为宽广；而且猫咪两眼的视野夹角为 130°，也较人的 120° 更为宽广。两眼视野夹角的大小关系着对距离及深度的判断，而猫咪的两眼夹角为 130°，使得它能准确地判断物体的距离或深度。因此，当猎物位于猫咪的斜后方时，猫咪也能看见。

事实上，对距离的判断能力不单单是依靠两眼的视野夹角而已，还有其他的因素存在，人虽然两眼视野夹角较猫小，但因为人眼球的眼白部分较多，使得转动的范围较大而弥补了眼睛构造上的不足，所以人在对距离的判断上比猫咪强。

猫咪的瞳孔为何会收缩和放大？

猫咪眼睛内的瞳孔与一般哺乳类动物相同，在强光下会收缩，以防止过强的光热伤害视网膜；在昏暗光线下会放大，以接收更多的光线。但猫咪瞳孔的形状会因

◀◀ 猫咪的瞳孔位于眼睛正中央。在光线明亮的地方，瞳孔会呈现细长形

◀ 在光线较暗的地方，瞳孔会呈现圆形

品种的不同而有所差别，大型野生猫科动物的瞳孔多为卵圆形（如美洲狮为圆形），而一般家猫则为垂直裂缝状。垂直裂缝状的瞳孔比圆形的瞳孔更能有效且完全地闭合，瞳孔闭合的作用主要是保护极为敏感的视网膜。

视网膜上的视杆细胞主要对光线明暗变化敏感，而视锥细胞主要负责解析影像。猫咪的视杆细胞比较多，而视锥细胞较少，所以猫咪的夜视能力比人好，但视力却只有人的 1/10，因此无法像人一样具有识别细小事物的能力。

虽然猫咪是个大近视，但是它的动态视力却非常好，就算猎物在 50 米外移动，猫咪的视线也捕捉得到。猎物每秒移动 4 毫米，猫咪都能发现；因此，对人而言快速移动的物体，在猫咪看来只不过是正常移动。

◀ 猫咪的动态视力非常好，可以捕捉移动中的猎物

猫咪是色盲？

你的猫咪曾经对某种颜色特别喜欢或憎恶吗？猫咪有辨别颜色的能力吗？眼睛里的视杆细胞的主要作用是分辨色彩；人类的视杆细胞可以分辨蓝、红、绿，但猫咪的眼睛没有感知红色的视杆细胞，所以只能分辨蓝色、绿色，无法辨别红色。因此，猫咪看到的红色可能会变成灰色。

不过，猫咪能否分辨颜色对它们而言没有任何意义，因为猫的眼睛虽然可以辨别颜色，但眼睛与脑部感知之间存在某些障碍，使得脑部无法解读这些信息。猫很少需要运用色觉，但可以通过训练来了解颜色，不过这是相当困难的任务。

听觉

　　猫咪第二种重要的感觉就是听觉，猫的耳郭是由 30 条肌肉控制的，而人类只有 6 条肌肉。

猫咪的耳朵可以自由移动?

　　30 条肌肉主要控制耳郭朝向声音的来源方向，而这种移动耳郭的速度，猫比狗快得多。耳郭就像漏斗一样可以收集外来的声音，并将之传送至耳膜，耳郭的形状就像一个不规则且不对称的喇叭，加上肌肉可以控制耳郭的运动，使得猫咪能很精确地听出声音所在的位置。

▲ 猫咪可以听到远处的声音

猫咪的听力比狗狗好?

　　人能听到的声音频率约为 2 万赫兹；狗能听到的声音频率为 3.8 万赫兹，却无法区别高处和低处；而猫能听到 5 万~6 万赫兹的高音，并且能找出声音来源。所以当老鼠发出 2 万赫兹以上的超声波时，即使在 20 米外的地方，猫咪也能听见。

　　此外，人可以从声音的时间差及强度来寻找声音的来源，不过，就算耳朵再怎么好，也会有 4.2 度的误差产生。但对猫来说，误差范围只有 0.5 度，所以，猫咪能够分辨 20 米和 40 厘米两个声音来源的不同，这是人的能力所不及的。

蓝眼的白猫是不是听不到?

　　蓝色眼睛的白猫，因为基因上的缺损造成内耳构造的褶皱，而有耳聋的倾向，这种形式的耳聋是无法治疗的。不过，猫即使耳聋，也能很快地适应环境而生存下去。

▲ 蓝眼的白猫容易有听不到的状况

嗅觉 ▬▬

鼻子对猫咪而言是另一个重要的感觉器官。有人说猫咪嗅觉的敏感度是人的 20 万倍以上，这是因为猫咪的鼻黏膜内约有 9900 万个神经末梢，而人只有 500 万个。

嗅觉对猫咪而言比视觉重要？

和视觉相比，猫咪更依靠嗅觉来判断各种各样的东西。例如，猫咪只是闻了其他猫咪的尿和臭腺气味，就能知道那只猫是公的还是母的，那只猫是不是正在发情。小猫未开眼前也是靠闻母猫的气味来找到乳头的。这些都可以用嗅觉来分辨，甚至 500 米以外的微弱气味，猫也能够闻到。

此外，猫咪的鼻子对含氮化合物的臭味特别敏感，因此放置过久的食物及腐败的食物，都无法引起猫咪的食欲。

▲ 鼻子对猫咪而言是非常重要的感觉器官

为何猫咪遇上猫薄荷就像吸大麻？

猫特别喜欢一种叫作猫薄荷的植物所发出来的气味，它们会被这种气味所吸引，而且会心醉神迷地在地上翻滚及仰卧。因为猫薄荷内含有某种油脂，而这种物质与发情母猫分泌于尿中的物质具有相似的化学结构，就像你所猜想的一样，公猫较母猫及去势公猫更易被猫薄荷所吸引，所以猫薄荷对猫咪来说，是一种非常性感的植物呢！此外，奇异果的枝干及树叶也有相同的作用。

猫咪怎么知道食物是不是热的？

猫咪的鼻子不只是嗅觉敏锐，连温度也感觉得到，鼻子是猫咪全身对温度变化最敏感的地方。即使温度变化只有 0.2℃，连人类都感受不到的差异，猫咪都感受得到。因此，猫咪测试食物的温度靠鼻子，而不是舌头；就连寻找凉爽舒适的地方休息，也都是依靠鼻子。

闻到特殊气味时，猫咪会有奇怪的表情？

　　当猫咪嗅到一些特别或刺激的气味时，会将头往上扬，并有卷唇、皱鼻及嘴巴张开的特殊表情。一般认为这种看似微笑的表情是为了让某些气味进入嘴内，与上颚内的鼻梨器(Jacobson's organ)接触，它具有嗅觉及味觉的功能，使得猫咪可以分辨这些气味。

　　对猫而言，鼻梨器的主要作用是在发情期间接收发情母猫发出的费洛蒙气味。人也有鼻梨器，只是已不具有此功效了。

▲ 鼻梨器位于上颚门齿后方的小洞中。

触觉 ▅▅

　　猫的触觉非常发达，而胡须似乎扮演着重要的角色。不过，猫咪的"胡须"不是只分布在嘴巴周围，眼睛上的眉毛、脸颊上的毛，以及前脚内侧的触毛都可以称为胡须。

猫咪的胡须很重要吗？

　　猫咪的胡须是一种感觉器官，根部有神经细胞，当胡须碰到东西时，就会有刺激传到脑部，让猫咪可以判断危险，并且避开危险。一般认为胡须伸长出来的宽度约等于猫身体的宽度，这使得猫在跟踪猎物时可以测量身体与旁边物体之间的距离，让猫咪可以经过而不会碰到周遭的东西，或避免因碰触到物体而发出声响，吓跑猎物。

　　猫在黑暗中会利用胡须及前脚的触毛来侦测无法看见的物体，假如胡须在黑暗中碰触到猎物，

▲ 猫咪会用胡须来测量可以通过的宽度

它会很快地做出反应并准确地捕捉猎物。另外，某些研究推测，猫在黑暗中跳跃或行进时会将胡须朝下弯曲，用来侦测路途中出现的石头、洞穴或颠簸的路面，即使在最快的逃命速度下也不会受到任何阻碍，因为胡须所侦测到的信息会立即使身体改变方向从而躲过障碍。

味觉

　　猫对于食物的要求比人类的美食家有过之而无不及！不过，猫咪的味觉其实并不是那么发达，因为比起味觉，猫咪主要还是用嗅觉来判断是不是要吃这个东西。

猫咪很挑食？

　　猫咪的舌头和人一样有感觉味道的细胞，可以感觉苦味、甜味、酸味、咸味。但有研究表明猫对甜味不敏感，所以不像狗狗那样特别喜欢吃甜食。此外，猫像其他纯肉食动物一样，无法消化糖类，且吃入甜食后易造成下痢。但是，肉里面氨基酸的甜味及猎物腐烂的酸味，猫咪都可以分辨出来。

　　幼猫出生后就具有发育完整的味觉，只是随着年龄的增长，味觉的敏锐度会逐渐降低。另外，猫咪发生上呼吸道感染时，有可能会影响味觉，并伴随食欲不振，就像人类重感冒时味蕾会受影响一样。

▲ 猫的味觉其实并不发达

Ⓓ 猫的肢体语言

很多猫奴在第一次养猫时，因为对猫咪并不了解，对它表现出来的行为有很多误解。猫咪跟人不一样，不会说话，但会利用肢体动作来表现情感。所以猫奴们更应该知道猫咪各种肢体语言的意义，才能更了解自己家的猫咪现在情绪究竟如何。猫咪的肢体语言，是通过脸部表情、耳朵位置、尾巴的摆动及四肢动作来表达的。

放松／安心

猫咪待在对它来说熟悉且安全的环境（如家里）中时，身体肌肉及脸部表情的线条呈现放松状态，尾巴慢而有规律地摆动，有些猫咪的喉头甚至会发出呼噜的振动声音。呼噜的振动声是猫科动物特有的声音，通常是猫咪感到放心的时候才会发出。有些第一次养猫的猫奴听到猫咪发出呼噜的振动声时，还以为是猫咪生病了呢！但近年来的研究发现，猫咪在紧张时，甚至在生重病时也会发出呼噜呼噜的声音，所以它可能也有纾解压力的作用。

大多数人会将猫咪的磨蹭动作认为是撒娇的行为，但其实那是猫咪为了留下它们的气味。猫咪的脸部或身体其他部分的皮脂腺会分泌气味，当它们在磨蹭时，也把这些气味留在物体上，表示这个物体是它们的，或是对地盘的划分。此外，猫咪待在留有自己气味的地方时，也会比较安心。人的手脚或坚硬物体的边缘等，都是猫咪会磨蹭、留下气味的地方。

磨蹭

有些猫咪不高兴时，表情并不会有正常猫咪紧张或害怕时的样子，它们的耳朵只会稍微往后或是在正常耳位，背部及尾巴的毛也不会竖起来，身体大部分还是呈现放松状态，不过，尾巴会快速地左右摆动。当让它不高兴的动作一直持续时，猫咪可能会出现轻咬或是用前脚拍打的动作。

不高兴

紧张／害怕

猫咪在紧张或很害怕时，瞳孔会放大变圆，耳朵会往后或是往旁边下压，脸部的表情变得僵硬，眼睛不时地注意让它紧张的人和事物；身体会压低，有时甚至会趴下，尾巴会卷起在两腿之间。有些猫会做好逃跑的准备。

猫咪生气时，瞳孔一样会放大，呈圆形。背部及尾巴的毛发会因竖毛肌收缩而全部竖起来；尾巴的毛竖起来像奶瓶刷，也有人形容其像松鼠的尾巴，同时背也会微微弓起像座山；总之，猫咪会让自己的体形看起来很大，以威吓敌人。此外，脸部的表情会更夸张，有些猫甚至会张开嘴巴，露出牙齿并发出嘶嘶的哈气声。如果对方有进一步威胁的动作，猫咪会伸出前脚攻击。

生气

攻击

当猫咪害怕或是生气到一定程度时，会做出攻击行为。猫咪的攻击动作一般是伸出前脚及指爪拍打，有些猫咪则会主动向前扑，除了前脚的攻击，还会有咬的动作。因此，在猫咪已经很生气时，别再刺激它，让它的情绪慢慢稳定下来。

睡姿

从猫咪的睡姿也可以看出它现在的情绪状态。

没有防备的睡姿

露出肚子的大字形睡姿。此时的猫咪处于最放松且完全没有防备的状态，也表示它对于环境感到非常安心。

解除警戒的睡姿

　　原本趴着的猫咪，对四周的环境开始放心后，便会将四肢伸直，头平躺在地上，露出一半肚子。此时的猫咪也是进入了放松的状态。

趴坐式的睡姿

　　猫咪呈现趴坐姿势，前脚往身体里面弯曲，头抬高并且闭上眼睛睡觉。此时的猫咪是半放松状态，头抬高是为了随时注意周围的状况，不过因为脚是弯曲的，因此遇到危险没办法立即起身。

警戒的睡姿

　　猫咪将身体蜷缩成一团，并将头靠在前脚上睡。这个姿势常见于野外的猫咪或是个性较容易紧张的猫咪。为了保护自身的安全，它们不会将自己的肚子露出来，且一旦有危险，头可以马上抬起来察看。不过，天气寒冷时，猫咪也会呈现身体缩成一团的睡姿。

E 认识紧迫

　　紧迫又称为"应激",英文是 Stress,简单来说就是任何造成生理、心理压力的状况,就像人类会有水土不服和积郁成疾(但适当的紧迫有助于维持肾上腺皮质功能)一样。有些猪会在运输中死亡,就是因为在猪场过度安逸的生活,导致肾上腺皮质萎缩,感到巨大压力时,就发生肾上腺皮质功能衰竭而导致死亡;动物园动物在运输时,也偶尔会发生这样的状况而死亡。

　　紧迫过多、过大会造成免疫系统的抑制,使得潜在的疾病暴发。就像猫的疱疹病毒和杯状病毒感染,很多猫都是带原者,一旦遇到大的紧迫时,免疫系统的功能下降,无法抑制病毒的复制,于是这些病毒就开始大量复制增殖,猫便会开始呈现轻微的临床症状,例如打喷嚏或发生结膜炎,并通过打喷嚏传播大量病毒,使得其他抵抗力不好的猫咪发生严重的临床症状,如角膜溃疡、结膜炎、口腔溃疡、打喷嚏、鼻脓、呼吸困难、张口呼吸等。

　　另外,很多猫体内都带有肠道冠状病毒,一旦感到紧迫,肠道冠状病毒就大量增殖,而且可能突变成死亡率百分之百的传染性腹膜炎病毒。

猫咪常见的紧迫状况

　　到底哪些状况属于猫咪常见的紧迫状况呢?包括食物转换、环境转换、气温变化过大、施打疫苗、外科手术、旅行运输、洗澡等。这也是刚买回家或刚领养的小猫特别容易生病的原因,家长常误以为:①一定要洗香香才回家(洗澡紧迫);②一定要买最好的食物及各种零食罐头给它(食物转换紧迫);③回到你家(环境转换紧迫);④先带到医院进行驱虫及打疫苗(医疗紧迫);⑤家里很多猫老大准备"修理"它(多猫饲养紧迫);⑥异地购买或领养(运输紧迫),这么多的紧迫状况加在一起,很容易导致小猫生病。

所以，我们应该什么事都不做就直接带猫回家吗？也不是这样的。新进的猫咪可能会带有一些传染源，例如跳蚤、霉菌、疱疹病毒、杯状病毒、耳螨等。所以带回家前必须先到医院进行初步检查，如果有跳蚤，就先滴除蚤滴剂，最好使用能同时具备驱除体内寄生虫及耳螨功能的综合滴剂，这是为了保护家里原来的猫及人类的必要做法，而且回家后一定要完全隔离（包括空气）至少两周以上。

新猫刚到家时，至于洗澡、打疫苗，就免了吧！等到新猫完全适应、生活正常后再进行（2 ~ 4周后）。要记得食物暂时不要转换，就吃以前所吃的食物，不要强行饲喂一堆营养品、零食或罐头，要将紧迫降到最低。

给予猫咪适当的紧迫

紧迫过多有害，但过少也不行。紧迫过少很容易导致猫咪痴肥及自发性膀胱炎，所以猫咪的生活环境一定要丰富。例如在墙上架设很多让猫通行的跳板，让猫走猫的路，人走人的路；再放置各种吸引猫咪运动的玩具，例如有些塑料球内可以放置猫干粮来促进猫运动，再加上逗猫棒、猫跳台；甚至设置能让猫与户外接触的通道或空间，这些空间及设置，能让猫适当释放压力并接受紧迫，这对身体健康状况是有益的。

猫是少数会因为紧迫而出现高血糖的动物，所以猫到医院就诊检查时很容易被误判为糖尿病（但目前以果糖胺的检验，就能判断是否为紧迫所造成的高血糖）。

绝育手术最好不要与疫苗施打同时进行，不要总想毕其功于一役，让猫咪接受过度的医疗紧迫，也会使得潜在疾病暴发。

我每次面对兽医师做讲座时，常常会提到的一句话就是："猫病的万恶之源就是紧迫！"

Ⓕ 不同猫品种的多发疾病

猫品种	行为 / 性格特征	易患疾病
阿比西尼亚猫	聪明、有攻击倾向、易猫间攻击、警觉、不喜欢被抱、喜欢与人互动、忠诚、活泼、喜好玩耍追逐、抓挠家具、捕捉小型飞禽、喷尿标记	先天性甲状腺功能低下、扩张性心肌病、感觉过敏综合征、类淀粉沉积症、芽生菌病、重症肌无力、鼻咽息肉、心因性脱毛、对称性脱毛、丙酮酸激酶缺乏症、布氏杆菌病、视网膜细胞变性、视网膜细胞发育异常
伯曼猫	甜美、对人类友善、爱叫	周边多发性神经病变、先天性白内障、先天性稀毛症、角膜皮样囊肿、坏死性角膜炎、血友病 B、海绵状变性、尾尖坏死、胸腺发育不良、糖尿病、多囊肾
缅甸猫	对人类友善、爱玩耍、社交能力强、很少喷尿标记、忍耐力强、爱叫、擅长使用猫砂盆	鼻孔发育不全、头部缺陷、草酸钙结石、先天性耳聋、先天性前庭综合征、角膜皮样囊肿、扩张性心肌病、肥厚性心肌病、全身性毛囊虫症、感觉过敏综合征、樱桃眼、心因性脱毛
柯尼斯 /德文卷毛猫	活跃、对人友善、充满活力、擅长使用猫砂盆、活泼、喜欢攀爬及跳跃、很少喷尿标记	先天性稀毛症、马拉色菌性皮炎、膝盖骨脱位、脐疝、麻醉过敏、维生素 K 依赖性凝血障碍、天疱疮
喜马拉雅猫	友善、安静、喜好玩耍、沉稳	基底细胞瘤、草酸钙结石、先天性白内障、先天性门静脉分流、脆皮病、皮霉菌病、特异性颜面部炎、感觉过敏综合征、全身性红斑狼疮、耵聍腺瘤
曼岛猫	性情平和、较胆小害怕、家庭关系依赖度适中、安静	炎症性肠道疾病、便秘、巨结肠症、直肠脱垂、尾椎发育不全、椎裂
波斯猫	友善、经常喷尿标记、慵懒、不爱玩耍、不擅长使用猫砂盆、安静、甜美、易受惊吓、警觉性强	基底细胞瘤、草酸钙结石、横膈心包疝、牛磺酸缺乏、先天性白内障、多囊肝、多囊肾、先天性门静脉分流、隐睾、眼睑内翻、皮霉菌病、皮脂漏、肥厚性心肌病、特异性颜面部皮炎、泪溢、鼻泪管发育不全、鼻甲骨发育异常、法洛氏四联症、视网膜细胞变性、皮脂腺肿瘤、全身性红斑狼疮、传染性贫血、白血病、漏斗胸、先天性前庭综合征、脂层炎、糖尿病、肾上腺皮质功能亢进

续表

猫品种	行为 / 性格特征	易患疾病
暹罗猫	友善、经常喷尿标记、活跃、易猫间攻击、环境要求高、易出现应激反应、聪明、活泼、爱玩耍、爱叫、爱磨爪	基底细胞瘤、类淀粉沉积症、芽生菌病、乳糜胸、上腭裂、先天性白内障、先天性耳聋、先天性视网膜细胞变性、永存性右动脉弓、先天性巨食道症、先天性重症肌无力、先天性门静脉分流、先天性前庭综合征、斗鸡眼、霍纳氏综合征、隐球菌病、扩张性心肌病、肥厚性心肌病、眼睑缺损、瞬膜发育不良、对称性脱毛、猫哮喘、耳翼脱毛、食物过敏、全身性毛囊虫病、炎症性肠道疾病、青光眼、血友病 A/B、髋关节发育不良、组织浆胞菌、感觉过敏综合征、脂肪瘤、乳腺肿瘤、肥大细胞瘤、鼻腔肿瘤、心因性脱毛、幽门功能障碍、小肠腺癌、孢子菌丝病、二尖瓣关闭不全、法洛氏四联症、心因性啃咬尾尖、癫痫、免疫性溶血、白血病、胰腺外分泌液不足、原发性副甲状腺功能亢进、肾上腺皮质功能亢进
美国短毛猫	性情平和、懒惰、适应性强、安静、孩童耐受性高	多囊肾、肥厚性心肌病、视网膜细胞发育异常、牛磺酸缺乏
峇里猫	活跃、友善、黏人、喜欢社交、爱玩耍、爱叫	基底细胞瘤、乳腺肿瘤、种马尾
孟加拉猫	易猫间攻击、有攻击倾向、好奇、喜欢水、对人类不友善、抓家具、粗暴、喷尿标记、非常活跃、喜欢玩耍、抚摸耐受性差	无资料
英国短毛猫	对人类友好、安静、较少喷尿标记	肥厚性心肌病、血友病 B、多囊肾、新生儿溶血
埃及猫	活跃、对不熟悉的人疏远、胆小、对噪声敏感	海绵样变性
异国短毛猫	害怕不熟悉的人，对人类关注度低，比波斯猫活跃一些，独处时较安静	泪溢、鼻泪管堵塞、多囊肾、肥厚性心肌病、横膈心包疝
科拉特猫	活泼、对人类友善、温柔、可能无法接受其他猫	心因性脱毛、感觉过敏综合征
缅因猫	对人类友善、不害怕陌生人、不爱叫、容易相处、擅长使用猫砂盆	髋关节发育不良、肥厚性心肌病

续表

猫品种	行为／性格特征	易患疾病
哈瓦那棕猫	对人类友善、寻求关注、好动、好奇、喜欢玩耍、较少喷尿标记	芽生菌病
斯芬克斯猫	活泼、对人类友善、喜欢待在人腿上、好奇、爱玩耍	麻醉剂过敏、乳腺增生、乳腺肿瘤
挪威森林猫	活跃、家庭互动好、稍微胆小害怕、不爱叫	肥厚性心肌病
东方短毛猫	活跃、对人类友善、擅长使用猫砂盆、攻击性低、可能喷尿标记、爱叫	心因性脱毛
布偶猫	对人类友善、温顺、易相处、孩童耐受、攻击性低	肥厚性心肌病
俄罗斯蓝猫	对不熟悉的人保持警惕、孩童耐受、擅长使用猫砂盆、较少喷尿标记、爱玩耍、安静、害羞	慢性肾脏疾病
折耳猫	对人类友善、好奇、聪明、对家庭忠诚	软骨发育不全、关节疾病、肥厚性心肌病
索马里猫	活泼、对人类友善、精力充沛、喜欢互动、不适应多猫环境、不喜欢被抱、好奇心强	重症肌无力、丙酮酸激酶缺乏症
东奇尼猫	活泼、对人类友善、有点黏人、擅长使用猫砂盆、喜欢社交、较少喷尿标记	齿龈炎、先天性前庭综合征
短毛家猫	活跃、对人类友善、少部分流浪猫具有攻击性、擅长使用猫砂盆、经常喷尿标记、爱玩、擅长捕猎	先天性白内障、先天性重症肌无力、角膜皮样囊肿、先天性门静脉分流、法洛氏四联症、应激综合征、再喂养综合征、脆皮病、血友病 A、肥厚性心肌病、心因性脱毛、丙酮酸激酶缺乏症、皮脂腺肿瘤、感光过敏症、多囊肾、传染性腹膜炎
长毛家猫	擅长使用猫砂盆、中等攻击性、经常喷尿标记、对人类较不友善	基底细胞瘤、肥厚性心肌病、脆皮病、先天性门静脉分流、多囊肾、肢端肥大症、牛磺酸缺乏症
美国卷耳猫	个性活泼、温顺、对人友善、与其他猫咪相处融洽	外耳炎、炎症性肠道疾病

PART

2

欢迎新成员

Ⓐ 养猫前的准备

对一个不熟悉的事物，当然需要首先了解其基本常识，尤其是有生命的宠物，很多人都抱着边养边学的心态，这样对宠物而言是相当不负责的。一般人对于狗的常识了解较多，对猫咪则一知半解；因此，在饲养猫咪前，应从网络、书籍、兽医师等处，获得最基本的知识，再决定你是否够资格当一个称职的爱猫人。

品种的考量

在收集猫咪知识的同时，相信你也发现林林总总的猫咪品种，每个猫咪品种都有其特性及不同的照顾方式，我们就先简略地把它们区分为长毛品种与短毛品种吧！

在高温潮湿的环境下，短毛家猫是较好的选择，掉毛少是它们的优点，网上领养或从动物医院领养都是不错的渠道。如果你对特定品种有特别的喜好，当然也可以花点钱到宠物店去挑选购买，但千万别认为短毛的外国品种猫掉毛量比长毛猫少，那可是大错特错，像美国短毛猫、英国短毛猫、加菲猫，它们的掉毛量可是不输给长毛猫的！

长毛品种的猫有着华丽的外形，像金吉拉、黄金金吉拉、波斯猫都是市面上常见的猫品种，但是，美丽是需要付出代价的，它们美丽的被毛就要有劳你每日辛勤地梳理，不然可是会狼狈不堪的，甚至可能因为梳毛不及时而导致毛球结块，最终导致只能全身剃光。长毛猫的掉毛量当然是相当惊人的，你必须对猫毛有一定的耐受力，并努力地清理环境。纯种猫一般而言会有较多的疾病，如霉菌、耳螨、多囊肾等，可能还会有一笔不小的开销。

▲ 01／美国短毛猫　02／加菲猫　03／折耳猫　04／喜马拉雅猫

经济

　　"没钱千万别养猫"是我深切的感受，就像养小孩一样，没有能力就不要养小孩。或许它是领养的，不用花你一毛钱；或许它是你买的，花了你几万大洋，一旦养了它，它的一生就托付给你了，这十几年的衣食住行娱乐都需要由你负责，而其中负担最重的就是医药费。如果你还认为动物的医疗是落后且便宜的话，那就错了。你可能生的病，它都可能会生，糖尿病、心脏病、肾脏病、肝脏病、胰腺炎、狼疮等，都听过吧！它的医疗方式、诊断方式都跟人大同小异，你认为这些费用不高吗？

　　没能力千万不要养，这真的是良心建议。有很多猫死在饲主不愿意花钱治疗的状况下，虽然现实，但千真万确。临床这几年我遇到了一些印象深刻的病例。记得有一年，有一只小公猫因为尿道阻塞而尿不出来，主人带它到医院就诊，当我告知主人它必须导尿及住院治疗，需要一笔治疗费用时，主人面有难色地想了一下后，淡淡地告诉我："我的猫不做治疗了！因为它只不过是我领养的猫，我连自己都快养不活了，却要我花这么多钱治疗它？"这只猫让我久久无法忘怀，它健康时，带给你许多欢乐及幸福，但它生病时，你却无法帮它做治疗？经济不景气，但为何猫咪却是这不景气下的牺牲品？所以在养猫前，希望你还是能好好考虑，能给猫咪什么样的生活，在它生病时是否能不离不弃，能不能负起照顾它一生的责任。

▲ 养了猫，就请负起照顾它一辈子的责任吧！

家庭

　　别以为你有能力养一只猫就可以大方地让它登堂入室，家人能接受吗？心理上或许还能协商妥协，若是家中有过敏体质的人，特别是对猫毛过敏的人，你的一时冲动，则可能会造成它的流离失所。另外，你们是新婚夫妻吗？你是未婚人士吗？考虑过婚后对方是否能接受它吗？如果你有了小孩，还会一样疼猫，一样细心照料吗？

　　这些不是危言耸听，实在是我看过太多这样的状况，可怜的还是猫，所以以养猫之前，请三思！

　　如果以上所有的重点你都考虑过，也都没问题了，那么恭喜你，你已经加入爱猫一族，接下来就是挑选一只猫咪了！这一部分我们将会在之后继续讨论。

Ⓑ 如何挑选一只猫

▲ 在深思熟虑后，领养一只适合你的猫

　　养一只猫是一辈子的事，它的生老病死你都必须一肩扛起，尤其是刚养的小猫，如果有太多疾病问题，可能会严重打击你养猫的信心。

　　如果你对猫的品种不是很在意，网络上的猫咪领养平台是不错的选择，这些由爱心人士组成的团体或网站，都是在默默无偿地付出，只是希望猫咪们能有好的归宿，因此在健康的管理上是不会输给专业繁殖场的。但他们当然也会进行严格的筛选，检查你是否适合领养这样的猫。

　　如果你还无法打破品种的执念，当然就必须花点钱来购买了。想要免费领养一只纯种的小猫，基本上是不可能的事，我也不敢苟同这样的想法。选购纯种小猫一定要找有店面且信誉良好的商家，如果你能找到一般家庭繁育的小猫，不论是价格上还是猫咪健康上，都是较有保障的，因为单纯的饲养环境使猫比较不会有传染病，而大型繁殖场、宠物店，由于猫咪的来源多、不易照顾，所以健康方面会比较令人担心。但是近几年来，一些老品牌的猫店，也逐渐注重疾病的管控与售后服务，的确有令人耳目一新的感受。

猫咪的来源

在台湾有很多养猫的渠道，但如何选择一只适合自己的猫咪，可能需要猫迷们深思熟虑一下了。不管是品种猫还是混血猫（mixed cat）都有它们的优缺点，而每个品种的猫咪都有该品种猫的独特性格或遗传性问题，因此在选择品种猫时最好能先做点功课，充分了解想要养的品种猫，再决定是否购买，而不是到了发现这些猫有品种上的问题后，才开始注意。

混血猫比较没有品种遗传的问题，所以其个性可能会是挑选的重点。它们跟人一样也有很多种个性，有活泼好动的，有安静沉稳的，也有喜欢跟人喵喵叫互动的，所以别忘了，正因为每只猫的个性不同，与你相处时擦出的火花才是养猫的乐趣啊！

动物收容中心

许多流浪小猫会被送到收容所安置，台湾收容所里有兽医师驻诊，因此在那里的小猫都会有医师帮忙做检查、驱虫或是打疫苗及施打芯片，甚至有些已经到了年龄的猫咪，医师还会帮忙做绝育手术。在领养前可以询问猫咪的状况，因为是流浪过的猫咪，所以它们也许有心理受创伤的经历，对于人及环境的不信任感会很严重，需要用更多的耐心及爱心来对待它们。

▲ 有些从小失去妈妈的小猫，会由爱心妈妈抚养长大

中途之家

中途之家的小猫大多数是爱心妈妈在路上捡到的小猫，有小部分是从收容所领养回来的小猫。爱心妈妈会带小猫到医院做检查、驱虫、打疫苗，甚至有些猫咪到了绝育年龄时，爱心妈妈也会带它们到医院做绝育手术。因为中途收养的猫咪数量不像收容所那么多，因此爱心妈妈们对于每只小猫的身体状况及个性都了如指掌。

27

动物医院

有些动物医院会有爱心妈妈寄养小猫，寻找有缘人士领养，这些小猫都做过检查、驱虫，而且小猫的状况医师也都会详细地告知领养者。

路上捡到

猫咪的繁殖速度非常快，因此在路上常常会发现与猫妈妈走失的小猫，也会有与人亲近的成猫。

如果是从年幼时开始养，小猫会非常容易教养及亲人；成猫则要看本身的个性了，有些猫咪因为已经在户外自由惯了，有可能会无法适应关在家里的生活，或是在外吃习惯了人类的食物，因此在家还是会跳上餐桌偷吃人类的食物，不过这些都是"因猫而异"了，不是每只猫咪都会如此。

在带回家养之前，最好先带到动物医院请医师帮猫咪检查身体，没问题后再带回家隔离观察，别急着和家中的小宠物放在一起。

▲ 建议以领养代替购买

网络

有些人会因为想留下自己猫咪的后代，而让猫咪繁殖，出生后的小猫大部分会送给认识的人养，或是在网上发帖，让人购买或领养。由于自家繁殖的小猫生长环境大多简单、干净，所以小猫的健康状态大多数是良好的。

店面

如果要在店面购买，建议选择信誉良好的猫舍，小猫的健康质量比较有保证。

猫咪的品种

先前我们讨论过长毛猫和短毛猫在照顾上的差异，市场上热门的猫品种价格总是高不可攀，一旦"风潮"过去，市场机制就会回归正常，所以别一窝蜂地当冤大头了！

每一种猫都有其特性，短毛猫多属于肌肉型或纤细型，所以活动量大不足为奇；而长毛猫大多属于厚重型，动作较迟缓、慵懒，各有特色，无所谓好坏，全视个人喜好而定。

外观

挑选猫时，千万别挑"林黛玉"型的，最好挑选有肉、活动力强、精神活跃的小猫，因为这些是健康的基本条件，如果不想自找麻烦的话，只要有一点小瑕疵的，就别下订，因为这些小瑕疵可能就是重大疾病的前兆。试想，你去买一辆车时，如果车身有刮痕、有撞伤，你会选择它吗？

挑选小猫时，要注意它的眼睛一定要清澈明亮、没有眼屎；鼻头一定要湿润，但并无分泌物或鼻涕；耳朵一定要干净没有异味，如果有很多黑褐色的耳屎，就可能有耳螨感染；皮毛一定要光滑柔顺，没有任何脱毛区或皮屑、痂皮；肛门周围的皮肤及被毛一定要干净，没有黏附任何粪便。说到这里，不禁有人要问："找得到这样的小猫吗？"答案是："很难！"但这些都是大原则，千万别为买猫而买猫，这样不仅会使挑选的空间变小，更可能会在卖方一时的花言巧语下，买了一只全身是病的小猫，届时你所花的医药费可能是猫价的好几倍！

专业检查

在购买或将猫咪带回家前，最好先让专业兽医师检查它是否有疾病，包括人畜共通传染病，或带有跳蚤等体外寄生虫。当然卖方可能有长期合作的动物医院，因为这样的合作关系，或许他们会有不客观或掩盖病情的嫌疑，所以最好由公平公正的第三方来进行检查，较为客观。

完成了以上步骤，你的爱猫就正式成为家中一员了，它不再是明码标价的商品，而是你的家人、至亲！

▲ 让健康的猫咪成为家中的一分子

ⓒ 新进猫咪的照顾

　　首先必须恭喜你挑选到一只心目中的梦幻猫咪，也庆幸这只猫有这样好的归宿！第一次饲养幼猫的猫奴对于小猫要吃些什么，一天吃多少量，要准备些什么日常用品等问题都不是很了解，等带猫咪到医院检查时，才发现猫咪吃得不够，或是吃的东西不对，甚至有些猫奴认为猫咪吃得少，就不会长得太大……但其实幼猫就跟小孩一样，活动力旺盛，因此对于热量的需求也相对较大。此外，营养摄取必须均衡，才不会造成幼猫发育上的障碍。

猫咪的食物 ====

　　一般市售的猫咪主食大致分成干饲料和罐头。干饲料的品牌种类很多，大部分会区分幼猫、成猫和老猫饲料。小部分的品牌会将幼猫、成猫和老猫的饲料再细分，例如离乳小猫、挑嘴成猫和肠胃敏感猫等的饲料。因此可依猫咪的年龄和身体状况来选择适合的饲料。

　　幼猫一般是指 2 个月 ~ 1 岁的猫咪，成猫则是指 1~7 岁的猫咪，而老猫一般是指 7~10 岁及 10 岁以上的猫咪。一般幼猫在 6 周龄后，身体器官生长完成，且猫咪的胃肠道也渐渐开始习惯固体食物，可以开始换成干饲料喂养。此外，也因为幼猫的热量需求是成猫的 3 倍，因此如果不给予幼猫专用饲料，会造成猫咪营养不均衡，导致发育障碍。还有，幼猫的胃容量比成猫小很多，最好少量多餐给予，等猫咪 1 岁后就可以换成成猫专用饲料了。一般猫咪的平均寿命为 14~16 岁，7 岁以后猫咪的身体机能会慢慢衰退，所以 7 岁以后可以将成猫饲料慢慢转换成老猫专用饲料。虽然各饲料品牌对于老猫年龄的设定不太一样，但大致不会差太多。

　　常常有猫奴问我，到底给猫咪吃干饲料好，还是吃罐头好？还是干饲料和罐头混合给予？食物的口味是不是要经常更换，才不容易让猫咪吃腻？我觉得只要是猫咪能接受的，营养成分也足够，容易被身体消化及吸收，可以使猫咪体重维持稳定的食物都是好的。而干饲料和罐头各有优缺点，下面我将干饲料和罐头之间的差别整理出来，各位猫奴可以视猫咪对食物的接受程度、自己的经济能力和方便性来决定爱猫的食物。

猫咪每天要给予多少食物？

　　如果是给予干饲料的猫咪，可以根据饲料包装袋上的建议量给予。几乎所有的饲料包装袋上都会有清楚的标识，如月龄、体重及每日需要吃的千克数。不过猫奴们可能得准备一个小磅秤，称出每日需要吃的千克数，再分成 3~4 餐给予小猫。而对于成猫，也是根据饲料包装袋上的标识给予，但可以将每日的量分成 2~3 餐。如果一天只喂食 1 次，有些猫咪一下子吃得很多，反而会增加胃肠道的负担；猫咪空腹的时间延长，也可能造成猫咪讨食次数增加，或是引起猫咪呕吐。

干饲料

优点

1　因为干饲料比较硬脆，所以猫咪在吃的时候会咀嚼，牙垢就会比较难堆积在牙齿上。

2　跟罐头相比，干饲料较便宜，保存时间也较长。

3　由于每单位重量的营养价值很高，相同的热量下，干饲料的分量通常比罐头来得少；也就是说猫咪吃1克干饲料获得的热量，相当于吃几十克罐头。

缺点

1　干饲料的水分含量少。

2　每日干饲料摄取量过多，容易造成猫咪肥胖。

保存

　　干饲料保存期限长，需避免阳光直射。在常温下保存，要保持密封状态，减少与空气接触。如果干饲料没有保存好，会造成氧化而使饲料味道变差。干饲料放在食盆里的时间越久，越容易降低香味及口感，而且猫咪唾液碰过的干饲料也容易腐败，所以放了一天的干饲料，如果猫咪没吃完就丢弃吧！

罐头

优点

1 因为罐头的水分含量多，所以猫咪吃罐
头能额外补充水分。

2 罐头的味道比干饲料香，大部分猫咪会
比较喜欢吃罐头。

缺点

1 成本比干饲料高，保存期限也较短。

2 每单位重量的营养价值比干饲料低，吃的
量要比干饲料多才能达到相同的热量。

3 水分含量高（75%~80%），因此比干饲
料容易腐败。如果罐头没开封，保存时
间可以比较长；一旦开封，即使放入冰
箱保存，最多也只能放到第2天。

4 湿食容易附着在牙齿上，因此比吃干饲
料更容易形成牙结石。

保存

　　罐头开封后移放至密闭的容器中，可
以防止氧化，夏天更需要特别注意罐头的
保存。由于罐头容易变质，所以猫咪食用
后20~30分钟，如果还有残余，猫咪也不吃
了，就丢掉吧！另外，因为猫咪不太喜欢吃
冰的食物，因此冷藏的罐头要先加热后再给
猫咪吃，加热后的食物不但香气会增加，适
口性也较好。

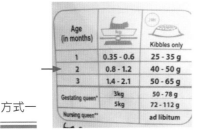 

方式一

（Step1）　先找出猫咪体重该吃的一日总量。例如 2 个月大的幼猫，体重如果介于 0.8~1.2kg 之间，则一天饲料总量为 40~50g。

（Step2）　用小秤称出一天要给予的总饲料量，再分成 3~4 餐给予。

年龄	每日的热量需求 （每千克体重的需要量）
10 周龄（2.5 个月）	250kcal / kg
20 周龄（5 个月）	130kcal / kg
30 周龄（7.5 个月）	100kcal / kg
40 周龄（10 个月）	80kcal / kg
10.5 个月至 1 岁	70~80kcal / kg

方式二

（Step1）　根据右侧的表格确定猫咪的年龄和每日热量需求。

（Step2）　根据猫咪实际体重计算出一日所需的热量。

例如：2.5月龄、0.9kg的小猫，每日的热量需求：

$$0.9kg \times 250kcal/kg = 225kcal$$

（Step3）　按照饲料包装袋上的标识，计算出小猫每日需要吃的总量（千克）。

例如：2.5月龄、0.9kg的小猫，一天需要的热量为225kcal。

$$225kcal \div 445kcal \times 100g = 50.5g$$，再将50.5g饲料分成3~4餐给予。

1,000 IO、E．600 mg【食物纤维】
445 kcal/100g（代謝エネルギー）
に、1日の給与量を1～数回に分け

◄ 红线的标识为每100g饲料约含热量
445kcal，请以各饲料袋上的标识为准

食物转换

　　在带猫咪回家之前，最好先与前饲主确认猫咪吃的食物，因为新进猫咪最忌讳换食物，所以最好先继续喂先前吃的食物，以避免肠胃炎的发生。而幼猫换饲料时，最常出现的不适症状就是下痢（拉肚子）。幼猫持续性的下痢容易造成脱水，因此如

果真的必须帮幼猫转换食物，也要循序渐进地转换，例如：先前的饲料 3/4 搭配新换饲料 1/4，再慢慢将先前的饲料减少到 1/4，搭配新换饲料 3/4，最后再完全改变成新换的饲料，至少要花一周的时间来调整。

　　在这里需要提醒你一点，没有所谓的好饲料，只有适不适合，一旦猫咪适应某一种饲料，那就是好饲料，任意地更换饲料可能会造成猫咪腹泻或呕吐。

饲料转换示意图 ⋯⋯⋯⋯⋯⋯⋯⋯⋯⋯⋯⋯⋯⋯⋯⋯⋯⋯⋯⋯⋯⋯⋯⋯⋯⋯⋯⋯⋯⋯

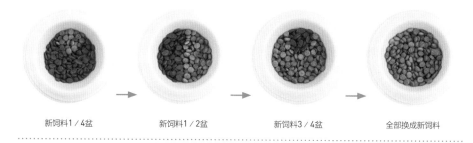

新饲料1/4盆　　　　　　新饲料1/2盆　　　　　　新饲料3/4盆　　　　　全部换成新饲料

猫咪的食盆／水盆

　　对新进幼猫而言，小而浅的食盆及水盆是最重要的装备，避免选择深且口窄的食盆。此外，盆最好有防滑功能，免得进食时盆移动；水盆需要时时刻刻保持满水位，并随时更换新鲜的水。再者，因为食盆容易有细菌滋生，所以每日进行食盆清洁及消毒是很重要的，如果没有清洁干净，容易造成猫咪肠胃的问题。

陶瓷材质	**塑料材质**	**不锈钢材质**
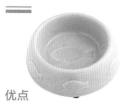	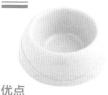	

陶瓷材质

优点

　　与不锈钢材质一样，细菌不易繁殖。重量较重，猫咪在吃的时候盆不容易移动。

缺点

　　价格相对昂贵，容易打破，且破损会造成猫咪割伤。

塑料材质

优点

　　价格上相对便宜。

缺点

　　易滋生细菌，且猫咪进食时盆容易移动。

不锈钢材质

优点

　　细菌难以滋生。

缺点

　　重量轻，猫咪进食时盆容易移动。

猫咪的被毛

猫咪一年有两次换毛期，大约是在春、秋两季。一般而言，猫咪会在春季时将冬季厚重的毛发换成适合夏季的毛；在秋季时将夏季的毛换成适合寒冬的厚毛发。

▶ 定期帮猫咪梳毛

梳子

换毛时猫咪掉毛量会比平常还多，需要经常帮猫咪梳毛，将脱落的毛梳理掉，如果不梳理，很容易造成猫咪吐毛球，因此在换毛期最好能每天帮猫咪梳毛。

不论短毛猫还是长毛猫都要梳毛，定期梳毛不但可以减少被毛结球及毛球症的发生，也可以促进皮肤的血液循环，让毛发更加亮丽健康。选一把适合的梳子是最重要的，市面上常见的钉耙梳并非很好的选择，钉耙梳容易造成猫咪疼痛，进而讨厌梳毛。建议长毛猫最好采用排梳，短毛猫最好采用细密的鬃梳，有关这方面可进一步请教兽医师或专业美容师。

化毛膏

化毛膏这个名词也不知道是谁发明的，真是太有创意了，也误导了大家。其实化毛膏就是一种软便剂、利便剂、便秘治疗剂，是无法将毛发消化掉的。

猫咪的舌头上有粗糙的倒刺，可以用来梳理自己的毛发。在舔毛过程中，猫咪会将脱落的毛发吞入胃肠，少量的毛发不会引起任何不适，但若有结毛球或大量掉毛时，吞进胃肠的毛量就会相当可观，并且可能造成所谓的"毛球症"，也就是肠胃阻塞，猫咪会呕吐及便秘。

那么问题来了！幼猫需要吃化毛膏吗？答案是：除非有严重掉毛的皮肤病发生，否则 6 月龄后再开始给予化毛膏。养成每天梳毛的习惯，其实就可以观察出何时需要化毛膏，何时不用：如果是普通掉毛，可以每周使用 2~3 次；根本没掉毛时就停用；掉毛严重时，每天服用一指节的化毛膏；如果已经发生便秘状况，就必须增加量到两指节，并且每天增为两次。

猫咪的砂盆 ═══

　　猫砂盆的大小、深度可以依照猫咪的体形、猫砂的种类及环境空间弹性选择。对幼猫而言，砂盆应选择较小而浅的，也可以用饼干盒或纸盒来替代，但需要随时清理、保持干净。使用砂盆是猫的天性，大多数猫是不用额外训练的，而放置猫砂盆的位置最好选择安静隐秘的地方，离食盆与水盆别太近。

单层／开放式猫砂盆 ═══

　　市面上单层的猫砂盆，有周边较浅型或是周边加高型可供选择。而周边加高的猫砂盆可减少猫咪将猫砂带出的情况。

优点

　　猫咪进出容易，猫砂盆的清洗也容易。

缺点

　　猫咪在拨砂时容易将砂子拨出，或是上完厕所后，脚会将猫砂一起带出，且排泄物的味道容易飘散出来。

双层式猫砂盆

优点

　　可以减少清洁工作。

缺点

　　适用于木屑砂等会分解的猫砂，因此不喜欢大颗粒猫砂的猫不适用。

马桶蹲式猫砂盆

优点

　　不会有猫砂拨出或带出的问题。

缺点

　　必须花时间教猫咪使用并习惯马桶蹲式猫砂盆。

猫咪的猫砂

市售种类非常多，猫砂颗粒有粗大的也有细小的，有含香味的也有无香味的，材质选择也多，因此选择一款适合猫咪且不会为家里环境带来困扰的猫砂很重要。另外，有些小猫会有吃猫砂的行为，应注意观察，并选择适当的猫砂材质，最好采用原来使用的品牌。

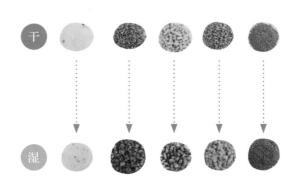

每种猫砂接触到尿液后的反应、特性皆不同，选择猫砂的同时，别忘了搭配合适的砂盆

水晶砂

优点

1 除臭力非常好。

2 不会凝固，需要双层式猫砂盆。

3 会吸收水分，且味道好。

4 无粉尘，不易被猫带出。

缺点

1 如果长时间使用会使猫砂的吸附力降低。

2 猫砂不会凝固，因此小便的量和次数难以确认。

3 一般作为不可燃垃圾处理。

豆腐砂

优点

1 豆腐砂有一种特别的味道，也具有除臭效果。吸收快速，会结成块状，凝固力较差。

2 重量轻且环保，可以直接丢入马桶冲掉，也可以作为一般垃圾丢弃。

缺点

1 价位偏高。

2 有些猫咪和主人会不喜欢豆腐砂特殊的味道。

3 保存不好会长虫子。

4 有些幼猫会吃豆腐砂而造成肠胃炎，这时应该立即停止使用这种猫砂。

木屑砂

优点

1 木屑砂有木头的天然香味，具有除
  臭效果。重量比矿砂轻。

2 大部分的木屑砂碰到尿液时会分解
  成粉状散开。现在也有凝结的木屑
  砂，吸收力很好。建议使用双层式
  网状猫砂盆，过滤散开的木屑。

3 环保。处理的猫砂量少时，可以直
  接丢入马桶冲掉；如果量多，作为
  一般可燃垃圾处理。

缺点

1 凝固力和除臭力会因为使用的时间
  延长而降低。

2 散开的木屑容易黏附在猫毛上（尤
  其是长毛猫）。

3 木屑质量和除臭力的好坏，表现在
  价格上也会有差别。

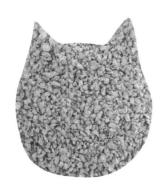

纸砂

优点

1 环保，可作为可燃垃圾处理。

2 因为会残留小便的痕迹，所以
  可以检查小便的次数。

3 无粉尘。散落在猫砂盆外的砂
  容易清扫。重量较轻，购买时
  也容易搬运。

缺点

1 除臭效果有限，最好与芳香剂
  一起使用。

2 凝固效果差。

矿砂

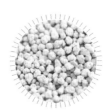

优点

1 除臭力非常好（因有重量且颗粒
  小，对粪便臭味的覆盖力强）。

2 凝固成结实的块状物，与未污染
  的猫砂界限分明，方便清理。

3 因为矿砂的触感接近天然沙
  子，所以猫咪会比较喜欢。

缺点

1 颗粒小，容易被猫脚带出，打
  扫时困难，也易有粉尘。

2 矿砂较重，购买搬运不方便。

3 当猫砂量少时，附着力不够，
  猫砂会粘在便盆或猫毛上。

猫咪的居住环境 ===

　　给猫咪一个安全、舒适、遮风、挡雨、御寒的环境，是爱猫一族的基本责任，环境内避免有盆景植物，因为有不少植物对猫咪是有毒的；另外，很多猫咪对塑料制品、线状物有特殊癖好，常常误食而导致严重的肠阻塞，不论诊断还是治疗都非常困难且所费不菲，因此应将所有可能导致危险的物品收放在安全地方。

▶ 猫跳台对猫咪来说是好的运动场所

运动空间

　　猫咪的个性本身就是好动的，且因为好奇心重，所以对任何事物总是保持着高度兴趣，要小猫乖乖待着不到处跑，简直就是不可能的，因此除了要满足它们的运动需求，还要给予它们能够安全活动的空间。

　　猫咪喜欢居高临下，能够掌握环境的变化会让它们比较安心。可以给猫咪使用猫跳台，满足猫咪跳高的同时，也减少猫咪跳到柜子上的机会，还兼具磨爪及增加运动量的功能。

　　此外，柜子上的饰品摆放需要特别注意，尤其是玻璃制品。应避免猫咪跳到家具上，不小心把饰品碰撞下来，破裂的饰品会使猫咪受伤。

猫砂盆放置位置

　　猫砂盆最好摆放在安静隐秘的地方，因为猫咪在排泄时是处于较没有防备的状态，所以吵闹、人来人往的地方会让猫咪无法安心地上厕所。另外，猫砂盆与食盆和水盆的距离别太近，猫咪将猫砂拨出时，可能会飞溅到食盆和水盆中造成污染。

　　猫砂建议每周更换 1 次。倒掉旧的猫砂、清洗和消毒猫砂盆，以减少细菌滋生，再倒入新的猫砂。经常帮猫咪清理砂盆内的排泄物及消毒砂盆是很重要的，有些猫咪会因砂盆不清洁而在砂盆以外的地方上厕所，或是憋住不上厕所，直到砂盆清干净才去。

　　消毒猫砂盆时，要避免使用含苯酚或煤焦油的消毒剂，想要帮猫咪更换不同材质的猫砂时（如由矿砂换木屑砂等），也要采取循序渐进的替换法，如果一下子就更换成新的猫砂，有些猫咪可能会因为无法接受而到处乱大小便！更换猫砂盆的位置也是一样，采取短距离的移动更换，免得猫咪一下子无法适应，而在原来的地方大小便。

室内温度差

　　猫咪和人一样，最适宜的居住环境温度为 25~29℃，因此夏天要保持通风凉爽，避免猫咪因为环境温度过高而中暑。

　　夏季气温高时，猫咪脚底的汗腺一样会排汗，此时为预防猫咪脱水，适当的水分补充非常重要；冬天则要保持室内温暖，环境温度过低，容易造成猫咪感染呼吸道疾病或其他疾病，可以帮猫咪选一个温暖、隐秘的地方睡觉。

▲ 给猫咪一个舒适的地方睡觉

猫咪的出行

　　买猫或认养猫时，都应该准备好猫包，免得猫咪一时紧张而逃脱，而且以后也难免有上医院或美容院的需要。

　　猫包的种类很多，可依据个人的需求来选择。不过，如果猫咪很容易紧张，甚至想要冲出猫包，则不建议用软式的猫包，易造成猫咪半路逃脱。一般来说，选择上开式的猫包较好，因为方便猫咪的放入与抓出。若有长途旅行的需求，最好能选择大型的猫包，让猫咪有舒适的活动空间。

　　不过，当猫咪有了被带到医院或美容院的经验后，下次要再带出门，可能就要与猫咪斗智，因为它们不会这么轻易就被放进猫包内，乖乖跟你出门了！

D 猫咪生活须知

猫咪很爱干净

　　猫咪舌头上的倒刺像刷子一样，可以梳理全身的毛，也可以将身体上的污物去除，并将自己的气味留在全身，让自己安心。不过，舔入过多的毛会造成猫咪吐毛球。虽然吐毛球是一种生理现象，但太频繁地吐毛球会造成猫咪体力消耗，并且造成食道和胃的负担，因此还是要定期帮猫咪梳毛，除去过多的毛。

　　猫咪上完厕所后，如果黏附到一些粪尿，会立刻将身上的污物清理干净，此外，猫咪吃完饭后同样也会有清理的动作。

▲ 猫咪会用舌头梳理自己的毛

▼ 猫咪的睡眠和休息时间占一天的2/3

一天之中有2/3的时间都在休息和睡觉

　　每只猫咪的日常活动各有差异，但它们对睡眠的喜好是相同的。一般认为肉食动物会尽量减少平时能量的消耗，以供应捕猎时所需的极高能量。虽然现在饲养在家中的猫咪已不需要狩猎，但睡眠习惯仍然保持着，猫咪每天约需 16 小时的睡眠，是哺乳类动物中最长的；且猫咪是夜行性动物，活动时间大多从夜晚到清晨，白天多半都是在睡觉。

　　大部分的猫咪都相当独立，可以在家里任何角落睡觉；假如你愿意的话，可以将盒子或篮子当作猫咪的床，或是购买市售的猫床，但并非绝对必要。至于小猫，我们可以准备一个箱子当床用，在箱子底部衬几张报纸，然后再加块毛毯，并定期清理更换，这样小猫会住得较舒适，不仅可以防风、保暖，也能防止意外伤害。但切记千万不要在猫床内喂食，以免弄得一团脏。

　　需要外出时，留下足够的水和食物，可以将猫留在家中最多 24 小时；如果要外出更久的时间，就需要麻烦邻居每日帮它补充食物和饮水、清理便盆，这样猫咪就可以不用被迫离开熟悉的环境，也能减少得病的概率。

猫咪特有的呼噜声

有些第一次养猫的猫奴发现家里的爱猫会发出很特别的声音，但也没看到猫咪张开嘴巴叫，因此纳闷声音是从哪儿发出来的，是不是生病了？其实，呼噜的声音来自喉部，是一种空气动力学的现象。对猫咪来说，是天生和自发性的行为，幼年时期的猫咪就已经会发出呼噜呼噜的声音了。

一般，当猫咪感到安心和放松时会呼噜呼噜。不过，我在医院的诊疗台上也会遇到猫咪呼噜呼噜，但它明明已经害怕到全身发抖了；我还曾遇到骨折的猫咪，虽然伤口很痛，却也是从头到尾都呼噜地叫着，因此猫咪不只是感到放心时才会呼噜！

前脚的踩踏动作

猫咪会有左右前脚交替踩踏的动作，主要源自幼猫时期的吸奶行为。有人认为成猫会有这种动作，是因为想起吸母猫奶时的安心感，转而表现在与猫奴的互动上，也许是想要跟猫奴撒娇吧！有些猫咪除了踩踏的动作，还会吸吮猫奴的皮肤或衣物，有可能是因为皮肤和衣物的触感与母猫的乳房很像。我甚至还见过边搓揉边吸自己肚子的猫咪呢！也许那时的它，正沉醉在幸福感之中。

▲ 猫咪会有踩踏的动作，来自幼猫时期的吸奶行为

▼ 猫咪排便的姿势

猫咪的居家训练

猫很爱干净且聪明，养在室内并不会像狗一样产生许多问题，它们很能适应家居生活，就算你的公寓再小，它们也能自得其乐。而猫咪的基本生活器具中，以卫生设备及磨爪用具较为重要。

对于幼猫，我们应该特别花时间教导它们的行为，而且越早越好。小猫3~4周龄开始吃固体食物时，就应该教导它如厕，需要将便盆放在小猫容易到达的地方，并且也要注意猫砂的隐秘性，一旦小猫看起来有想大小便的趋势（蹲下、尾巴翘高及眼神茫然时，表示想上厕所了），就把猫咪带到便盆里。

当猫咪在错误的地方大小便时，千万不要强迫它们去闻自己的粪尿，乱大小便的地方应消毒并去除气味。猫非常爱干净且很快能训练成功，非常老的猫偶尔会忘记或失控，我们就只能忍耐一下了。

服从

所有的猫咪都应该认识自己的名字。要常叫它们的名字，特别是在喂食时。我们应该设置固定的时间喂食或梳毛等。也可以训练猫咪做一些小把戏，比方乞求食物，但是别忘了在表现好时给予奖赏（给一些它最爱吃的食物）和赞美；如果它不愿意做，也不要勉强。

话虽如此，如果猫咪有些不良的习惯，还是必须要改正过来的，像有些猫咪喜欢乱咬人或扑到人身上，这时应该轻轻地将它提起来并放置在地板上，然后声色俱厉地对它说"不可以"。一般来讲，如果有机会与外界的猫接触，猫咪的"反社会"行为是会减少的，或者给它一块猫抓板也可以。

▼ 在家中放置猫抓板，可以大幅降低猫咪在家具上留下爪痕的概率

磨爪

猫咪的爪子总是让猫奴很头疼，它们总是会在家里各处留下爪痕，尤其是沙发、桌子、墙壁等，让猫奴们不得不经常更换新的家具。但请不要责怪猫咪，因为对它们来说磨爪子是一种本能，它们的脑袋无法理解猫奴为什么要生气。

猫咪抓家具的行为主要是为了做记号及划分地盘，告诉其他猫咪：这里是我的！前面也提到过，猫咪的肉垫有汗腺，也有能分泌特殊气味的腺体。因此猫咪在抓家具时，除了留下爪痕，同时也留下自己的气味。

此外，猫咪抓家具也是在将爪子磨得尖锐，并将老旧的指甲替换掉。因此，可以给它一个猫抓板，让它尽情地磨爪子。猫抓板有压平的瓦楞纸板材质、麻绳材质、地毯类材质，或者一根绕满绳子的柱子，都可在宠物店买到。让猫咪使用猫抓板是可以靠训练来达到的。

▲ 逗猫棒可以增加猫咪与主人间的互动

猫咪的游戏

逗猫棒、玩具等，都是增加猫咪运动量及主人与猫咪之间互动的最佳用品，很多人把逗猫棒留给猫咪自己玩，这样不仅没意义，也会有危险。逗猫棒上的毛球或羽毛若被猫咪吞下去，有可能会造成严重的肠阻塞。因此，逗猫棒一定要由主人操纵，让猫咪充满兴趣、不断地扑抓，不仅可以增加猫咪的运动量，也可以博君一笑。

▼ 用牵引绳带猫咪出门散步

多运动有益健康

猫咪在运动方面并不需要我们操心，这一点对某些人来说真是一大福音。猫咪可以在游戏中获得运动的效果，并且收获无穷的快乐，即使是一颗乒乓球，或一个让它们跳进跳出的箱子，都可以让它们玩得不亦乐乎。而养在室内的成猫，平常可以准备猫抓板让它们运动，当然若你能抽空和猫咪一起做游戏，就更好不过了。

而遛猫并不像遛狗一样简单，大部分成猫不愿意从事这种活动，即使勉强它，也不会有多大的效果。如果真的想训练猫咪，最好在幼猫刚离乳时就开始，让它们慢慢适应并体会其中的乐趣，最初应在室内进行，然后再外出到公园，最后再到人行步道。牵引绳的材质要轻、长度要够，最好附有项圈。不过，猫咪本身的个性也是很重要的决定因素，如果它从幼猫时期就容易紧张，或是对外界的变化特别敏感，就别勉强训练了。

猫咪换牙

小猫出生后就会逐渐长出乳齿，等到近 2 月龄时就有能力咬食干饲料了，而母猫也会因为小猫长出牙齿造成哺乳时疼痛，而逐渐拒绝小猫的吸乳行为，也就是所谓的断奶。

在小猫 4 月龄之前所见的牙齿都是乳齿，之后都会逐渐脱落而被永久齿所取代；换牙过程中，会有流血的现象，这样的状况会持续到 7~8 月龄，牙龈也会轻微红肿，甚至稍微厌食，这些都是正常现象。

为什么我们从来未曾看过脱落的乳齿呢？因为猫咪大多会将脱落的乳齿吞食入肚，一般来说是没关系的，但若有疑虑，可以请兽医师检查一下。

乳齿有可能不掉吗？当然是有可能的，但是这样会影响永久齿的生长及方向，所以如果超过 8 月龄仍有乳齿滞留，就必须请兽医师将其拔除。

▲ 猫咪的乳齿比永久齿尖且小

▲ 避免用手抓住猫咪的颈背部

猫咪的抱法

抱着自己心爱的猫咪是非常美好的事，但是一定要支撑它全部的身体，不要只是抓住它的腋下悬吊着；因为有些猫咪对于悬在半空中会感到不安、不喜欢，可能会挣扎甚至咬人。因此在抱猫咪的时候，手臂和身体要紧密地包覆猫咪，让猫咪有安全感，也比较不会害怕。抱小猫时更应特别小心，因为小猫的肋骨非常柔软，如果动作太粗暴，可能会造成内伤。

虽然母猫在带小猫时会咬住它的颈背部，但你应该尽量避免做这种动作，虽然没有什么伤害，但太频繁做这个动作会引起小猫排斥。除非你只是在猫咪不合作或过分顽皮时，突然短暂伸手捉住它。当猫咪身体受伤时，特别是骨折时，这种动作是不被允许的。

Step1　抱猫前先安抚猫咪，让它放松

猫咪不太愿意让它信赖以外的人抱，所以需要先和猫咪建立良好关系。在抱猫咪之前可以先轻轻抚摸它，让它镇静下来之后再尝试抱它。

 Step2　用手抱着猫咪的上半身

将猫立着，一手抓住猫咪的两前脚，手指放在猫咪的胸前，会让猫咪较安心。这时候不要刻意去抚摸猫咪讨厌被触碰的地方，如肚子和尾巴，否则会让它挣扎得更厉害。

Step3　支撑猫咪的下半身

另一只手抓住猫咪的两只后脚，并用手掌托着猫咪的臀部。让猫咪的身体能紧密地贴着人的身体，寻找一个能让它稳定的位置。

Step4　让猫咪紧贴着自己的身体

用双臂包覆着猫咪，让它的背部、臀部靠着人的手臂，不会有腾空的感觉。如果猫咪有轻微挣扎，可以用手按住猫咪的前脚，用手臂压住猫咪的身体，并安抚它。

▲ 要抱起猫咪时，先将猫立着，不要刻意触碰它的肚子或尾巴

▲ 紧密地贴着人的身体，让它稳定安心

让猫咪坐在怀里

另一个抱猫咪的方法，是将手掌置于前脚后方背部处，然后另一只手托住臀部，再将猫咪的前脚置于肩膀上，让猫咪坐在你的臂弯内。

猫咪喜欢咬人的手和脚

猫是完全的肉食性动物，在食物链上扮演着掠食者的角色，因此它们从小就有狩猎行为，这是一种天性，演练的对象就是母亲或兄弟姐妹，它们在游戏的过程中学习咬的力道轻重。但是，当猫咪被人类带回家饲养后，这些学习及练习的对象都不见了，该怎么办呢？当然就只剩下人类了。常有饲主抱怨："它一直乱咬，也会突然冲出来咬我的脚！"其实这就是一种狩猎行为的学习过程，属于正常现象，因为脚对猫咪来说，是在它的狩猎视野范围内，人类脚步移动时，在猫咪看来像是猎物在移动，会引起它们高度的狩猎兴趣。

在幼猫时期，就应该预防小猫习惯性咬人，如果常用手跟猫咪玩，会让它们记得"手是可以咬的东西"，即便是成长中的幼猫，认真咬也会使人受伤。因此，在和它们游戏时，可将苦味剂涂抹在手上，猫咪吃到苦味，自然会讨厌咬手；或者也可以用玩具（如逗猫棒）代替手陪猫玩，转移它的注意力，让猫咪知道逗猫棒才是它的猎物，而不是人的手和脚。这样不仅可以满足猫咪运动和玩耍的需求，降低咬伤人的概率，也可以建立人与猫咪之间良好的关系。

此外，当猫咪咬着你的手脚时，如果大声叫骂或是有过大的肢体反应，只会让猫误以为你要陪它玩，而且它也无法了解你的疼痛，反而会让它想继续咬下去；因此，建议尽量不要有太大的叫声，应该发出警告声，让猫咪张嘴放开，然后走出房间，暂时不和猫咪互动，让猫咪知道即使咬住了，也不会有玩耍的动作，久了便会失去兴趣。事后也绝对不要体罚猫咪，否则不仅会破坏你跟猫咪之间的互信关系，有些猫咪甚至会因此更容易出现攻击行为。

▲ 尽量避免用手和脚逗猫咪玩

▲ 家中猫抓板的摆放方向可依猫咪的喜好来决定

猫咪会乱抓家具

　　猫咪会在墙壁和家具上磨爪，利用肉垫上腺体的分泌物，将气味留在磨爪的地方，这对猫咪而言是地盘的划分；也就是说，磨爪子是猫咪的本能行为，没办法阻止猫咪磨爪，只能在猫咪抓家具之前，早点让它习惯在猫抓板上磨爪子，否则，可能就得看着心爱的家具惨遭猫爪蹂躏了！

　　有些国家会帮猫咪做去爪手术，在麻醉的状态下，由兽医师来进行外科手术。在澳大利亚和英国这是违法的，新西兰也不赞同这种手术；在中国台湾，目前这种手术也不是很普遍。以人类的观点来看，这样的手术确实很方便，但对猫来说就十分残忍。

猫咪的异食癖

　　有一句话是这么说的："好奇害死猫！"这句话真是再贴切不过了，小猫对任何事物总有无限的好奇，它们就像小朋友一样，任何小东西（如铃铛、纽扣、带线的针、绳子、橡皮筋等）到了它们的视线范围，最后的下场一定是被吃进肚里。此外，很多猫咪对于塑料制品的味道也有特别的癖好，常有主人拿塑料袋、竹筷袋或塑料绳来取悦猫咪，这是非常危险的行为。一旦猫咪爱上这类塑料制品，胃口就会越来越大，可能连泡棉地板都会啃食，而造成可怕的肠阻塞。小猫因此会呕吐、食欲减退、体重变轻，不仅诊断困难，手术及住院费用也可能会给你带来很大的负担，而猫咪经过这样的折腾，九条命可能也不够用。而且猫咪是永远也学不到教训的，同样的状况可能会一再发生，曾有猫咪两年内连动 4 次手术，够可怕了吧！

　　此外，也有不少猫咪对纤维有癖好，所以尽量将缝衣线、毛线、毛衣这类纤维纺织品离猫远一点。而猫咪对纤维的癖好，有一种说法是它们狩猎本能的表现，因为野生猫咪猎到小鸟时，会将羽毛拔掉，以方便进食；另一种说法则是猫咪认为咬

49

▲ 绳子类异物对猫咪造成的伤害比想象中更严重

毛衣和毯子时的触感，很像幼年期吸母奶的触感；但也有人说猫咪是因为体内纤维质不足，而找寻相似口感的东西来吃。不管是哪一种，千万不要存着"猫咪只是咬，没吃下去"或是"就算吃下去，也会吐出来或拉出来"的心态，因为线状异物可能造成严重的肠胃切割伤害，不可不慎！

当看到猫咪的肛门口有绳子排出时，也切记不要硬拉出来，因为你无法知道肠道内的状况，有时硬拉反而会造成肠道受伤得更严重！如果绳子长度太长，可以先将绳子剪短，并将猫咪带至医院检查。

此外，家中的电线也是猫咪喜欢玩和咬的物品之一。因为电线轻，猫咪随手一拨就会动，当然会引起猫咪很大的兴趣。如果电器用品的电线正插着，而猫咪不小心咬断，会有触电的危险。临床上就曾经遇到过狗狗咬断电线，因触电造成心跳和呼吸停止，到院时已经来不及救了。因此，请尽量将不用的插头拔掉，并将过长的电线妥善收纳或藏在家具后面，让猫咪无法找到；也可以将电线用较厚的塑料管包覆住，避免猫咪将电线咬断而导致触电。

了解猫咪的习性，注意居家环境的安全，会让你和猫咪都少了很多不必要的麻烦及医疗花费。千万不要存着侥幸的心态，也不要觉得这些事不可能发生，因为猫咪总是随时随地在挖掘新事物，"好奇"是它们个性的一部分，所以猫咪往往会在你看不到它的时候"闯祸"，或是发生危险。与其限制它们，或是大声斥责，不如从预防下手，并且耐心地教导它们吧！

▲ 塑料袋是异食癖猫咪的最爱

▲ 猫咪很喜欢咬电线，因此要将电线妥善收纳好

人类食物对猫的影响

很多猫奴会问："医师，猫咪能不能吃人吃的东西？"其实，很多人可以吃的东西，对猫咪却会造成危害。有些食物，猫咪只吃一点点就会引起中毒症状，严重的甚至会危及生命。此外，人类食物中的调味料，也会增加猫咪身体的负担。猫奴们应特别避免喂食猫咪以下这些会危害它们健康的食物。

青葱、洋葱和韭菜类

此类蔬菜中含有破坏猫咪红细胞的成分，会引起贫血、下痢、血尿、呕吐和发烧，最严重的情况会造成猫咪死亡。因此，这些蔬菜绝对不能让猫咪吃到，即使是微量也不要给猫咪吃。

鸡骨和鱼骨

鸡骨和鱼骨尖锐的边缘可能会卡在猫咪喉咙或消化道，甚至可能会造成消化道穿孔。因此，丢弃这类厨余时，一定放在有盖的垃圾筒内，以免猫咪不小心吃到，造成严重的伤害。

巧克力

巧克力中含有可可碱和咖啡因，摄取过量会造成急性中毒。巧克力中毒会导致消化道、神经和心脏等出现病状，严重时会造成猫咪死亡。

肝脏

长期提供鸡肝给猫咪吃，容易导致钙缺乏，引发行走障碍。此外，鸡肝中含有丰富的维生素 A，摄取过量会导致猫咪骨头发育异常。

葡萄

葡萄会造成猫咪肾衰竭，尤其葡萄皮特别危险。葡萄干同样也会造成猫咪肾衰竭。

乌贼、章鱼、虾、螃蟹和贝类

这类食物让猫咪长期生吃时，会阻碍其体内维生素 B_1 的吸收。当猫咪体内缺乏维生素 B_1 时，会引起食欲降低、呕吐、痉挛、走路不稳，甚至会导致后脚麻痹。而鳟鱼、鳕鱼、鲽鱼和鲤鱼等生鱼片也会阻碍猫咪体内维生素 B_1 的吸收，导致瘫痪。因此不建议给猫咪生吃此类食物。

小鱼干、海苔和柴鱼片

钙、镁和磷等矿物质都是造成猫咪尿道结石的重要因素。而小鱼干、海苔和柴鱼片是猫咪非常喜爱的食物，它们也都含有大量的矿物质，因此应不要给猫咪过量吃这类食物，避免尿道结石发生。此外，菠菜和牛蒡含有大量的草酸，也容易引起猫咪泌尿道结石。

咖啡、红茶和绿茶

咖啡、红茶和绿茶含有咖啡因，若猫咪误食会造成下痢、呕吐、多尿，甚至造成心脏和神经系统异常。

牛奶

国外影片中常见喂猫喝牛奶的情节，这是非常错误的示范。大部分的猫咪于 2 月龄后就会发展成为乳糖不耐症，喝普通牛奶会引发水样下痢。你可能会说："我的猫喝牛奶都没事呀！"那可能只是幸运，但长期饮用牛奶的猫咪，必定会对水不感兴趣，因此减少它的饮水量，长期下来便会造成肾脏隐忧。

含酒精饮料

猫咪误饮后，酒精会在血液中被吸收，如果过量，就会破坏脑和身体的细胞，引起呕吐、下痢、呼吸困难及神经系统异常；最严重的状况下猫咪会陷入昏迷，甚至死亡。一般而言，猫咪摄入后 30~60 分钟内会出现上述症状，误食 5.6mL/kg 的量便可能致命。即使是少量酒精也是危险的，所以绝对不能让猫咪接触任何含有酒精的饮料。

室内植物盆栽对猫咪的影响 ===

听老一辈的人说过，狗和猫咪因为肚子不舒服，或是为了要吐出肚子里的毛球，会去吃草。不过，并不是所有植物猫咪都可以吃，有些吃了会造成肠胃不适，甚至中毒。为了猫咪的安全着想，将盆栽放在它接触不到的地方吧！如果真的要给猫咪吃草，也请选择猫咪可以吃的猫草（一般宠物店都有种子出售，可自行栽种）。对猫咪有毒的植物至少有700多种，下面列举几种家中可能会种植的盆栽。

百合花

百合花对于猫咪来说是非常危险的植物，任何部位都会造成危险，尤其是根部。猫咪吃了百合花后会呕吐、过度流口水、精神和食欲变差，72小时内造成肾脏衰竭。

黄金葛和常春藤

整株植物对猫咪都是危险的。尤其是叶子和茎的部位，猫咪吃了会刺激口腔黏膜，并且造成发炎、疼痛；另外，也可能会出现过度流口水、吞咽困难、腹痛、下痢、呕吐等症状，以及肾脏和神经疾病等。

苏铁

所有部位对猫咪都有毒性，尤其是种子。猫咪吃下后很快就会出现严重的呕吐、下痢、无法控制走路、昏迷或癫痫等症状，最后会因肝脏衰竭而死亡。

铃兰

不管猫咪吃了铃兰的哪个部位，对它而言都是有剧毒的，尤其是根部。猫咪误食铃兰会引起呕吐、过度流口水、拉肚子和腹痛，甚至会造成心跳过慢。严重的会出现癫痫，甚至可能会猝死。

杜鹃花

所有部位对猫咪都有毒性。猫咪误食会造成持续性呕吐，甚至会有吸入性肺炎的危险，癫痫和全身无力等神经症状可能都会发生。

圣诞红

猫咪吃了茎或叶子，会造成嘴巴剧痛，或者呕吐和下痢。

Ⓔ 迎接第二只猫

　　很多猫奴在养第一只猫得心应手后，总是会蠢蠢欲动想要再多养一只，或者在路上看到可怜的流浪猫，起了悲悯之心，而发愿收养。但在决定之前，你是否考虑到家里原来那只猫咪的安危问题呢？如果新猫带来了传染病，反而让原来的爱猫遭受威胁，你不会愧疚吗，不会懊悔吗？现在，我们就来讨论一下第二只猫的饲养问题吧！

▼ 笼子无法做到完全隔离，
还是会让猫咪互相接触到

一切以保护原来的爱猫为主 ▬▬

　　这是天经地义的事，我们不可能带一只有传染病的猫回家来危害原来的爱猫，但偏偏很多人又会犯这样的错误，总认为自己眼前所看到的猫是健康的、无害的，而这就是无知造成的后果。事实上，就算是专业猫科医师，光以肉眼判断，都无法保证猫咪是否具有传染病；很多传染病必须通过检验试剂的检查，如猫瘟、猫白血病、猫艾滋病、梨形虫、猫心丝虫、猫冠状病毒等，并且要经过长时间的隔离观察。

　　带新猫回家之前，都应先到动物医院进行完整详细的健康检查，并确认家中有足够的空间进行隔离。一旦新猫验出具有非严重致死性的传染病，如有霉菌、耳螨、疥癣、跳蚤、梨形虫、球虫、线虫、猫上呼吸道感染等问题时，应立即进行治疗，并与原来的猫咪完全隔离至少 1 个月以上，更要让原来的猫咪进行完整的预防接种。

　　如果很不幸地，新猫检验发现已感染具有致死性的传染病，特别是猫白血病及猫艾滋病，就真的要慎重考虑饲养的可能性，必须做到终其一生与原来的猫咪完全隔离。千万别以为原来的猫咪有完整的预防接种就足以抵御而不被感染，因为疫苗的效力并非 100%，且长期接触大量慢性病原的状况下，就算有金刚不坏之身，也难逃感染的命运。

　　如果检查结果一切都没问题，也不代表就可以立即把新猫和原有的猫放在一起，因为所有的疾病都有潜伏期，不一定能当下发现或检验出来，例如传染性腹膜炎，就无法在发病之前确诊。所以新猫在和原有的猫放在一起前，还是必须隔离至少 1

个月以上，且固定每周进行基本的健康检查，而这也是一般人最难做到的。

有太多人因为一时冲动带新猫回家，或者因为猫咪不喜欢被隔离、不断喵喵叫，而提早将它与家中原有猫咪放在一起 …… 为了一时的不忍，后续造成一大堆问题，让猫咪受苦，人也跟着心疼，不是得不偿失吗？

何谓隔离

隔离是医学上的专有名词，一般人很少有正确的观念，所谓的隔离包括直接及间接两种：直接隔离包括完全的接触阻断，新猫不能与原有的猫有任何直接的接触，隔着门缝或笼子都不行，必须有独立的空间、独立的空调，而且进行隔离的空间应在较偏远不易接近的地方。

间接隔离包括隔离所有可能接触到新猫的人和事物，例如新猫不能与原来的猫共享砂盆、水盆、食盆、毛巾、猫包、梳子等，而人抱过新猫之后，应立即洗手且更换衣物，越高的要求标准，越能确保隔离的效果。

新猫可能带来的传染疾病

上呼吸道感染

猫上呼吸道感染是收养流浪小猫时最常见的疾病。而其中杯状病毒和疱疹病毒就占了猫上呼吸道疾病的80%。此外，衣原体的合并感染也是常见的小猫上呼吸道感染的病原。就算原有的猫已经接种了完整的五联疫苗，但如果猫在短时间内接触大量的病毒，它可能会发病，出现打喷嚏、流泪、轻微发烧、厌食等症状。

发病小猫的口水、眼鼻分泌物中含有大量的病毒，会通过直接接触、打喷嚏或人的间接接触而感染原有的猫；不只新猫要治疗，原有的猫也会发病，并且可能成为带原者；猫咪们饱受上呼吸道感染之苦，整个疗程费时 2~3 周，到时候你可能会忙得焦头烂额！

▲ 上呼吸道感染的猫咪的眼睛和鼻子有脓分泌

猫艾滋病

猫艾滋病是由猫免疫缺陷病毒感染的，感染后会使猫身体的免疫功能逐渐下降，从而导致后天免疫缺乏症候群。目前可以通过血液筛检来查出。

猫艾滋病是收养成猫最常见且最可怕的疾病，有些人认为猫艾滋是通过血液感染的，所以只要猫不打架就不太容易感染，这是很错误的防疫观念，请务必避免让自己原有的猫暴露在这种病毒的威胁之下！临床上我们就遇见过从不打架的两只猫，其中一只却将艾滋病传染给另一只的案例。因为艾滋猫会通过唾液散播病毒，而且猫咪的齿龈多多少少有发炎出血的情况，因此它们可能通过互相梳理舔毛而感染。

▲ 猫艾滋病经常由打架咬伤传染

猫白血病

猫白血病主要是由猫白血病病毒感染的，通过直接的口鼻接触就会造成感染，因此非常容易在猫群中暴发，特别是 4 月龄以下的幼猫较成猫更容易感染。

目前可以通过抽血检验来进行筛检，感染猫咪会引起淋巴瘤、白血病、骨髓和免疫的抑制和其他症状。

猫泛白细胞减少症

猫泛白细胞减少症也就是所谓的猫瘟，会造成幼猫频繁地呕吐和下痢，严重者会血痢、脱水、甚至死亡。猫瘟大多发生在猫咪生产的季节，多发于 1 岁以下或是未施打疫苗的幼猫。成猫也有可能会被感染，但成猫的免疫力比幼猫好，因此胃肠道症状较幼猫轻微，有些猫咪甚至没有症状。不过，临床上也遇到过成猫因未施打疫苗而感染猫瘟死亡的情况，因此不要认为是成猫就轻视了传染病。

传染性腹膜炎

这是一种可怕的致死性传染病。大多数是由自身存在的冠状病毒突变而引发疾病，少数是由传染而发病的。初期无法以任何检验方式确认，新猫会出现阵发性的发烧症状，然后就逐渐消瘦、腹部胀大，或者腹部内出现异常团块。这种疾病在初期非常难诊，所以无论新猫的状况如何，都应隔离至少 1 个月，如果期间出现发烧的症状，

▼ 患腹膜炎的猫咪腹部会胀大，但背脊消瘦

就必须再延长隔离的时间。因为传染性腹膜炎死亡率几乎是100%，在无法进行早期筛检的情况下，隔离就成为保护原有猫咪的唯一手段。千万不要因为一时心软，而让悲剧一再发生。

新猫可能带来的皮肤疾病

皮霉菌病

    如果新猫还没有出现明显的脱毛、皮屑等病状，很难早期检查出，因此隔离就显得非常重要。一旦出现脱毛及皮屑病状时，应立即进行皮毛镜检或霉菌培养。若新猫没有隔离就进入猫群，所有的猫就必须同时进行治疗，疗程需 4~6 周，不但费用会增加好几倍，喂起药来也是个大工程。

疥癣

    这是一种体外寄生虫性的皮肤病，会造成猫咪严重瘙痒、皮屑、红疹，初期感染时很难由皮毛镜检查确认，大多数是先造成耳缘的皮屑及脱毛。如果未事先隔离，就会一只传给一只，没完没了，必须全体猫咪同时接受治疗。而且疥癣的特效药可能会造成猫咪暂时性目盲 1~2 个月，你忍心让原来的爱猫承受这样的风险吗？

新猫可能带来的体外寄生虫

耳螨

    一般新买回的纯种幼猫大多数都有耳螨感染，有过经验的猫奴都知道这种治疗是很麻烦的，特别是刚感染时，兽医师是无法检查出来的。如果新来的幼猫有耳螨感染，而未加以隔离的话，家中的所有猫都会被感染，滴耳药的疗程要持续 4 周。

跳蚤

    一只母跳蚤可以产 500 颗以上的虫卵，虫卵无色无附着性，所以会掉得到处都是，跟着灰尘跑，并且可以在不孵化的状态下于日常环境存活 1~2 年，等到环境温度、湿度适合时才孵化！所以在新猫还没进家门前，就应先请兽医师确认有无跳蚤感染，就算无感染迹象，也最好先滴一剂体外除虫剂，并加以隔离，否则一不小心弄得全家都是跳蚤，需要 1~2 年的时间才能清除。

新猫可能带来的体内寄生虫

猫心丝虫

这种病传染率虽然不高，但如果新养的猫感染了猫心丝虫，就等于是摆了个定时炸弹在家里，让其他猫都暴露在感染的高危险群之中。除非原来的爱猫定期服用猫心丝虫预防药，否则新猫在满 6 月龄之后，最好都能进行心丝虫筛检。

毛滴虫

这是猫咪常见的大肠性下痢的病因，被传染的猫咪会持续出现慢性软便，目前并无检测试剂可以使用，只能依靠粪便检查来发现虫体，或者必须送往美国进行 PCR 检验。*治疗药物可能会对猫咪产生神经毒性，治疗前必须与医师详细讨论。

*目前大陆已有检测试剂。——编者注

球虫

这是一种讨厌的肠道寄生虫，会导致健康猫腹泻。对于抵抗力差的小猫、老猫、病猫，就有可能造成肠炎，而且这样的寄生虫一旦进入猫群，是很难根除的，会造成疫情反复。所以新猫在隔离期间，应每周至少进行 1 次粪便寄生虫检查。传统的治疗方式为口服用药两周。

梨形虫

这是猫咪常见的慢性下痢病因，带原猫咪并不一定会出现下痢症状，但会通过粪便排出梨形虫而感染其他的猫，传统的粪便检查检出率并不高，目前已有专门的检验试剂可供使用，准确率可达 90% 以上。一旦梨形虫进入猫群之中，就会阵发性地暴发疫情，很难从猫群中去除。传统的口服药治疗疗程约需两周。

线虫

这就是大家最熟悉的蛔虫、钩虫之类的肠道寄生虫，虽然不至于造成猫咪严重的症状，但也有人畜共通感染的疑虑，所以新猫在隔离期应进行完整的驱虫。

PART

3

猫咪营养学

A 猫咪的基本营养需求

　　猫咪和狗狗及人一样，都需要五大营养要素：蛋白质、脂肪、碳水化合物、维生素和矿物质。只不过猫咪属于肉食性动物，因此在消化吸收和营养需求上会与狗狗和人有些不同。

▲ 猫咪的基本营养需求与狗狗和人不同

　　大部分猫奴都知道，猫咪可以说是完全的肉食性动物，它们的身体主要是以消化蛋白质和脂肪为主，但还是可以消化少量的碳水化合物。

　　这种特殊的营养需求，主要是因为猫咪的祖先在严苛的环境中，靠着猎食小动物维生，因此身体也逐渐演化成适合食肉的特性。但这种特别又可爱的肉食性动物为什么可以吃大量的蛋白质却不会生病（如高血氨症）呢？下面就来了解猫咪独特的新陈代谢和营养需求吧！

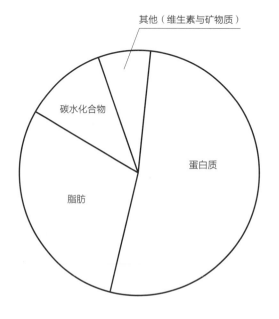

◀ 在猫的饮食中，基本营养物质占比为：蛋白质约为55%、脂肪25%~45%、碳水化合物9%~12%，比例会依据猫咪的生活环境而有些微差异（如家猫和野猫就有所不同）

　　因食肉特性的演化，造就了猫特有的新陈代谢及营养需求：

1　猫的口腔缺少淀粉酶，所以无法消化大量碳水化合物。

2　猫的胃容量很小，无法像狗一样储存食物，适合少量多餐的进食方式。

3　猫的身体可以不断处理吃进去的大量蛋白质，并利用它来产生葡萄糖，作为能量使用。

4　猫的饮食中不能缺乏必需氨基酸（如精氨酸和牛磺酸），如缺乏易造成疾病。

5　猫的身体无法合成维生素A和烟酸，必须从饮食中获得。

蛋白质

　　大家都知道蛋白质对猫咪来说很重要，除了能提供身体所需的热量，身体的代谢合成（如细胞、肌肉和毛发的合成），以及荷尔蒙运作等，都需要蛋白质。不同的蛋白质是由许多不同的氨基酸组合而成的，可以由身体合成的氨基酸叫作**非必需氨基酸**；无法由身体合成的叫作**必需氨基酸**。

　　猫咪可以通过摄取新鲜的全肉食物，来获得丰富的必需氨基酸（如精氨酸、牛磺酸）。因此，对于每餐都吃肉的猫咪而言，并不用担心摄取的蛋白质不够。

　　猫咪的身体还有一个特点，就是能持续不断地消化吸收蛋白质。体内的快速处理系统不但可以将大量的饮食蛋白质转化为葡萄糖（能量），也能让猫咪不会因为吃了大量的蛋白质，而形成高血氨症。

　　这也是猫咪对于蛋白质的需求会高于狗和人的原因。相反，当猫咪摄取过少的蛋白质，导致必需氨基酸缺乏时，就会造成严重疾病。例如，猫咪只要一餐没有摄取到含有精氨酸的饮食，就会出现高血氨症，严重时会致命；缺乏牛磺酸则容易出现心脏疾病、视网膜病变和生殖系统疾病。

▶ 猫咪对蛋白质的需求比人和狗狗要高很多，缺乏蛋白质容易造成疾病

脂肪 ▅▅▅▅

　　高脂肪饮食会造成人类的肥胖与疾病（如出现胃肠道症状）；不过，猫咪却不一样，它们可以吃脂肪含量很高的饮食，也不会造成身体不适。

　　在猫咪的饮食中，脂肪含量可以达到 25% ~ 45%，既然猫咪的脂肪摄取量可以这么高，那么饮食中的脂肪对猫咪的身体有什么功用呢？

1　当摄取的营养过多时，就会将其转变成身体的脂肪储存起来，在身体需要能量时，脂肪细胞就会分解，变成可以使用的能量。
2　每克脂肪能够提供比蛋白质和碳水化合物多一倍的热量。
3　饮食中的脂肪可提供身体无法合成的必需脂肪酸。
4　脂肪可以增加食物风味，提高食物的适口性。
5　促进脂溶性维生素的吸收。
6　饮食中多余的脂肪会被储存在皮下或是内脏器官周围。在器官周围的脂肪具有保护作用，可以避免器官受外力伤害；而皮下脂肪可作为绝缘体，具有隔热保温的作用。

　　虽然脂肪对于猫咪来说是重要的热量来源，但也不可给予过多，尤其是已绝育的猫咪。再加上脂肪提供了高热量和好的适口性，一不小心就会造成猫咪饮食过量，引起肥胖，因此，脂肪还是必须谨慎给予。

▲ 高脂肪饮食容易造成猫咪肥胖

碳水化合物 ▅▅▅▅

　　很多猫奴都认为猫咪是肉食性动物，所以不需要碳水化合物。的确，猫咪的饮食中只要有大量的蛋白质和脂肪，就能合成足够的葡萄糖和能量，让身体正常运作。但是，你知道吗？野外猫咪猎食到的啮齿类或鸟类的胃中，还是含有少量的碳水化合物，因为有这些少量的碳水化合物，身体也就会自然演化成能消化它们的状况。

　　此外，猫咪缺乏唾液淀粉酶，无法将淀粉分解成葡萄糖；肝脏中也缺乏葡萄糖激酶，所以无法处理大量的碳水化合物。这些原因都让猫咪无法消化大量的碳水化合物。因此，喂食猫咪大量不易消化的碳水化合物，容易导致肠道中的细菌过度产生，造成消化不良，导致猫咪拉肚子。

但是，这不代表猫咪无法消化和吸收碳水化合物！虽然猫咪的饮食中可以不需要碳水化合物，但在能量需求中是需要碳水化合物的。举例来说，喂食怀孕和哺乳期的母猫少量的碳水化合物，可以让母猫稳定地给小猫提供营养，使小猫健康成长。所以，当猫咪有特殊需要时，给予少量的碳水化合物是会有帮助的。

维生素

猫咪在某几种维生素的需求上和哺乳动物有些不同，在此将这几种维生素不同的部分提出来说明。

首先，来谈谈脂溶性维生素，包括维生素 A、D、E 和 K。其中维生素 A、D 和 E 对猫咪来说是一定不可以缺少的，因为猫的身体内无法合成，需要从饮食中获得。当然，维生素 K 也是不能缺少的，不过它可以通过肠道菌群来产生足够的量。

由于猫咪是肉食性动物，加上维生素 A 一般存在于动物组织（尤其是内脏）中，所以猫咪只要摄取了动物组织，就不太会缺乏维生素 A。但如果维生素 A 摄取过多，会导致猫咪关节僵直、畸形和瘫痪。

此外，猫咪和人类不同，猫咪无法通过晒太阳来获取维生素 D，但猫只要摄取足够的肉食性饮食（如富含油脂的鱼、肉类和蛋黄等），就不需要靠身体来合成维生素 D；维生素 E 具有抗氧化的作用，因此在许多市售的饮食中都会添加，以防止脂肪的氧化伤害。维生素 E 可以从种子、部分全谷物的胚芽、植物油和绿叶蔬菜中获得。

▶ 猫咪的身体无法通过晒太阳来获取维生素D

　　水溶性维生素包括 B 族维生素和维生素 C。猫咪和人类不同，它们能够通过体内的葡萄糖来合成维生素 C，不一定只能从饮食中获得。但 B 族维生素却是唯一必须从饮食中获得的水溶性维生素，大部分的 B 族维生素都能从肉类、豆类和全谷类中获得，不过，维生素 B_{12} 是例外，它必须从动物性饮食中获得。

　　B 族维生素在蛋白质、脂肪和碳水化合物的代谢中是很重要的。例如，维生素 B_1 与使用碳水化合物作为能量转换为脂肪、脂肪酸及某些氨基酸的代谢有关，缺乏维生素 B_1，会影响中枢神经系统的功能（比如出现癫痫的症状）。

　　植物来源的维生素 B_3（烟酸）绝大部分无法被身体吸收，动物来源的则可以被吸收。此外，狗狗能够通过饮食中的必需氨基酸 —— 色氨酸来合成维生素 B_3，但猫咪只能从饮食中满足身体对维生素 B_3 的需求，所以猫咪对饮食中维生素 B_3 的需求会比狗狗高 4 倍。

　　另外，蛋白质在转换为葡萄糖的过程中，需要维生素 B_6 的存在，因此猫咪对维生素 B_6 的需求也比狗狗高很多。因此，让猫咪每日都能摄取到足够的维生素以减少疾病的发生，是非常重要的!

矿物质 ▬▬▬

　　虽然矿物质只占动物体重的很小比例，但对于维持生命和保持健康却是很重要的。在幼猫的生长过程中，矿物质在牙齿形成和骨骼发育方面是重要的营养成分，不管是哪一种矿物质摄取得过多或不足，都有可能造成猫咪发育上的障碍（如神经系统异常或血液异常）。

　　对人类而言，摄取均衡的饮食营养对于身体是很重要的，对猫咪也不例外，只不过猫咪对于营养的需求和人类会稍微有些不同。不管是哪种营养成分，摄取过多或过少都会对身体造成危害，因此，请给予猫咪适当且适量的饮食。

B 各阶段猫咪的营养需求

热量需求

不管是健康还是生病状态，对处于不同年龄阶段的猫咪而言，摄取适当的热量是非常重要的。在不同的情况下，身体对于热量的需求会有所不同。

比如说，健康的猫咪在正常活动时，会消耗身体能量；天冷时，身体会发抖产热以维持体温，这也会消耗能量；而在生病时，疾病的代谢过程同样会消耗能量。

▼ 猫咪在活动时，是非常消耗能量的状态

所以，必须通过饮食来满足身体基本的热量需求，使猫咪的体重及身体状况都能维持。如果没有进食，或是进食不够时，身体为了维持运转，只好消耗肌肉和脂肪，猫咪就会变得越来越瘦。这样的恶性循环最后可能会导致猫咪死亡。

计算热量需求

▲ 肥胖的猫咪不能以实际体重去计算每日能量需求

一般饲养在家里的猫咪，从食物中获得的热量大部分是用来维持基础代谢的功能，也就是休息能量需求（RER,Resting Energy Requirement）。这些热量也用于运动、消化和体温调节。

不管是处于哪个阶段的猫咪，为了能让它们维持良好代谢功能及体态（不会过胖或过瘦），并减少疾病的发生，计算猫咪每天的热量需求是很重要的。猫咪和人一样，也有最适当的体脂肪量，体脂肪量以20%～25%为宜。

所以，在计算热量时不能以猫咪目前的体重去计算，必须先计算出猫咪的理想体重。例如，如果是一只体脂肪量为40%的肥胖猫咪，在计算热量时就必须把多的脂肪量扣掉，这样才不会增加额外热量的摄取，不会转变成更多的体脂肪。（体脂肪的评估请参照P277的体脂肪率百分比表。）

1　理想体重的计算

　　一只6.8kg的猫，如果身体状况评分是5/5或9/9，那么脂肪量估计为40%～45%。所以，猫咪的瘦体重为55%(6.8kg×0.55＝3.74kg)。在理想的身体状况(20%脂肪量)下，3.74kg的瘦体重占猫体重的80%，3.74kg×100/80≈4.7kg便是猫咪的理想体重。

2　RER的计算

　　RER(kcal/天)＝(体重kg)×0.75×70

　　或

　　RER(kcal/天)＝(体重kg×30)+70

　　计算出猫咪的RER后，还必须根据猫咪的年龄、活动状况和是否绝育，来选择生命阶段因子参数，并乘上RER，计算出猫咪的热量需求或称每日能量需求(DER)。不过这每日能量需求的因子参数，建议与您的医师讨论后再决定会比较好！

幼年猫

  这个阶段的猫咪刚好会经历断奶期→生长期→绝育阶段。还在喝奶的幼猫通常会在 3 ～ 4 周龄时开始断奶。在断奶前，幼猫的热量大部分会从母乳或配方乳中获得。

▲ 开始断奶的小猫会跟着母猫学习吃固体食物

  开始断奶时，因为小猫已习惯喝液状奶，因此不太会吃固体食物，所以最好用泡软的饲料或是幼猫离乳罐头，做成糊状饮食给予。当幼猫长到 5 ～ 6 周龄时，固体食物吃得比较多了，从固体食物中获得的热量会增加到 30%。当猫咪 6 ～ 9 周龄时会完全断奶，这时的热量就完全从固体食物中获得了。

▲ 生长期幼猫的饮食中需要大量的蛋白质

  猫咪断奶后，在成长过程中需要大量的蛋白质和脂肪，才能合成身体的肌肉、毛发、骨骼等，生长期幼猫的饮食较适合这个阶段的小猫。此外，在断奶后，幼猫肠道内可以分解乳糖的酶含量降低，这时如果喂食牛奶很容易造成猫咪拉肚子。除了乳糖，其他碳水化合物也不适合给予太多，因为猫咪无法消化吸收太多的碳水化合物。

  生长期幼猫在 6 个月大后，就可以开始准备绝育计划了。绝育后的猫咪必须留意进食量，因为绝育后对于热量的需求会降低约 20%。如果这时候还是给予高热量的饮食，非常容易造成猫咪肥胖。猫咪通常在 10 个月大时会达到成年期的体重，这时可以将幼猫饮食换成成年猫饮食，或许在体重的控制上会容易些。

成年猫

　　成年猫咪的生长发育已达到成熟阶段，该时期的猫咪不再像生长期一样，需要高热量来促进生长。这个阶段猫咪的营养主要用于维持身体健康，减少疾病发生。

　　请给予猫咪均衡的营养饮食，以满足身体日常需求，更重要的是要能维持理想的体重状态。这除了能减少疾病发生（如肥胖、糖尿病），还可以维持猫咪的生活品质和延长寿命。

▲ 成年猫咪的营养需求主要是维持身体健康，以及减少疾病的发生

　　在喂食上，干粮和湿粮各有优缺点，可以根据猫咪的喜好来选择。不过，干粮中碳水化合物的含量会比较高，如果猫咪又习惯自由进食，就要留意肥胖的问题了。所以除了饮食的种类，进食的量也是影响体重的原因之一。

老年猫

　　猫咪到几岁才算是老年猫？大部分的人都认为猫咪到了 7 ~ 8 岁就进入老年期，但实际上猫咪身体的代谢和消化吸收的改变是在 11 岁之后，包括体脂肪和身体肌肉的减少。

　　如果蛋白质和脂肪长期摄取不足，会导致老年猫的肌肉减少症，并增加死亡的风险。此外，这种消化吸收功能的减弱也会导致其他维生素和矿物质的缺乏。正因为如此，老年猫需要摄取的蛋白质和脂肪相对也会比成年猫更高。

◀ 老年猫的消化吸收率、体脂肪量和肌肉量会明显降低，需要摄取更多的蛋白质和脂肪

热量、蛋白质和脂肪含量较高且好消化吸收的饮食较适合老年猫，但对于肥胖的老年猫可能就比较不适合。老年猫的体重过重，会增加关节疾病和其他老年疾病（如糖尿病）的发生概率；若是没有肾脏疾病的老年猫，则不应该去限制饮食中蛋白质的含量，如果严格限制蛋白质的摄取，反而会造成营养不良及更明显的体重减轻，对身体的不良影响反而更大。

怀孕和哺乳期母猫

▲ 怀孕和哺乳中的母猫进食，不只是要维持自身的热量需求，还必须提供热量让胎儿生长

母猫怀孕时，进食不只是要维持自身的热量需求，还必须提供热量让胎儿生长，所以怀孕和哺乳的母猫需要的热量是非常多的。因此，需要给予大量的蛋白质和丰富的必需脂肪酸饮食，才能提供较高的热量。

但是，也请注意母猫的体重，过重或过轻都不适合。例如，营养不良的母猫可能很难怀孕，也可能生下体重不足的胎儿或畸胎；而肥胖的母猫则可能会出现死产或需要剖宫产。因此，留意这个阶段母猫的体重也是很重要的事。

怀孕和哺乳母猫大都建议给予生长期幼猫的饮食，因为这类饮食的热量比较高。再加上母猫怀孕时会比成年期需要多 25% ~ 50% 的热量，所以生长期幼猫的饮食可以满足这个阶段的热量需求。

此外，哺乳期母猫的热量需求是所有时期中最大的，要有充足的营养和热量，才能让幼猫健康成长。很重要的一点是，胎儿发育和哺乳期幼猫的生长，需要动物性蛋白质中的必需氨基酸和脂肪酸，所以千万不要给母猫吃素食，这会造成小猫有营养不良的危险。

营养对猫咪的重要性，无法由前面的文章全部概括，这个章节中提到的只是一些简单的概念。不要轻忽了营养成分对猫咪的重要性，无论是处于哪个生命阶段的猫咪，都必须给它们提供适合且均衡的饮食，才能维持猫咪的健康。

PART

4

保健及就诊

Ⓐ 猫友善医院

猫友善医院的认证，是由国际猫科医学会(International Society of Feline Medicine，简称 ISFM) 及美国猫科医学会(American Association of Feline Practitioners，简称 AAFP) 发起的，也是近几年来猫科研讨会常见的议题，主要目标是创造一个对猫咪友善的诊疗环境，以期能给有需要的猫咪提供更好的医疗服务。

▲ 美国猫科医学会的猫友善医院认证的标志

▲ 国际猫科医学会的猫友善医院认证的标志

想申请猫友善医院，必须先加入国际猫科医学会或美国猫科医学会并成为会员，然后才有资格申请。获得认证后，每年的年费为 220 美金，每年可以收到 8 本最新猫科研究期刊(Journal of Feline Medicine and Surgery)。

先不论医院的诊疗环境和技术水平，愿意掏钱参加这些猫科医学会的医院的兽医师大多精通英文且在猫科领域有一定职业水平，可通过这些研究期刊与世界的猫科医疗水平保持同步，这些医院是我们带猫咪就诊时不错的选择。

　　台湾于 2018 年 12 月 29 日成立台湾猫科医学会（Taiwanese Society of Feline Medicine，简称 TSFM），而本书的作者林政毅兽医师就是创会理事长。大陆虽然已有多家动物医院加入国际猫科医学会并且得到猫友善医院认证，但目前尚未成立专门的猫科医学会。猫友善医院的认证若能通过各地猫科医学会进行实地勘查，会让猫奴更安心。

▲ 台湾猫科医学会的标志。除了定期举办兽医师的再教育课程，也会举办与猫咪相关的养护课程，以提升猫科诊疗水准及普及猫咪的正确养护观念

猫友善医院的认证标准包括：

1　与猫饲主间必须充分沟通所有的医疗行为及相关费用。

2　医院员工必须定期接受教育培训：兽医师每年至少35小时，助理至少15小时。

3　医院必须提供给兽医师及助理免费且最好、最新的专业期刊及书籍。

4　必须翔实监督及审核病例与治疗效果。

5　在猫保定及操作过程中，确实遵守猫友善原则。

6　提供猫专用候诊室、猫专用住院病房及隔离病房、独立的看诊空间，以避免猫与狗的任何接触。

7　完整的医疗设备：包括手术室、麻醉监控仪器、外科手术设备、齿科及眼科相关诊查及治疗设备、X线及超声波扫描等影像学设备。

B 猫咪的医患关系

当猫咪生病时，就会有医患关系发生，这关系中包含了医师、你和猫咪，三者之间如何保持良好的关系，创造三赢的局面，就是我们要来探讨的。

▶ 建立良好的医患关系，对猫咪的健康是很重要的

医师

大部分给猫咪看病的医师都受过专业训练，并积累了丰富经验，所以是值得信赖的；目前国内尚未有专科医师制度，因此大部分医师会根据自己的兴趣去钻研，各有所长。带猫咪上医院前，应先了解自己需要哪方面专长的医师，可通过网络、媒体或猫友介绍，选定几家之后，事先电话咨询或亲自造访，实际了解医院和医师的状况。

好的专业猫科医师并不是万能的，但他必须对猫科疾病有全盘认知及了解，一旦遇到特殊病例，就需要转诊至其他专科医师处；做转诊处理的医师不代表能力不足，而是对专业及生命的尊重。

你

正在看着这本书的你的态度可能会决定猫咪的生死。人一向是最难改变的，每个人都有自己的个性、教养及谈话方式，但请记住，当你带猫咪到医院"求诊"时，就是要请医师帮忙的，所以千万别抱着"花钱就是大爷"的心态，对医师或护理人员呼来喝去。另外，既然医院是你自己选择的，就请抱着一颗信赖的心，对于医师的治疗方式应予以尊重，即便有质疑，或是你并不认同医师的诊断，也别当场冒犯医师的专业和尊严；毕竟在猫科医学上，医师是接受过训练的，而你也许只是看了几篇网络文章，并不能因此就全盘否定医师的专业水平。

医疗有很多种方式，医师会根据猫咪的状况来选择最佳的方式，如果你很不信任医师、很怕花钱，医师就可能会采取保守的治疗方式，反而有可能会延误最佳的治疗时机。

另外，有些猫奴在候诊时，会把猫咪抓出来，或让猫咪隔着手提篮和其他猫咪交朋友，这样的动作是很容易让猫咪更加不安的，等到看诊时，猫咪就会不肯配合医师的检查。这样还会增加猫咪在医院内染病的风险。

猫咪 ▬▬

　　猫咪的脾气你是最清楚的，应该在就诊时就告知医师，医师会根据你的描述来决定检查的步骤和方式。看诊时，医师会采取某些保定方式，看起来或许有点残忍、不舒服，但这样的措施除了保护医师自己，也是在保护猫咪和你，免得只是看个诊，却搞得大家都伤痕累累。

　　猫咪跟人一样是有脾气的，即使平时好脾气，也不代表它不会翻脸、不会生气；当它翻脸或生气时，也不代表医师的动作粗鲁或技术差，或许只是一时的情绪反应罢了，别一下子就否定医师。

　　猫咪到医院时，大多数是非常惊恐的，对于突如其来的动作或声响都会非常紧张，也可能因此产生攻击性；所以当医院人声鼎沸时，实在不适合就诊。医师的操作一定要轻柔舒缓，避免造成巨大的声响。而不时地称赞猫咪的配合、轻声细语地安慰猫咪，也能让猫咪感受到善意而安稳下来。

C 就诊前的准备

　　准备带猫咪就诊前，先思考究竟要处理哪些问题，到底猫咪出现了哪些症状。如果问题有点复杂或多样的话，最好先将要解决的问题或症状记录下来，以免到了医院忘记，那样不仅浪费时间，也会造成诊疗流程上的困扰。最好一次将所有问题提出，医师才能据此拟定检查项目并确定诊断流程。

症状 ▬▬

　　所有观察到的异常表现都可算是症状，这依赖于猫奴平时的细心观察及记录；记录得越详细，对于医师诊断上的帮助越大。如果牵涉到动作上的异常表现，或者这样的异常表现并非时时刻刻出现，最好能利用摄影工具记录；因为有不少猫咪一到医院，就不再显现异常的表现，而你没有受过兽医的专业训练，对于症状的描述可能会与现实有很大的不同。

保留病材 ▬▬

　　一旦发现猫咪身体某个部位有异常的分泌物或排泄物时，最好能试着收集这些病材，如异常的尿、异常的粪便、呕吐物、不明分泌物或液体。要注意的是，有些黏附在身体上的异常分泌物应该保持现状。

　　有些饲主会急着将黏附的分泌物擦拭干净，这会使得医师毫无线索可寻。如果怀疑猫咪有皮肤病，不应于洗澡后就诊，因为洗澡会破坏皮肤原本的病灶及症状。

猫包

有些疾病的治疗是需要麻醉的，在麻醉恢复的过程中，猫咪可能会出现兴奋期，平常再温顺的猫都可能有过度紧张、逃跑或攻击等行为。有些人认为自己的猫很乖巧，可以直接抱持着坐车或在外行走。但在此建议，还是谨慎为佳，以猫包保护猫咪，避免猫咪因一时紧张脱逃而产生危险。

毛巾

毛巾是猫咪就诊时很好的保定工具，平时就应准备一条就诊专用的大毛巾，在猫咪看诊时可以铺在诊疗桌上，让猫咪不觉得桌台冰冷，这样不仅可稍稍缓解猫咪紧张的情绪，也可以保护你不被猫咪咬伤或抓伤。

预防手册或健康记录

这对初诊的猫咪而言是相当有用的信息，医师可以据此了解猫咪的预防注射记录、猫咪的既往病历，或者猫咪曾进行过哪些传染病的筛检，对疾病的诊断有极大的帮助。另外，你也应该熟记爱猫有哪些用药过敏的记录、曾发生过什么严重的疾病，或已经证实的先天缺陷。在进行诊疗前翔实地告知医师，可免除不必要的药物伤害或检验。

金钱及证件

动物医疗所需的费用往往会超出饲主原本的预期，建议多带点现金以备不时之需。另外，若猫咪的疾病需要住院观察或治疗，大部分医院会预收保证金或登记相关证件；因为宠物被遗弃在医院的例子屡见不鲜，也请你体谅并且配合医院的住院规定。

电话确认

准备前往动物医院时，最好能先打电话确认看诊时间、医师值班表或事先挂号，有些人只信任某位医师的诊疗，有些疾病只能由专科医师处理，有些医院只接受预约的门诊，有些医院有固定的休假日或午休时间，或者医师因为临时有事而歇业，这些状况都可能让你白跑一趟，甚至延误猫咪的黄金治疗期，所以请务必在就诊前先电话确认。

慎选动物医院

猫咪就诊前，应先收集动物医院的相关资料，了解该医院的专长项目及门诊时间，并事先评估医院的环境及医师的看诊态度、医术及医德。

D 施打疫苗

"预防重于治疗"是我们朗朗上口的教条，但是看看你身边的它，有多久没打疫苗了？是你忽视了吗？舍不得它挨打针之痛？或者舍不得花这样的钱？还是有很多错误的信息误导了你？

每一种动物都有常见且传染性高的疾病，这些疾病试图毁灭这些物种，或者物竞天择地挑选能幸存下来的基因。但对于我们而言，每只猫咪都是心肝宝贝，怎能放任它们有任何意外发生？感染这些疾病很可能会造成它们死亡及大笔医药费用支出，因此科学家们不断地研发新疫苗，以预防疾病感染的发生。毕竟预防是控制疾病感染的最佳手段，可以让猫咪免除疾病所造成的病痛及死亡。以下是常见的疫苗说明。*

*疫苗部分大陆和台湾的情况有所不同，请咨询当地医师。——编者注

猫五联疫苗

这是猫咪最常施打的疫苗，顾名思义就是可以预防猫咪的五种严重传染病，分别针对的是疱疹病毒，杯状病毒，衣原体，猫的病毒性肠胃炎（猫细小病毒，俗称猫瘟），以及无药可医的猫白血病病毒。猫的上呼吸道感染（疱疹病毒、杯状病毒、衣原体）会造成幼猫严重眼睛发炎、鼻炎、舌炎及口腔溃疡，更严重者会导致肺炎甚至死亡；成猫若未施打疫苗而感染，症状会比幼猫更为严重，包括流涎、呼吸困难、食欲废绝等。而猫瘟的感染会造成严重的肠胃炎，症状包括呕吐、下痢、发烧、食欲废绝、脱水甚至死亡。

狂犬病疫苗

这是施打率第二高的疫苗，也是最重要的法定传染病疫苗，政府的法令明文规定犬猫都必须每年注射狂犬病疫苗，对于不施打者，也有相关的处罚。而且在政府的强势介入之下，一剂施打费仅要200台币，在此呼吁大家千万不要辜负了这项德政！台湾已数十年为非狂犬病疫区，但自2012年底在鼬獾身上发现狂犬病病毒后，又变成狂犬病疫区。帮心爱的宝贝定期施打狂犬病疫苗是你的责任，也可以有效防止狂犬病扩散。但因为狂犬病疫苗的施打可能会引发注射部位的恶性肿瘤，所以很多猫奴不愿意让自己的猫咪施打，近来已有不含佐剂的狂犬病疫苗上市，大大减少了恶性肿瘤的发生概率，也希望能早日引进。

猫三联疫苗

猫三联疫苗能预防疱疹病毒、杯状病毒及猫细小病毒（猫瘟），与猫五联疫苗的差别在于少了衣原体及猫白血病的预防，至于施打哪一种比较好，没有一定的答案。近年来，因为施打猫五联疫苗容易引发注射部位肿瘤，大多数猫奴心疼猫咪，所以选择猫三联疫苗的较多。但因猫三联疫苗不能预防猫白血病，而猫白血病是一种相当重要的猫科动物传染病，所以建议打猫三联疫苗的猫咪，再加打三年一次的基因重组白血病疫苗。

传染性腹膜炎疫苗

传染性腹膜炎在近几年已成为台湾猫咪的第一大杀手，患病后猫咪会阵发性地发烧、食欲废绝、腹围增大或腹部内出现团块、胸腔积液及呼吸困难（波及胸腔时）、脊柱两旁肌肉逐渐消耗掉，甚至发生慢性腹泻或慢性呕吐，发病后几乎无存活的可能。目前全世界只有一种点鼻剂的疫苗上市，由于传染性腹膜炎的致病源尚未被确认，且大多数学者认为是由存在于肠道的冠状病毒发生突变所导致的，所以如果猫咪已感染冠状病毒，在接受疫苗接种后，虽可以预防外来的冠状病毒进入体内，却无法控制已存在体内的冠状病毒。因此，当今的建议是在施打前先进行冠状病毒的抗体检测，若结果呈现阴性（也就是体内无冠状病毒的抗体），或许接种会有保护的效果；但若检测结果呈现阳性，则接种的效果不明确，但并不会有任何副作用发生，由饲主或医师决定施打与否。

疫苗的种类

	猫三联	猫五联	单一疫苗
猫细小病毒（猫瘟）	○	○	
疱疹病毒	○	○	
杯状病毒	○	○	
猫衣原体肺炎		○	
猫白血病		○	○
狂犬病			○
猫传染性腹膜炎			○

疫苗注射流程表

年龄	猫三联疫苗检测项目	猫五联疫苗检测项目
2 月龄	猫艾滋病／白血病检测 猫三联疫苗（1） 基因重组白血病（1）	猫艾滋病／白血病检测 猫五联疫苗（1）
3 月龄	猫三联疫苗（2） 基因重组白血病（2）	猫五联疫苗（2） 狂犬病疫苗
4 月龄	猫三联疫苗（3） 冠状病毒筛检 传染性腹膜炎疫苗（1）	冠状病毒筛检 传染性腹膜炎疫苗（1）
5 月龄	传染性腹膜炎疫苗（2） 狂犬病疫苗	传染性腹膜炎疫苗（2）
	注意事项： 一年后每年定期施打猫三联、狂犬病及传染性腹膜炎疫苗。基因重组白血病疫苗则是三年一次。	注意事项： 一年后每年定期施打猫五联、狂犬病及传染性腹膜炎疫苗。

接种计划

幼猫的抵抗力比成年猫弱，容易因为一些病原感染而导致生病，严重时甚至会导致死亡。幼猫刚出生时如果喝到母猫的初乳，初乳中的免疫球蛋白会在幼猫体内形成保护力，降低幼猫感染疾病的概率。这些初乳中的抗体也就是所谓的"移行抗体"，移行抗体会在幼猫出生后 50 天慢慢开始下降。因此一般建议在幼猫两个月大时开始施打疫苗，让它的抵抗力能够持续作用。

▼ 猫咪疫苗施打部位为大腿处

疫苗要打几次？

在疫苗的接种计划中，有所谓的基础免疫，就是当猫咪第一次接触到抗原（疫苗中的病毒）时，身体会开始制造特殊的抗体来对抗，但第一次的接触总是生疏了点，所以产生的抗体力价就会较低，而且长时间之后，身体的免疫系统可能会逐渐淡忘这样的抗原，所以在一个月之后必须再接种第二次疫苗，让身体产生激烈的免疫反应，这样产生的抗体力价就会达到高标准，以对抗日后可能的病原入侵。但日子久了，终究还是会慢慢遗忘，所以必须每年补强接种疫苗一次，重新唤起免疫系统的记忆。

常规的猫五联、猫三联疫苗及传染性腹膜炎疫苗都建议按这样的接种流程进行，而狂犬病的基础免疫则只需一次即可，但这四者都必须每年定期补强一次。常规的建议流程为猫咪2月龄时接种第一次猫五联（或猫三联）疫苗，于3月龄时接种第二次猫五联（或猫三联）及狂犬病疫苗，于超过3.5月龄时抽血确认冠状病毒抗体呈现阴性，并接种第一次传染性腹膜炎疫苗，于一个月后再接种第二次传染性腹膜炎疫苗，之后就是每年补强一次猫五联（或猫三联）、狂犬病及传染性腹膜炎疫苗，一直到变成"猫天使"之前都必须每年定期接种。

打了疫苗后就一定不会感染疾病吗？

疫苗对于疾病的防护力并不是100%，但的确可以提高猫咪对疾病感染的抵抗力。有些疾病发病时是没有特效药可以治疗的，例如疫苗中的猫白血病或猫艾滋病，而猫瘟在幼猫中也是致死率非常高的传染病。因此，在猫咪健康的情况下，及早施打疫苗可降低感染这些疾病的概率，而每年的定期接种更可以维持猫咪身体的抵抗力。

施打疫苗该注意的事

疫苗在哪里打？

所有的医疗行为，包括预防注射在内，都应由具有合法兽医师资格者来进行，切莫贪小便宜，随意让宠物店注射来源不明、成分不明、效果不明的疫苗，因为疫苗的效果平常是看不出来的，要等到与病原接触后才能确认效果，由兽医师施打的疫苗有专业的保障，也会开具预防手册，贴上疫苗的证明贴纸，并由医师盖章负责。

施打前要检查吗？

预防注射后会使得身体短期内抵抗力下降，所以施打疫苗前必须先确认身体健康状态。如果猫咪有打喷嚏、呕吐等不适症状，则不建议施打疫苗。在施打疫苗前，医师应该进行基本的健康检查，包括听诊、问诊、视诊、触诊、粪便检查、皮毛检查等，确定猫咪健康后才能施打。此外，刚带回家的猫咪也不建议马上施打，最好是先让猫咪习惯新环境后，再带到医院施打疫苗，以减少猫咪因换环境造成的免疫力低下的情况。

有副作用吗？

不少猫咪于施打疫苗后 2~3 天会呈现食欲减退、精神不佳的症状，有些猫咪的体温会略为升高，这些都是轻微的过敏状态，但若持续五天以上，就应与兽医师联络。若猫咪于施打当天呈现颜面水肿或上吐下泻，就有可能是所谓的急性过敏，应立即将猫咪带回医院就诊，但这样的发生概率是非常低的，也不用为此将疫苗视为畏途。

施打疫苗最好在白天？

基于副作用发生的可能性，所以一般会建议在白天施打疫苗，尤其是初次施打的幼猫，因为无法知道其是否会出现不适反应。如果在白天施打疫苗，你会有足够的时间来观察猫咪是否出现不适反应，以及带猫咪到医院就诊。若是在医院晚上下班前施打的话，可能会遇到半夜找不到医师的窘境。

打完疫苗后可以给猫咪洗澡吗？

疫苗施打完后的一周内要减少对猫咪的刺激，尽量不要带猫咪出门或是上美容院洗澡，因为这一周猫咪的免疫力会下降，几天后才会慢慢上升，如果这时候接触到病原，反而容易让猫咪生病。

不出门也要施打疫苗吗？

我的猫咪从不出门，也必须每年定期施打疫苗吗？

其实猫难免需要出门看病、上美容院或有时会自行逃出家园，只要外出就有感染的可能，何必去冒这样大的风险呢？有些家猫甚至会隔着纱窗跟流浪猫打交道，这也有感染的可能。另外，主人的衣服、手、鞋子也都有可能携带病原回家，所以还是定期施打、永保安康吧！

▼ 预防手册及狂犬病疫苗注射证明

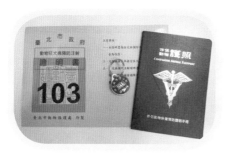

▼ 施打疫苗前，会先帮猫咪做基本检查

E 猫咪基本健康检查

健康检查是早期发现疾病的利器，所以人类医学常倡导定期健康检查，因为等到有病痛时才发觉疾病的存在往往为时已晚；如果能早期发现，并且及时地诊断、治疗，就可以运用药物或食疗的方式来减缓甚至治愈疾病，这才叫作"防患于未然"。

许多猫奴常会带着刚捡到的流浪猫或刚刚买的纯种小猫到动物医院进行所谓的健康检查，但健康检查包罗万象，涵盖的范围及收费各有不同，如果自己不事先确认，而兽医师也未在进行检查之前说明清楚，可能会造成不必要的医疗纠纷，所以务必在检查前先询问相关事宜及收费明细。

另外，"天下没有白吃的午餐"，任何人都没有必要提供免费的服务，这样的服务包括专业的知识及医师的劳务，请记得在离去时，礼貌地询问健康检查费用，如果医师说不需付费，请记得怀着一颗感恩的心；如果必须付费，则本来就是应该的，也不需要大惊小怪。

一般理学检查

视诊

视诊，简单而言就是用眼睛观察，打从猫咪进到诊室、打开手提篮、抱出爱猫、量体重、上诊疗台，兽医师就已经开始用眼睛进行观察，观察内容包括猫咪的整体外观、被毛状态、步态、神情、皮肤的颜色、精神状态、是否有异常的分泌物等。

▲ 眼睛外观的检查

"看看而已嘛，还收什么钱呢？"这样想的话就错了！专业的训练需要多年时间，而视诊就是中医所说的"望"，需要经验的累积，有经验的兽医师会在诊疗过程中持续观察你的爱猫。

具有分泌腺体的器官如果有异常的分泌物出现，就表示这些器官正受到某种程度的刺激，或因感染而发炎，如眼睛、鼻子、耳朵等；如果从身体的管腔排放出异常分泌物，代表管腔内可能已发炎，如子宫蓄

▲ 鼻子外观的检查

脓或阴道炎。而这些异常的分泌物排放出来时，会沾染周围的毛发，这也是视诊时可以发现的线索，所以就诊前切忌洗澡或擦拭，以免这些线索遭到破坏。

　　从外观的状态可以看出这只猫的营养状况、水合状态和精神状况。有经验的兽医师一看到猫的外观，几乎就可以判断疾病严重与否、是否有脱水的状态、是否有营养上的问题，这些线索能促使兽医师做初步的判断。

　　此外，皮肤及黏膜的颜色也是视诊中非常重要的一环，苍白的黏膜代表可能有贫血或血液灌注量不足的问题；发黄的皮肤表示存在黄疸，代表有出血、溶血、肝胆疾病发生的可能；发紫的舌头颜色则代表氧合浓度的不足，可能有心肺功能上的问题……这些发现都能让兽医师缩小诊断的范围，并针对重点进行进一步的深入检查。

▲ 翻开耳郭看是否有过多　　　　　▲ 触诊可以给医师提供许
　的分泌物　　　　　　　　　　　　多疾病的线索

触诊

　　身为兽医师，必须有一双巧手，而这是需要经验的累积及不断练习的。在疾病诊断的初期，手的触摸是非常重要的，有经验的兽医师可以通过触诊检查出某些骨关节疾病、体表肿瘤、体内肿块、肿大的膀胱、便秘累积的粪石等，也可以判断肾脏的大小或形状、脾脏肿大与否。

　　当从体表触摸到肿块时，兽医师可以通过触诊来判断肿块的坚实度、是否有液体在其中、是否会引发疼痛、是否有热觉，这些信息可以让兽医师有一个初步判断，并决定进一步检验的手段。如果肿块是柔软的且可能内含液体，就可以用注射针筒抽取其中的液体，进行抹片检查；如果肿块是坚实的，就考虑采用细针抽取采样进行抹片检查，或者直接开刀切除，或者用采样器械进行组织采样，并对样本进行进一步的组织切片检查，以判断肿瘤是良性的还是恶性的。

　　当猫咪有跛行的症状时，兽医师也会通过触诊来确定疼痛的部位及判断是否骨折。如果跛行发生在后脚，通过触诊也可初步判断是否有膝盖骨脱臼、髋关节脱臼等状况，并决定所需的放射线照影部位及姿势。

对腹腔的详细触诊则可提供更多线索，如胀大坚实的膀胱可能代表猫咪排尿受阻，充满坚实、巨大粪便的肠道代表便秘的可能；不规则肿大的肾脏代表多囊肾或肾脏肿瘤的可能，萎缩变小且坚实的肾脏代表患末期肾病的可能；未绝育母猫的腹腔若触摸到大的管腔构造，或者能触摸到子宫，代表子宫蓄脓或怀孕的可能，有经验的兽医师甚至可以在母猫怀孕 20 天之前，就判断出其是否怀孕及怀孕胎数。

对肠道的触诊可以区分粪便、异物或肠套叠。腹腔内触诊到异常团块时，就代表着肿瘤或干式传染性腹膜炎的可能；触诊到肿大的脾脏时，代表着肿瘤、髓外造血、血液寄生虫、脾脏淤血等的可能；触诊到肿大的肝脏时，代表着肝脏肿瘤或肝脏发炎的可能。对胸腔的触诊有实际上的困难，但因为猫的胸腔可压缩性很强，触诊在初步判断某些胸腔内肿瘤方面也起着重要的作用。

听诊

声音表现在诊断上扮演着非常重要的角色，特别是对于难以触诊的胸腔来说。除了用耳朵直接聆听猫咪主动发出的声音，还必须靠听诊器进行更深层的听诊，如听心跳音、呼吸音、肠蠕动音等。猫咪所发出的声音或许会跟某些病症有关联，也可以将其作为判断呼吸道、心脏、肠道等的功能的依据，兽医师可通过听诊来缩小诊断范围，因此听诊是兽医师诊疗的一大利器。

猫咪可能主动发出的声音包括打喷嚏、咳嗽、哮喘、痛苦的号叫等，打喷嚏代表着鼻内异物、鼻过敏、鼻炎、上呼吸道感染的可能；咳嗽代表着气管受到刺激或发炎的可能，如果发生于呕吐之后，可能就与吸入性肺炎或咽喉受到胃酸刺激有关；哮喘的声音代表着气管塌陷、过敏性气喘、慢性气管炎的可能；痛苦的号叫声则是非常罕见的，因为猫对于疼痛的耐受力是非常强的，如果猫主动发出痛苦的号叫声，

◀ 01／利用听诊来做初步诊断
02／打开猫咪的嘴巴，除了看牙齿，还可以闻口腔的气味

通常代表有严重疾病。临床上发现，因肥大性心肌病所造成的动脉血栓症，会使得猫咪后躯瘫痪，并发出非常凄厉的号叫声。很多人无法正确判读猫咪所发出来的声音，例如猫咪咳嗽的声音常被解读为喉咙卡到东西、打喷嚏常被解读为猫咪发出怪声音，所以兽医师能模仿猫咪的声音是最好的，也能让猫奴们指认出他们所听到的声音。

听诊器的运用是需要精良的训练及经验的，专业的小动物心脏专科医师甚至可以精确地确定心脏杂音发生的部位，这对于心脏病的早期发现是非常重要的，当心脏听诊发现异常的心音（心杂音）或心律时，就代表有患心脏病的可能，兽医师会据此给出进行进一步胸腔放射线照影及心脏超声波扫描的建议。

嗅诊

顾名思义就是利用嗅觉来进行诊断资料的收集，愿意闻猫咪口腔气味的医师，才是真正懂得猫科医疗的医师。因为当猫咪发生某些疾病时，身体就可能会散发出某些异常的气味，例如若猫咪患皮脂漏、尿毒症、糖尿病等疾病，会散发出特定的气味，兽医师可以通过闻到的味道来做初步判定。

当猫咪患上肾衰竭或尿毒症时，嘴巴会散发出阿摩尼亚氨的气味；当猫咪罹患糖尿病且已经发展到酮酸血症时，口气中就会出现酮味；当猫咪患有牙周病或其他口腔发炎疾病时，口臭就会非常严重，闻起来甚至会像腐尸味；当猫咪患有皮脂漏时，皮肤会散发出浓浓的油脂味。

问诊

这是一般医师最难做到的，因为大家都很赶时间，有时医师问太多反而会被认为是菜鸟。其实不论是人类医师还是兽医，问诊都是所有诊疗过程中最重要的一环，通过详细的问诊可以发现问题所在、缩小诊断范围，也可以对猫咪有正确的初步了解。

问诊时最怕遇到一问三不知的猫奴，兽医师纵然有通天本领也无法一下子就切入重点。你给的资料越翔实，越能缩短问诊的时间，减少问诊的花费，当然兽医师对于你的说辞也不会照单全收，因为很多猫奴的叙述都会有所隐瞒或存在谬误，兽医师会将叙述加以整理分析，并针对疑点进行询问；其实这就像警察办案一样，不断地抽丝剥茧，让真相大白。

以下检查所需的费用不高，且可以很快地进行，因此被列为一般实验室检查。

▲ 猫咪的体温检查

▲ 显微镜下的粪便检查

▲ 用耳镜检查外耳道

▲ 眼底镜检查

一般实验室检查

体温检查

一般还是使用传统的水银温度计，但请注意医师是否套上了用后即丢的肛表套，这样才能防止疾病的传染；而采用肛温的方式，也可以同时采集粪便检体来化验。一般而言，猫咪的体温在39.5℃以下，如果量体温时猫咪挣扎或极度紧张，就可能会超过40℃；临床上常遇到兽医师将体温39℃以上判定为发烧，这对狗或许还说得通，对猫而言就有点夸大了。

粪便检查

一般在测量肛温时，肛表套上会黏附少许粪便检体，直接将其涂抹在玻片上，置于显微镜下观察，可以了解是否有寄生虫感染、是否有特殊细菌的存在、是否有细菌过度增殖的现象、是否有消化问题等。缺点是检体太少，即使没有检出病原，也不能就此排除感染的可能性。

皮毛镜检

这是在皮肤病的诊疗上最初步也最重要的检查，如果你遇到的兽医师懒得镜检就直接诊断的话，那他绝非专业的兽医师。

通过皮毛镜检可确诊的疾病包括霉菌、疥癣、毛囊虫等。兽医师大多会采用止血钳直接拔取病灶或周围的毛发，置于玻片上，并滴上数滴 KOH 溶液，然后盖上盖玻片置于显微镜下观察，如果还无法检出可能病原的话，兽医师或许会采用刀片刮取皮肤上的病材。

眼耳镜检查

通过特殊的眼耳镜进行眼睛及耳朵的检查，对于是否有耳螨的诊断非常有帮助。兽医师可以借此观察到正在移动的虫体，也可以判别外耳道内是否有异物、发炎、积血或积脓症状；在眼科部分，则可以观察瞳孔的缩放情形，以及眼睑、结膜、巩膜、角膜、眼前房、水晶体的细微变化。

F 猫咪深入健康检查

　　这里所提到的检查，都需要精密且昂贵的仪器辅助，因此最好在进行检查前先了解收费标准。将收费标准说清楚不代表医师市侩，询问检验收费也不代表你不爱你的猫，台湾的动物医院很多，如果对收费有疑虑可以转院，但要记得，一分钱一分货，例如同样是超声波扫描，有的仪器一台十几万台币，也有的一台三百多万台币，其收费必然不同。事先说清楚、讲明白，就可以减少不必要的医疗纠纷。

　　而深入健康检查建议猫咪满 1 岁之后每年进行一次，或者于麻醉前进行，兽医师会根据猫咪的状况，拟定所需的检查项目。

全血计数

　　全血计数的数据包括红细胞、白细胞、血小板的数据，可以用来判别猫咪是否有发炎、贫血等情况，或者是否有凝血功能上的问题，这是专业检查中最重要且最基础的一环，收费在 600 台币左右。

　　以往都是人工计数，非常耗时，但较为准确。现在虽有全自动的仪器，可惜猫咪的血细胞在某些程度上与人类是有差异的，如果采用人类医师用的血细胞计数仪，可能会有相当大的误差（但人类医师的仪器不论在品牌选择还是价位上，都较令人满意）。所以，当你收到人医仪器的检验报告时，检验数据的准确性恐怕就有争议了；如果用的是兽医专用仪器，就请在收费上多一些体谅，因为兽医专用的仪器真的十分昂贵。

血清生化检查

　　大部分动物的血清生化检查都可以采用人医的检查仪器，这类检查就是我们常说的肝功能、肾功能、胰腺功能、胆固醇、甘油三酯、尿酸等检查。一旦猫咪出现较严重的病症，或病程拖得比较久时，医师都会建议进行全血计数及血清生化检查，这两类检查是临床诊疗上最基本的。

　　血清生化检查的项目非常多，一般医院会挑选某些项目作为常规检查，或者会针对一般检查时所发现的异状来挑选检查项目，下面就常见检查项目来一一解说。每项收费 100~150 台币。

▲ 给猫咪抽血，做血液检查

ALT（GPT）

它是一种酶，大部分都存在于肝脏细胞内。猫咪的肝脏每天会有固定量的肝细胞被淘汰，而这样的淘汰就是肝脏细胞的破裂，在这个过程中会将 ALT 释放到血液循环中。猫的 ALT 正常值范围是 20~107，如果数值超过 107，就表示肝脏受到某种程度的破坏，使得肝脏细胞的损失超过正常淘汰的范围。不过，即使数值过高，医师也不能直接判定为肝脏功能障碍或肝功能不足，这是非常不科学的，应该更进一步进行影像学的诊断及采样后的组织病理学检查。

如果猫咪出现肝硬化，表示已无足够的肝细胞，这时 ALT 反而会回到正常值，所以对数值的判断还是依赖医师的专业水平。

AST（GOT）

也是一种酶，主要存在于肝脏细胞及肌肉细胞中。对猫而言，它的肝脏特异性较低，如果有肌肉或肝脏损伤时，此数值就会攀升，正常值范围是 6~44。

BUN

又称血中尿素氮。身体摄入的蛋白质通过肝脏转化成含氮废物，就是尿素氮，进入血液循环后由肾脏负责排泄；当肾脏功能出现问题时，BUN 就会大量累积在血液循环中，而这类含氮废物会对身体组织产生毒性，所以当 BUN 值上升时，医师可据此判定为肾脏功能障碍。另外，血液中 BUN 值的上升也称为氮质血症，如果有合并临床症状（如呕吐），就称为尿毒。BUN 的正常值范围是 15~29，如果 BUN 值过低，你也别太高兴，因为 BUN 是由肝脏转化而来的，该值过低代表可能有肝脏功能障碍。

CRSC（Creatinine）

中文称为肌酐，也是通过肾脏排泄的一种代谢废物，主要依靠肾小球过滤，因此该值也代表着肾脏功能的强弱。一般而言，在肾脏受到伤害时，BUN 值都会先出现显著的上升，CRSC 值则爬升较慢；相反地，在治疗肾衰竭时，BUN 值在输液利尿时会明显降低，而 CRSC 值则呈现缓慢下降趋势。因此有人认为 BUN 代表着输液利尿的效果，CRSC 则代表着肾脏功能的实质改善。

LIPASE

这是一种脂肪酶，主要存在于胰腺细胞内，血液中的 LIPASE 值爬升代表胰腺细胞可能受到了破坏，它的胰腺特异性较 AMYLASE 高，正常值范围是 157~1715，当数值攀升，医师可能会怀疑胰腺受到某种程度的伤害。但现在认为，血液中的脂肪酶可以来自很多器官，因此这项检验已被认为不再具有胰腺炎的诊断意义，取而代之的是猫胰腺特异性脂肪酶（fPL）的检验。

GLUCOSE

就是大家所熟知的血糖，正常值范围是 75~199，过低就是低血糖，如果高于 250，就表示有患糖尿病的可能。

TBIL

中文称为总胆红素，血液中的胆红素主要是年老红细胞崩解而释出的血红蛋白。胆红素在肝脏形成，排泄于胆汁中，一旦肝脏功能严重受损，胆红素就会积存于血液中，并且进入组织内而染黄，就是所谓的黄疸。但总胆红素并没有被拿来作为肝脏功能的评估检测指标，而是作为肝脏疾病严重程度的指标（较常作为肝功能检测指标的项目为胆汁酸及氨）。

ALKP、AP、ALP

中文称为碱性磷酸酶，主要来自肝细胞及胆道上皮细胞，当肝胆疾病造成胆汁排放受阻时，血液中的碱性磷酸酶浓度会上升，因为猫的碱性磷酸酶半衰期很短，所以任何程度的数值上升都有其临床意义。但发育期幼猫因为成骨细胞会制造很多碱性磷酸酶，所以其正常值较高。

SBA(Serum Bile Acid)

中文称为胆汁酸，是最有用的肝功能检验指标之一。正常状况下，血清中的胆汁酸浓度是非常低的，那是因为肠肝循环会非常有效率地对其进行重吸收及再利用。饭后引发胆囊收缩时，大量的胆汁会被排入肠内，而肠内胆汁酸的浓度就会明显上升，也因为有效的重吸收作用，使得胆汁酸大部分都被肝细胞吸收，仅有少部分得以脱逃至体循环内，所以只会使得血清中胆汁酸浓度轻微且短暂地上升（约是禁食时浓度的 2 ~ 3 倍）。当出现明显肝脏功能障碍、胆道阻塞或门静脉系统分流时，血清中胆汁酸的浓度就会上升，在饭后特别明显。

NH$_3$ (Ammonia)

中文称为氨，是身体内蛋白质代谢物中较具毒性的一种。肝脏功能正常时，可以将血液中的氨转化成较不具毒性的血中尿素氮，通过肾脏排出，也就是 BUN；当肝脏功能严重受损或门静脉分流时，血氨浓度就会上升，并引起严重的神经症状，如癫痫，也就是所谓的肝性脑病。

SDMA

中文称为对称二甲基精氨酸，为蛋白质降解之后的产物，会释放于血液循环中而通过肾脏排出，是一种新的肾脏功能指标，通过该指标可以更早发现肾脏疾病的存在。血液中SDMA浓度在肾脏功能丧失40%时就会呈现上升状态，而肌酐值则要在高达75%的肾脏功能丧失时才会呈现上升状态，所以检测SDMA更能在早期发现肾脏疾病。

K^+

钾离子是身体内必需的一种元素，主要通过肉类食物来获取，是细胞内维持渗透压的主要离子，也是神经传导及肌肉收缩中不可缺乏的离子。所以当猫缺乏钾离子时，会出现嗜睡、沉郁及肌肉无力等症状，特别是当猫脖子无力抬起、一直垂头丧气时，则怀疑它有患低血钾的可能性。血液中的钾离子会在肾脏进行再吸收及排泄，但排泄似乎起着比较重要的作用。在无尿或少尿的急性肾脏损伤及尿道阻塞时，因为尿液无法排出，所以钾离子无法排出体外，就会引发严重的高血钾而导致肌肉瘫痪及心律不齐。但在猫患有慢性肾脏疾病时，因为无法浓缩尿液而造成尿量大增（多尿），很多钾离子会随着尿液排出体外而导致低血钾。钾离子的正常值范围为3.5～5.1mEq/L（3.5～5.1mmol/L）。

Phospate, P, Phos

磷是身体必需的矿物质营养素，由于磷在自然界分布甚广，因此一般很少出现缺乏的情况。肉类食物中含有丰富的磷，所以蛋白质含量越高的食物中磷含量越高。磷的主要功能有构成细胞的结构物质、调节生物活性与参与能量代谢等，缺磷会造成生长迟缓、增加细胞钾离子及镁离子的流失而影响细胞功能，严重低血磷会造成溶血、呼吸衰竭、神经症状、低血钾及低血镁；在猫患有肾脏疾病时，因为磷酸盐无法顺利从尿液中排出体外，所以会造成高血磷。高血磷最大的危害是影响与钙有关的荷尔蒙调节，或是并发低血钙的现象，而低血钙易造成神经兴奋增加、痉挛、癫痫等症状。高血磷也可能并发高血钙，当血磷数值乘以血钙数值大于60时（Phos×Ca＞60）就容易导致软组织异常钙化，如心肌、横纹肌、血管、肾脏等的钙化，其中肾脏最容易受到损害，因而更进一步造成肾脏的损害及病变。

临床常用的生化检验仪器建议猫的正常血磷值范围为3.1～7.5mg/dL，但正常成年猫的血磷浓度范围应该为2.5～5.0mg/dL，这是因为将骨骼发育活跃的幼猫也纳入了统计。在猫的慢性肾脏疾病控制上，则建议尽量将血磷值控制在4.5mg/dL以下。

Albumin, ALB

几乎所有的血浆蛋白质都是由肝脏合成的，有 50% 以上的代谢成果就是用来制造白蛋白的，所以肝功能不良或营养不良就可能造成低白蛋白血症，而白蛋白也可能通过肾脏或肠道流失，分别称为蛋白质流失性肾病及蛋白质流失性肠病，而血液中白蛋白的浓度上升则代表脱水。

Calcium, Ca

钙在许多正常生理过程中扮演着关键角色，特别是在肌肉神经传导、酶活性、血凝功能及肌肉（包括骨骼肌、平滑肌和心肌）收缩上，也是细胞内信息传递及维持细胞正常功能所必需的。身体内有三个系统负责钙离子的恒定，分别是胃肠道、肾脏及骨骼。慢性肾脏疾病末期、泌乳时、营养不良时都可能出现低血钙状况，慢性肾脏疾病初期、骨头疾病、副甲状腺功能亢进、恶性肿瘤等都可能导致高血钙。

超声波扫描

通过超声波扫描可以实时观察猫咪身体内各个组织的结构状况，在血液生化数值出现异常前，就可以探知各个器官可能出现的问题，是早期探知器官异常的法宝之一，收费在 1000 台币以上。随着时代进步，有越来越多的动物医院拥有彩色多普勒超声波仪器，它是诊断心脏疾病的利器，这样的仪器动辄上百万元，所以一次心脏扫描收费在 4000 台币以上。

X线摄影

在健康检查上多用来探知心脏疾病、肺部疾病、肾结石、膀胱结石、脊椎疾病、骨关节疾病、髋关节发育不良、气管塌陷等，费用为500~1200台币，视拍摄的张数及部位而定，有些特殊的显影剂照影会需要更高的费用。

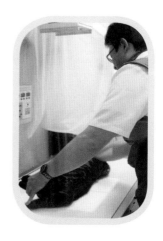

内视镜

内视镜被用来作为很多慢性疾病的确诊手段，如慢性鼻炎的鼻腔观察及采样、慢性呕吐及下痢的胃肠道观察及采样、慢性气管疾病的观察及采样、胸腔疾病的观察及采样、慢性耳道疾病的观察及治疗或采样等。猫咪必须在麻醉状态下才能进行该项检查，费用在12000台币以上。

心电图

当猫咪被怀疑有心脏疾病时，心电图可以提供某些程度上的诊断帮助，费用为500~1000台币。

血压测量

对猫咪而言，血压测量也是一项重要的检查。尤其是老年猫，平常看起来都很正常，但血压测量出来偏高时，就可能是有潜在疾病。不过，猫咪在医院本来就容易紧张，因此测量出来的血压会稍微偏高。此外，有心脏病、肾脏病、糖尿病、甲状腺功能亢进症等疾病的猫咪，血压也会较高。

电脑断层扫描

这样的检查在人类医疗中已经相当普遍，但对兽医而言，却意味着需要购置超昂贵的仪器。近年来已有少数动物医院引进，检查费用在12000台币以上。

PART

5

猫咪的终身大事

A 猫咪的繁殖

▲ 母猫发情时的姿势

▲ 公猫发情时会有喷尿的行为

性成熟与发情

当你的爱猫超过 6 月龄之后，就有可能进入性成熟阶段，它的很多行为或个性上的改变都会与"性"扯上关系，如果你还在状况外的话，可能就会误把这些改变当成疾病的征兆，也可能因此错失育种的良机。

性成熟

短毛家猫于 6 月龄大时，就有可能进入性成熟阶段，而长毛猫或外国品种的短毛猫可能会较晚，约在 10 月龄之后，甚至更晚。一般而言，混血品系的猫会性成熟得较早，如短毛家猫、金吉拉等，若是打算长久育种的话，母猫最好是 1 岁之后再配种，这样育种会较为容易，且母猫的发情会较为稳定。

发情周期

母猫属于季节性多发情的动物，每次发情持续 3~7 天。在发情季节，约每隔两周就发情一次，大多集中在春天到秋天，主要因为母猫的发情与光照的程度有关，日照时间长的季节，猫咪就会发情。但家庭饲养的猫咪在晚上也会有灯照，所以在非繁殖季节的冬天也容易发情。而公猫基本上是没有发情周期的，它们主要是受到母猫发情时分泌的费洛蒙刺激而开始发情。

母猫发情时会表现得很爱撒娇并一直喵喵叫，它们的身体前端平伏在地上，而后端的屁股会翘在半空中，后腿会像踩自行车一般踩踏，也会喜欢在地上滚来滚去。公猫发情时，尾巴会举高，大部分会想往外跑，有些公猫会有在家具或墙壁上喷尿的行为。

种公猫的选择

　　若真的打算让母猫生育，必须寻找适当的种公猫。先确认家中猫咪的品种，相同品种交配的经济价值较高；若是杂交的话，生出来的小猫很难归类为某一品种，经济价值就会较低。若是短毛家猫之间的交配就不用考虑那么多，但要确认生下来的小猫是否送得出去，且是否能找到好的主人。

　　种公猫的来源可以是繁殖场或是通过网络征求，前者必须付费，而后者可能要将出生的小猫分给对方。不论如何，都得先确认猫咪双方的健康状态，是否患有猫艾滋或猫白血病？是否定期驱虫及施打疫苗？这些都是要注意的，否则一不小心染一身病回来，可谓"赔了夫人又折兵"。

发情

　　要如何确认母猫已经开始发情了呢？何时可以配种？母猫在发情初期会表现得更有感情，非常热衷于以身体摩擦地板和在地上翻滚，而且可能会开始叫春；不过，纯种的长毛猫叫春会叫得比较含蓄，不像短毛家猫那般惨烈，它们也会看起来很紧张的样子，极度不安。一旦确认猫咪有上述这些症状之后，就可以去事先联络好的繁殖场或与猫友接洽，准备将母猫送去配种。

▲ 猫咪交配时，公猫会咬着母猫的颈部

交配时机

　　依据和繁殖场或猫友的约定，将母猫送去配种，并将母猫安置在靠近种公猫的笼子内，当母猫开始向公猫求爱时，就可以将它们关在一起，让它们交配3~4次，或者直接将母猫留在那里3~4天，然后再将母猫带回家。

　　并不是每只母猫都愿意接受配种，特别是在刚被转换至有公猫的环境时，因此不用心急，有些母猫甚至要待上7~8天才会适应环境，继而开始挑逗公猫，当然有些性格强势的公猫是会使用暴力来求逞的。此外，猫咪是属于刺激排卵的动物，所以在交配的过程中，当公猫的阴茎从母猫的身体抽出后，母猫会因为疼痛的刺激而排卵，因此猫咪受孕的概率也相对增加。

交配动作的确认

配种的动作是否完成了呢？公猫是否成功插入了？首先必须介绍一下整个交配过程的动作：

1. 母猫会在地上打滚，挑逗公猫，以吸引它的注意。

2. 母猫会摆出标准的交配姿势，它的身体前部会紧贴着地面，而背部中央下陷，屁股则翘得高高的。

3. 公猫这时候开始会急着去咬住母猫的颈背部皮肤，并骑乘在母猫身上。

4. 公猫在插入之前会一直调整方位，后脚看起来就好像在踩自行车一般。

5. 当公猫的阴茎成功地插入母猫阴道后会立即射精，并可能伴随着母猫凄厉的叫声。

6. 公猫与母猫迅速分开，公猫可能会闪躲不及而遭到母猫攻击，公猫会在一段距离之外装出无辜的表情，并且蓄势待发。

7. 母猫在攻击公猫之后会在地上翻滚摩擦并伸懒腰，表现出舒适的样子。

8. 母猫将一只后腿翘得高高的，并开始舔舐外生殖器。

9. 上述所有动作会在5~10分钟后再重复一次，并且会发生好几次。

怀孕 ══

母猫的怀孕期为 62~74 天，平均约 65 天。每次怀孕的平均胎数为 3~4

只，当然体形大的母猫胎数是会较多的。母猫每次排卵的数目或受精卵的数目都会比生出来的胎数多，这是由受精卵的重吸收（会造成受精卵死亡）或胎儿的早期死亡所导致的，对猫而言这是相当常见的状况，并不会有显著的症状出现。

▲ 母猫每次怀孕的平均胎数为3~4只

如果小猫在怀孕未满 58 天就产出，通常会是死胎或非常虚弱的小猫。如果怀孕超过 71 天才分娩出来，产下的小猫通常会比一般的大，并且可能导致难产。因此假使母猫已怀孕超过 70 天，且无任何分娩征兆，就必须找兽医师处理。一般而言，老母猫的怀孕胎数会较少，其实超过 5 岁的猫最好就不要再育种了，不但胎数会越来越少，且难产或死产的比例也会逐渐上升。世界纪录最多产的胎数是 14 只，而最适当的胎数是 3~4 只，这样母猫才能充分地照顾到每只小猫。若一次生太多，母猫在生产的过程中就耗尽所有的力气，接着又必须分泌足够的乳汁来喂养小猫，母猫很可能会发生低血钙或奶水不足。如果主人没有适当地照顾处理，很容易造成新生小猫的早夭及母猫的死亡。

猫咪怀孕时身体和行为的表现

　　这里所提的仅是一般性的原则，并非完全绝对的准则，因此怀孕的确认还是需要依靠兽医师的诊断。

1　大约在怀孕第三周，母猫的乳头会变红。

2　随着怀孕的进行，母猫的体重会逐渐地增加1~2千克。

3　母猫的腹部逐渐胀大，此时千万不要进行腹部的触诊，这样可能会造成胎儿的严重伤害。当然，受过专业训练的兽医师是可以进行这样的检查的。

4　行为改变，母猫会变得较具有母性甚至是攻击性。

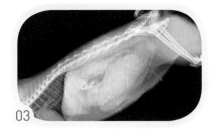

▲ 01／母猫怀孕三周时，乳头变红、变大
02／怀孕母猫的肚子大约在怀孕45天时会明显胀大
03／X线片可以更准确地确定胎儿只数

怀孕检查

　　猫不像人类一样可以用验孕试纸来检查，所以早期的怀孕确认几乎是不可能的。母猫配种后 21~28 天，应将其带至动物医院进行腹部触诊及超声波扫描，此时就可以确认是否怀孕，并且约略地估算胎数。超过 46 天后，就可以进行 X 线摄影来确认胎数，及每两周进行一次超声波扫描来确认胎儿的状况，并大致估算预产期。

　　假怀孕是指母猫没有怀孕，但其行为和身体却出现与怀孕时相似的症状，主要是因为卵巢产生的荷尔蒙影响所引起的。虽然会出现腹部变大或乳头变红的症状，但因为没有实际的交配或受孕，因此当过了猫的怀孕期（约 65 天）后，这些症状自然就会停止。（参考下页流程图。）

母猫从交配到生产的流程图

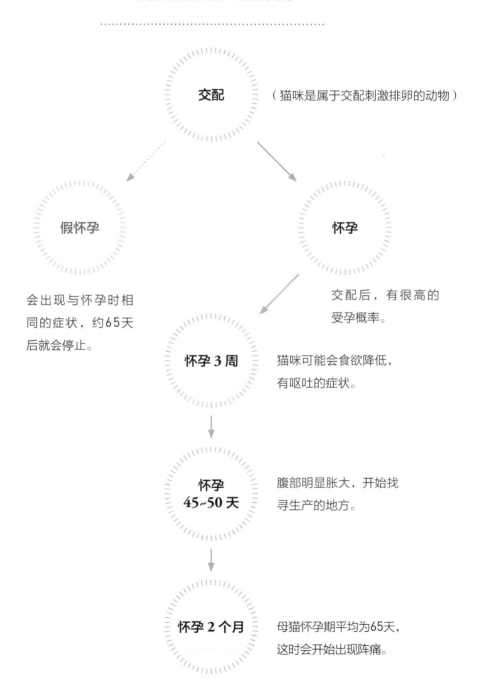

交配　（猫咪是属于交配刺激排卵的动物）

假怀孕

怀孕

会出现与怀孕时相同的症状，约65天后就会停止。

交配后，有很高的受孕概率。

怀孕 3 周　猫咪可能会食欲降低，有呕吐的症状。

怀孕 45~50 天　腹部明显胀大，开始找寻生产的地方。

怀孕 2 个月　母猫怀孕期平均为65天，这时会开始出现阵痛。

猫咪假怀孕的症状如下：

1　大约30天时，母猫的腹部会明显变大，乳头也会变大甚至会有乳汁分泌，食欲也会增加。

2　到处寻找生产的地方，会选择安静且安全的地方来作为生产的窝。

3　假怀孕三周时，会发现母猫食欲和身体状况变差且有呕吐症状。

怀孕期间饮食

怀孕前半期时摄入的热量应少量增加，让母猫的体重可以稳定上升，其热量需求约为 100kcal／kg／天。一般可以提供幼猫饲料给怀孕母猫，因该饲料中的营养成分比例较均衡；此外，矿物质和维生素也必须额外提供，且应避免任何会造成母猫紧张的环境，尽量减少外出、洗澡等。

生产

产前先和兽医师讨论生产的问题，并记下急诊电话。给予母猫良好均衡的饮食，并添加维生素及矿物质（根据兽医师的建议）。胎儿逐渐增大会使得母猫在怀孕末期发生便秘，可以适量地给予化毛膏来通便，使用量也必须听从兽医师的指示。

理想的生产场所

接近预产期时，就可以开始布置产房了，选择温暖、安静且安全的地点。箱子的材质最好是木板或厚纸板，上面及一个侧面是空的，箱底垫上报纸（报纸较毛巾或床单更容易清理，且小猫容易被纺织品的纤维缠住），箱子上方挂一个保温灯，但高度不可低于 1 米。如果母猫拒绝使用，就在它挑选的地方铺上报纸，并挂上保温灯即可，或者直接把产箱移到此处试试看。

猫咪的产子数通常从 1 只到 9 只不等，不过平均来说是 3~5 只，因此产箱的大小可以依据小猫的只数来预估。初产的母猫，其小猫大部分都比较小，因此产箱可以选择较小一些的。

迎接新生命

大部分母猫生产时，都会平安顺利地将小猫生下来，并且会自己把小猫清理干净，让小猫吃到初乳。但如果是第一次生产的母猫，生产时间会比经常生产的母猫长。母猫的生产过程一般会分成三个阶段。整个生产过程为 4~42 小时，但也曾遇到超过 3 天才将小猫生完的母猫。此外，小猫与小猫之间的出生间隔为 10 分钟~1 小时。如果生产时间过长，就要注意是否有难产的迹象。

母猫出现生产征兆

　　母猫不太舒服，偶尔看腹部，不安的行为变得更明显，并且会寻找一个安静、舒适的地方准备生产。也可能会不吃、喘气、喵喵叫、舔外阴部或一直绕来绕去，有做窝的动作。这个阶段通常会持续 6~12 小时，如果是第一次生产的母猫，甚至会长达 36 小时。而母猫的体温会比正常的体温略低，可能会下降 1.5℃左右，这时母猫的子宫收缩、子宫颈放松，阴部会看到囊泡。

母猫用力生出小猫

　　持续时间通常是 3~12 小时，有时会到 24 小时。直肠温度也会上升到正常或比正常体温稍高。以下三种迹象显示已进入第二阶段：

1　母猫会舔破羊膜，让羊水流出，可以看到胎儿的身体露出来。

2　腹部用力会变得更明显。

3　直肠温度上升至正常范围。

　　母猫正常分娩时，产下第一胎之前，腹部会频繁地用力 2~4 小时，因此可能会变得虚弱。如果母猫非常用力却没有小猫生下来，可能会有难产的情况，应该将其带到医院请医师检查。

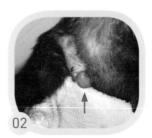
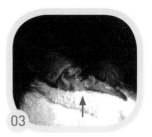

▶ 01／将产房放置在安静且隐秘的地方
　 02／当囊泡露出阴部时，母猫会将羊膜舔破
　 03／舔破羊膜，小猫的脚露出来

小猫、胎盘和羊膜一起排出

　　在这个阶段，胎盘会随着胎儿一起排出。分娩出胎儿后，母猫会将小猫身上的羊膜咬破，并将连接在胎盘上的脐带咬断，再将小猫口鼻和身上的液体舔干净。小猫出生 30~40 分钟后，身上的毛会变干，并且开始吸吮

初乳。而每生产一只小猫后，母猫的肚子都会变小一点。

　　生产完 2~3 周内，阴部会持续有红棕色的恶露排放，不过母猫通常会很频繁地清理阴部，因此很多猫奴不会发现猫咪有排出恶露的情况。而母猫的子宫会在产后 28 天恢复正常。一旦生产完，母猫会躺在小猫身边，身体蜷缩在小猫周围，以保护并温暖小猫。正常的小猫这时应该会有强烈的吸吮反射，前脚在母猫的乳房上前后踏，刺激乳汁排出。

▲ 01 / 母猫会将羊膜舔破，用力将小猫生出　02 / 母猫将小猫身上的羊膜舔掉，并将毛舔干　03 / 小猫最好在24小时内吸吮到初乳

如何分辨母猫是否难产？
需要带猫咪去医院吗？

　　母猫的分娩是可以由意识控制的，所以当母猫在陌生环境或紧张状态下，可能会延迟分娩。而胎儿的胎位、大小及母体的状况也会影响分娩。因此，在遇到下列状况时，最好赶紧将其带到医院，确认是否需要进行紧急剖宫产，剖宫产可以实时挽救母猫及胎儿的生命。

1　外阴部有异常的分泌物（如红绿色分泌物）且有臭味。

2　母猫较虚弱，不规律地腹部用力超过2小时。

3　在外阴部可以看见小猫或囊泡，超过15分钟还没将小猫生出来。

4　羊膜破掉且羊水流出，但小猫却没生出来。

5　母猫会一直哭叫和舔咬阴部。

6　超过预产期一周以上还未生。

7　在第二阶段的3~4小时后，还没有小猫生出来。

8　无法在36小时内将所有的小猫生出来。

如果母猫生产后不理小猫，该如何处理？

1 在胎儿生下后，立即将小猫脸上的羊膜移除，并且用干净、柔软的毛巾将小猫的身体擦拭干净，擦拭身体的同时，刺激小猫呼吸、哭叫，让小猫开始出现挣扎的动作。

2 用碘酒擦拭小猫的肚脐部位和脐带，再用碘酒消过毒的棉线，在离小猫肚子 2 厘米的脐带处打两个结，两个结中间剪开，胎盘就和小猫分开了。而连接在小猫肚脐上的脐带几天后就会干掉，并自动脱落。注意打结的地方不要离小猫的肚脐太近，避免造成脐赫尼亚（疝气）的形成。

3 清理完小猫脸部的羊膜和羊水后，有些液体仍存在小猫的鼻腔和气道内，这时用毛巾包覆住小猫，扶握住它的头，使其颈部往下倾斜轻轻甩，让气道内的水分流出，再将口鼻擦干。倾斜的时间不要太长，且头颈部也要保护好，以免造成小猫受伤。

4 处理过程中必须帮小猫保温，将它擦干或吹干。所有的动作都要持续到小猫充满活力、哭叫声和呼吸状况良好，且身体完全干燥之后再停止。

5 正常小猫的口鼻和舌头颜色应该是红润的，如果呈现暗红色，且小猫的活动力也不好时，应马上带到医院，请医师检查。

6 最后，将小猫放在母猫旁边，母猫会舔舐小猫，刺激小猫喝奶。小猫要在出生后 24 小时内吃到初乳，才能得到良好的抵抗力。

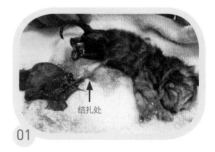

结扎处

01

02

▲ 01／脐带结扎的部位离小猫肚子约 2 厘米

02／用右手扶握住小猫的头颈部，头部朝下倾斜，轻轻甩

产后照顾

　　猫咪生产完后，除了应注意母猫的精神及食欲，环境的保温及安静也很重要。此外，产子数多的母猫，也必须每天注意每只小猫喝奶的状况及体重变化，因为如果奶水量不足，也会导致小猫生长发育变差。所以产后母猫和小猫的状况都必须时时注意。

产房保温及保持安静

　　母猫生完后，尽量不要打扰母猫照顾小猫，有些母猫会因为怕小猫不见，而常常将小猫搬移处所。通常饲养在家的猫咪比较不会因为外在环境的压力或是身体不舒服等原因将小猫吃掉。

每日观察母猫及小猫的情况

　　每日观察母猫和小猫的情况，如果发现下面的情况，请特别留意，或是将其带到医院请医师检查。

母猫：体温异常（发烧或低体温）、阴部或乳腺有分泌物（血样或脓样分泌物）、食欲变差、虚弱没精神、乳汁量减少或没有乳汁。

小猫：体重减轻、过度哭闹，甚至活动力变差及不爱喝奶。

母猫营养的摄取

　　一般母猫在生产完后24小时内会开始进食，给予的饲料最好以怀孕母猫或幼猫专用饲料为主，而饮水的供应量不要限制。生产后第一周，母猫大部分的时间都会在产箱内，就算离开也只是极短暂的时间。因此猫砂盆、食物和水盆应放在离产箱不远处，让母猫可以更放心地如厕及摄取食物和水。

小心产后低血钙

　　母猫在分娩后3~17天可能会有产后低血钙的情况发生，会出现步态僵硬、颤抖、痉挛、呕吐和喘气等症状。如果母猫出现这些症状，最好带其到医院，请医师检查血液中钙离子的浓度。不过，不建议在生产前过度补充钙，以免造成内分泌失调。

B 猫咪的繁殖障碍

　　很多爱猫一族会希望猫咪可以生产出可爱的下一代，因为他们也知道一般猫咪的寿命很难超过 20 年，而新的生命诞生后，可以当作情感的延续，但常常事与愿违，越期待反而越不容易受孕，越不希望生产的，反而多子多孙。

▶ 母猫交配后会在地上翻滚

母猫

　　研究母猫繁殖障碍的第一步，就是找出问题到底发生在整个繁殖过程的哪一个阶段、哪一个环节，这有赖你与兽医师的共同努力。在诊断一只处女猫是否有发情障碍时，首先必须考虑它是否达到适当的年龄；短毛混血猫在 5~8 月龄时开始发情，纯种波斯猫在 14~18 月龄时开始发情，可见品种之间的差异性相当大。猫咪属于季节性多发情的动物，这种周期是由日照时间的长短来控制的，一般而言，持续 14 小时的光照即可确保生殖活性（可提供人工光照）。

　　假怀孕也会造成无发情的现象，有的母猫一发情后即被其他的母猫或去势的公猫骑乘，而导致发情终止、排卵及

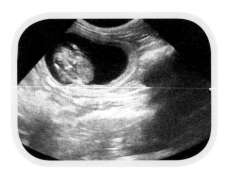

▲ 超声波下，约三周大的胎儿

假怀孕。所谓假怀孕就是母猫身体内的激素一直处在怀孕的状态，身体错误的认知造成母猫出现怀孕的可能行为，并且会刺激乳房的发育及泌乳，就是所谓的处女泌乳，当然也就不可能会发情了。有些母猫对突如其来的交配行为会产生抗拒，特别是单只饲养的母猫。

公猫阴茎插入的动作会刺激母猫排卵，因此引发排卵障碍的最主要原因就是不完全的交配动作，所以你必须详细观察整个交配过程中的所有动作，公猫是否完成了交配动作？母猫是否于交配时出现一长声的惨叫？是否于配种后立即攻击公猫，并很激烈地在地上摩擦、翻滚，之后才开始舔自己的阴部？如果没有这些反应或动作的发生，表示此次配种很可能是失败的。如果配种的动作没有问题，就必须审视配种管理上的问题，约有1/3的母猫于单一一次配种动作之后并不能刺激排卵，因此交配次数也扮演着重要的角色，多次且密集的交配才能确保排卵成功。猫咪属于交配刺激性排卵的动物，因此受精率相当高，很少发生受精失败的现象，这个项目的探讨涉及特别的技术，一般临床兽医师是无法进行的，所以一旦涉及受精失败的问题，通常就只好认栽，死了这条心。

怀孕后期母猫繁殖障碍的表现形式，最常见的是流产及胎儿重吸收，此二者都发生于着床之后，因此怀孕的诊断是探讨这个项目的一个关键，最常用的方法就是腹部触诊及超声波扫描，于怀孕的第三周至第四周内进行。

▶ 母猫如果不喜欢
公猫，会排斥公
猫的交配行为

公猫

初步的临床检查包括仔细的外生殖器检查，可能会发现极少见的机械性障碍，如永存性阴茎系带及阴茎毛环，这种状态下公猫通常对母猫还有性欲，会有骑乘的动作，但感觉上似乎不太愿意交配。

配种障碍较有可能的原因为对母猫失去性欲。以往能成功育种的公猫突然失去性欲，最重要的两个因素是心理因素及紧迫因素。公猫在自己熟悉的环境（或笼子）内通常都能展现强势的配种能力，一旦转换了环境，在陌生的环境中性欲就可能被抑制，直到适应了新环境之后才又能一展雄风。有的年轻公猫将"第一次"给了一只凶恶的母猫，特别是配种后会狂怒地攻击公猫的母猫，可能会使得这只公猫失去性欲，从此"不近女色"，而治疗的方法就是挑选一只温驯且合作的发情母猫来鼓励交配，或许可以让它重拾尊严与信心。

探讨一只公猫不育的原因之前，应该先确定它已经与多只种用母猫（已被证实具有生育能力的母猫）交配过而无怀孕现象，并且已排除任何管理上的问题，而交配动作上也没有任何疑问，配种的母猫可于交配后数日监测血清黄体酮浓度来确认已有排卵。

在配种管理上，最常发生的问题就是让公猫贸然与发情母猫共处一笼，猫咪跟人类一样，需要谈谈小恋爱，如果突然让它们共处一笼，母猫可能会激烈反抗，并可能会攻击公猫，让公猫的尊严受损。因此最好能将母猫及公猫各自放在两个相连的笼子内，让母猫慢慢缓和情绪，逐渐适应公猫的存在，之后母猫就可能会开始勾引公猫，做出很多妖媚挑逗公猫的动作，这时再将它们共置一笼，配种的成功率就会大增。同时，也必须注意配种笼的大小，太小的笼子不但会让公猫无法施展，也会在配种成

功之后使得公猫无处逃窜，惨遭母猫无情的攻击。

此外，先天性雄性激素不足也会引起性欲的丧失，但正常公猫的血清雄性激素浓度尚未有标准值，因此增添了诊断上的困难；染色体的异常也可能引起繁殖障碍，但很少发生，像龟甲波斯公猫即是一种染色体异常而引起繁殖障碍的病例。或者像波斯品种的公猫，有的甚至要到 2 岁才会性成熟，而单独饲养的公猫也会有性成熟延迟的现象，因此一只没有育种经验的配种障碍公猫，可能只是尚未性成熟而已，而性成熟延迟的公猫可与多只母猫一起饲养来刺激其性成熟。

精子质量不良是公猫不育最有可能的解释，公猫采精需要专门的技术，临床上检查有实际的困难，大部分人认为精子质量不良的公猫其睾丸会较小，且坚实度异常，但通过触诊的评估，这种说法其实并不客观且不准确。

C 猫咪优生学

　　猫咪跟人类一样，其遗传是通过基因控制的，基因决定了猫咪的外观及健康状态，良好的基因可以让猫咪有更迷人的外表及更好的疾病抵抗力，不良的基因会让猫咪发生畸形、有先天缺陷，或对某些疾病具有感受性（意思就是特别容易感染某些疾病，如霉菌）。

　　但是事情很难面面俱到，很多育种者为了让猫咪有更迷人的外观，特别挑选特定条件的猫咪来进行配种，或者近亲繁殖，虽然这样挑选配种可以让良好的基因保存下来，或者让良好的基因更加纯化，但同时也会使得不良的基因更加纯化集中，例如所谓的一线波斯，让猫咪的脸更扁更美，但相对地也使得鼻泪管更加扭曲，使得齿列更加不整齐，也使得鼻孔更加狭窄，对霉菌的感受性更强，所以这类扁脸猫特别容易发生鼻泪管阻塞、咬合不正、上呼吸道感染，以及患上皮霉菌病和呼吸窘迫所继发的心血管疾病。

　　如何在纯种化与健康上取得平衡，一直是令专业育种者头痛的问题，如果你只是一般的爱猫族，配种时应以健康考量为主，以下的几种状况是在配种前必须注意的。

近亲繁殖

　　虽然近亲繁殖能让好的基因保留下来且更纯化，但相对地也会使得不良的基因祸延子孙，而且很多人也无法接受这样的乱伦行为，近亲繁殖容易产下畸形及有先天缺陷的后代，这是已被证实的理论，特别是那些不断地近亲繁殖所产生的后代。

遗传性疾病

　　有些疾病会通过基因遗传给后代，如果事先知情却仍进行繁殖育种，不论是在道德上还是优生学上都是不被允许的，因为这样会产生更多病态的族群，使得繁殖出来的后代一辈子为疾病所苦，如果将这样的后代出售，也是不道德且有损商誉的。

髋关节发育不良

对大型犬而言，这种疾病是耳熟能详的，猫咪也有发生的可能，但因为猫咪的体重有限，所以髋关节发育不良的症状并不会特别明显，大多会于老年之后才出现严重的跛行症状，因此，可以在决定育种前对猫咪进行 X 线摄影来判断有无髋关节发育不良的可能。

膝关节脱臼

这种疾病是小型犬常见的遗传性缺陷，如马尔济斯、博美犬、吉娃娃及迷你贵宾犬等，对猫咪而言并不常见。猫咪若出现后肢跛行的症状，会随着年龄的增长而逐渐恶化，医师可以通过膝关节的触诊来判断，一旦确诊，就必须考虑进行外科手术，也不应以这样的猫咪来进行育种。

毛囊虫

这是犬只常见的遗传性皮肤病，猫咪并不常见，但可能会因为长期施用类固醇而诱发毛囊虫大量增殖，目前大家仍相信毛囊虫为遗传性疾病，所以也不应作为育种之用。

肥大性心肌病

很多小动物心脏病学者认为肥大性心肌病有家族遗传性，发病的猫咪可能会突发性后躯瘫痪、喘息、黏膜苍白、发绀或突然死亡，对猫咪而言，这是一种死亡率高且所费不赀的疾病。

隐睾

猫咪如果超过 6 月龄睾丸仍未进入阴囊，就是所谓的隐睾。这样的缺陷也是有家族遗传性的，留滞在皮下或腹腔内的睾丸可能会因为长期处于高温的状态下而诱发癌化病变，最好能在猫咪年轻时就进行手术，将隐睾取出。

多囊肾

发病猫大多数会在 4 岁之前就出现慢性肾衰竭的相关症状，肾脏会出现持续增大的水囊肿，压迫到肾脏实质部，造成机械性的伤害或局部缺血性坏死，而且大多数是双侧肾脏都会发生，目前并无治疗方式可以消除或抑制水囊肿，这是一种治疗无望的疾病，猫咪最后会因为尿毒而死亡。兽医师可以通过超声波扫描在早期发现多囊肾，或者在水囊肿已造成肾脏变形时，通过触诊而得知。近来已有研究者通过血液检查来在早期探知多囊肾的基因，该检查的准确度若被证实，专业的育种者应该对种猫进行筛检，呈现阳性者就不作为配种之用，这样便可以减少悲剧发生。

苏格兰折耳猫内生软骨瘤病

苏格兰折耳猫本身就是一种突变品种，其基因中存在许多不稳定性，在某些国家更是明文规定折耳猫不可以跟折耳猫进行育种，因为会有太多可怕的先天缺陷及畸形发生，最常见的就是内生软骨瘤病，特征包括短尾，掌骨、跖骨与趾骨过短，骨头融合，外生骨赘，在1岁时就可能出现严重的跛行症状。

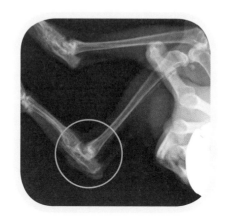

传染性疾病

很多小猫的传染病是由母猫传染的，如果母猫患有着某些传染病或者带原，所生下的小猫几乎无一幸免，站在优生学的立场，这样的母猫在未治愈之前，是不适合育种的。

皮霉菌病、耳螨、疥癣

母猫若已感染这些疾病，生下来的小猫会因为接触而被传染，若要避免新生小猫被传染，就必须在出生后立即与母猫隔离，完全由人工抚育。

白血病、艾滋病、弓浆虫

这些可怕的疾病有时并不会影响到母猫怀孕，却可能会传染给新生小猫，让这些小猫从一生下来就背负着可怕的疾病威胁。

上呼吸道感染

很多母猫在小时候已感染过上呼吸道疾病（杯状病毒、疱疹病毒、衣原体等），有为数不少的感染猫于症状缓解

▲ 小猫因上呼吸道感染，造成眼、鼻脓的形成

后会保持带原的状态（本身症状轻微，但会持续排放出病毒或病原），在遇到紧迫状态如怀孕、泌乳、环境转换、天气转换时，就会出现轻微流泪及打喷嚏症状，而这些眼、口、鼻的分泌物内含有大量的病毒或病原，可能让新生小猫被感染而发病。

品种

　　如果不是专业的育种者，并不建议进行猫咪繁殖，因为你不一定能让所有生下的小猫都有美好的归宿，而且也需考量自己的能力及知识是否足以处理怀孕、生产、哺乳过程中所产生的问题。如果你坚持要让爱猫进行育种，或许品种就是必须考量的问题，因为这牵涉到小猫是否容易出售或送出。

　　若你的爱猫属于特定品种，如金吉拉、喜马拉雅猫、美国短毛猫等，最好能进行纯种的繁殖，因为不同品种间交配所产下来的后代，也就是所谓的混血猫，在外观上是很难预期的，其经济价值较低，或许有些人会硬把它归类到某个品种而出售，但一遇到行家该说法就不攻自破了，对于商誉影响巨大。

Ⓓ 孤儿小猫的人工抚育

　　在猫咪的繁殖季节，总是会出现"小猫潮"，走在路上偶尔会听到小猫的叫声，或是遇到猫奴带着刚捡到的小猫来医院，甚至是家中的母猫在生产后因奶水不足，无法喂饱小猫，而这些小猫从未开眼到刚断奶的都有。断奶小猫（2月龄以上）在照顾上比较容易，小猫会自己吃，也会自行使用猫砂，身体也具有一定的保温能力。但如果是未断奶的小猫，它们的吃喝、排泄和保温都需要人来帮忙照顾。未断奶的小猫跟小孩子一样，需要频繁地喂奶，以及保持环境的温度以免小猫生病，并且要帮小猫催尿。照顾未断奶的小猫时，如果稍有不慎就会造成小猫生病，严重的甚至会死亡，每个环节都必须特别注意。

环境温度

　　环境温度的控制对新生小猫而言是很重要的。因为出生后第一周的小猫体温是35~36℃，比成年猫低，必须靠环境的温度来保持体温。此外，新生小猫无法在移动的过程中产生热能，也没有明显的颤抖反射（出生后第六天才开始会有），所以无法保持体温。因此，出生后第1周的新生幼猫需要一个保温器，让环境温度能保持在29~32℃；而出生后第2~3周的小猫，或是已能积极地爬行和走路的小猫正常体温是36~38℃，此时室内温度最好不要低于26.5℃；之后的3~4周，小猫已经开始可以产热时，环境的温度不要低于24℃。特别是当只有单只新生小猫时，要更严格地控制温度，因为单只小猫无法像多只新生小猫一样，可以挤在一起保持体温。

▲ 01／在猫咪繁殖季节，常常会发现很多新生小猫

02／多只小猫会彼此挤在一起取暖

人工抚育的理想环境

生理环境温度的控制对于新生小猫而言也是非常重要的，保温的用具有很多种，也各有优缺点。

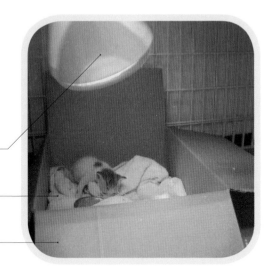

保温灯

毛巾

保温盒

各种保温用具的优缺点

暖宝宝或热水袋

以毛巾包裹暖宝宝或热水袋是有效的保温方法，但缺点是必须常常注意温度是否够热，以及需要经常更换重新加热后的热水袋或暖宝宝。

保温灯

是较常使用的保温方法，其热度可以根据保温灯源的大小来调节，当小猫觉得过热时，也可以跑到离灯源较远的地方。不过要特别注意，保温灯与小猫的距离不要太近，避免造成小猫灼伤。另外，保温灯在湿度的控制上较差，会增加电线走火的危险性。

电热毯

使用电热毯时应特别注意电热毯的温度，并且在电热毯上铺厚毛巾，以免造成热烫伤。电热毯的缺点是过热时小猫没有地方躲，会造成小猫烫伤，因此在使用时必须特别注意。

▲ 塑料类的盆子容易清洗，也不易散热，可以放置容易吸水的毛巾或尿布垫

幼猫的小窝布置

　　小猫需要一个干燥、温暖、无风和舒适的小窝。小窝的周围应该够高，在无人看护时，新生小猫较不容易因爬到外面而导致失温。小窝应该容易清理，但是尽量不要选择易散热的材质（例如不锈钢），避免新生小猫接触时造成失温。塑料类或纸箱类比较适合，因为塑料类容易清洗，也不像不锈钢那么容易散热，而纸箱类则保温效果好，虽然不易清理，但可随时更换。

　　另外，也可以在小窝内放一些保暖的衣服或布。布料以柔软、吸水性强、不易磨损且方便清洗、舒适保暖的为佳。也可以选择尿布垫，方便每天更换，保持窝内的卫生。

小窝的放置处

　　尽量减少环境因素对小猫造成的压力是很重要的，让小猫可以安心睡觉、吃饭和长大。而孤儿小猫因为没有妈妈在身边，对于陌生环境感到害怕，也必须试着自己适应环境，这些对小猫来说都是压力。此外，有很多人经过、有嘈杂声音的地方也会增加小猫的压力，都应尽量避免，直到小猫3~4周龄后。

　　过度的压力会降低小猫的免疫力，增加感染风险，并且对于之后小猫的社会化有不好的影响，所以务必慎选小窝放置的地方。

▼ 选择一个安静的、可以让小猫安心睡觉的地方

良好的卫生习惯

在照顾小猫时，必须有良好的卫生习惯，因为小猫的身体构造、代谢和免疫状况虽然正常，但由于它们太年幼，非常容易感染传染病，因此猫奴应谨慎地清洁猫床和喂食用品。照顾小猫的人数应该少一些，并且每个人都要经常洗手，以降低感染风险。此外，可用温和的肥皂、温水进行清洗，选择适合的消毒剂，并避免这些消毒剂成为环境中的毒素。新生小猫的皮肤非常薄，也比成年猫的皮肤更易吸收毒素；且消毒剂在高浓度时具有呼吸刺激性，因此使用消毒剂应特别小心，若过度使用可能会增加新生小猫的危险。

幼猫的食物 ▬▬

喂食新生小猫时，最常见的问题是要喂些什么？怎么喂食？一餐要喂多少？一天要喂几次？

初乳

用奶瓶来哺育新生小猫不是什么困难的事情，但最好能让新生小猫摄取一些母猫的初乳。猫奴应该尝试用手去挤出一些母猫的初乳，并以滴管喂予新生小猫，因为这些初乳中含有丰富的移行抗体，能帮助新生小猫在往后的四十几天里对疾病有足够的抵抗力。

母乳替代品的选择

在选择母乳替代品时，可以使用适当、温和的替代食物来喂食。猫奴可以选择下列两种之一：第一种是猫咪专用替代奶粉，可从动物医院或宠物店购买，这类奶粉是最好的选择，因为其蛋白质及其他营养素含量是针对猫咪而调配的，使用方法依照罐内说明即可。现

各种动物母乳成分比例说明

在市面上也有罐装的液态宠物配方奶。第二种是婴儿用奶粉或罐装的浓缩奶，但猫咪的替代用奶浓度应为人的两倍，故此为较不适当的替代食物，牛奶及羊奶对新生小猫而言都太淡了。母猫或母狗的乳汁中含有大量的脂肪、少量的乳糖和适量的蛋白质。牛奶和羊奶中含有大量的乳糖、少量的蛋白质和脂肪，且热量密度比猫奶和狗奶小，因此会导致小猫营养缺乏及成长速度缓慢。此外，牛奶和羊奶含有大量乳糖，会增加小猫腹泻的风险。因此在临床上喂养小猫时发现，以猫用奶粉喂养的小猫最不易有腹泻问题，且体重及成长是最稳定的。

想要自己制作一份营养均衡的牛奶替代品是很困难的。而且自制替代食物风险较大，包括得购买优质的原料、易增加细菌污染的危险，以及很难制作与一般猫奶粉相同成分的自制奶。有研究表示，自制奶要给予的量会更多，且给予次数得更频繁，但喂食自制奶的新生小猫生长速率仍比喂食市售猫奶粉的来得慢。自制奶应该只用在紧急的情况下，当买到猫奶粉后，还是建议换成市售猫奶粉。而市售猫奶粉主要的问题大部分都是奶粉与水的混合比例错误，例如，猫奶粉配得太过浓稠，会导致新生小猫呕吐、腹胀和拉肚子；相反地，猫奶粉调得太稀，会减小每毫升喂食的热量密度，就必须喂食更多。

▶ 市场上有猫奶粉及猫狗用的替代用奶

如何喂小猫喝奶？

新生小猫一般可以用奶瓶或喂食管来喂食。婴儿用的奶瓶对小猫而言太大了，早产儿的奶瓶比较适用于小猫。另外，市面上也可以买到新生小猫专用的奶瓶，眼用的滴管、3毫升的无菌针注射筒也都可以拿来使用。所有的器具使用前都必须清洗干净，并且用煮沸过的温水洗净晾干后才能使用。

新生小猫喂食重点整理

▲ 必须每日仔细清洗喂食器具

1　喂食新生小猫时必须有良好的卫生习惯，所有奶瓶、奶嘴、喂食管及其他用品都得保持清洁；照顾人员也应仔细地清洗所有喂食器具，可以用煮沸过的温水将其冲洗干净。

▲ 将奶嘴上剪出一个洞或剪个十字孔

2　市售奶瓶的奶嘴头通常没有孔洞，可以用一个适当大小的针加热后在奶嘴上熔出一个孔洞，或是用小剪刀剪出十字孔。孔洞太小，小猫会很难吸到替代用奶；而孔洞太大，流出的乳汁过多，会增加小猫感染吸入性肺炎的危险。奶嘴孔洞的大小，以奶瓶轻压可以流出一滴的大小为基准，再以小猫吸奶时的状况来调整孔洞的大小。

▲ 猫替代用奶在给小猫喝之前，可以先隔水加热

3　喂食前应先将替代用奶加热，温度最好与母猫体温相同（约38.6℃）；且记得先将替代用奶滴在手背上确认温度。替代用奶太冷会刺激小猫呕吐、诱发低体温，以及减缓肠道蠕动进而抑制肠道吸收。相反，替代用奶太热会造成小猫口腔、食道和胃烫伤。如果是奶粉，可以先将一日分量冲泡好，放在玻璃容器中冷藏，要喂小猫喝奶时，再取出一次的量来加温，以免冲泡好的替代用奶因为温度的变化而坏掉。

4　喂食姿势也是很重要的，让小猫趴着并将其头轻微抬高，奶嘴头直接对准小猫的嘴巴，是用奶瓶喂食的正确姿势。新生小猫会推动前脚，并且卷起舌头包覆在奶嘴头的周围，形成密封状态，因此若奶嘴头放的角度无法形成密封，小猫会因吸入空气而发生腹痛。喂食时不应过度伸展它的头，因为这个姿势会增加感染吸入性肺炎的危险。

▲ 喂食小猫时，小猫的前脚要接触地面或你的手，舌头要完全包覆奶嘴头

5　奶瓶喂食对于精力充沛，并且有强烈吸吮反射的小猫比较适合。但虚弱或生病的小猫因为没有力气吸吮，也就无法获得足够量的猫替代用奶。

▲ 不愿意喝奶的小猫会一直咬奶嘴或把头转开

6　很多小猫在一开始喂食时，并不会马上就喝，所以在喂乳的过程中必须有耐心地操作，不可太急躁，否则很容易让小猫呛到。一旦发现有乳汁从鼻孔中喷出，应立即停止喂奶；当小猫不愿意喝奶时也要先停止喂奶，不要太强迫，过一阵子再重新尝试喂食。

▲ 以奶瓶喂食活动力旺盛的小猫

7　身体较虚弱的小猫如果无法喝到足够量的猫替代用奶，就必须用喂食管来喂食。喂食管最好选择滴管或注射筒，以2厘米的塑料管套于注射筒上，可以将乳汁灌食于小猫口中。

▲ 以针筒喂食虚弱的小猫

8　另一种以胃管喂食的方法，必须在兽医师的指导下才能操作，因为如果不慎将塑料细管插入气管内，会造成小猫窒息或吸入性肺炎。喂食虚弱且吞咽反射差的小猫时，以5厘米的塑料管轻轻地由舌头背面滑入食道内，就可将乳汁直接灌入胃中（这里用的塑料管可以蝴蝶针的套管或红色橡胶管来取代）。

▲ 虚弱或吞咽反射差的小猫，需要用胃管喂食

▲ 饥饿的小猫会一直哭叫，喝奶到饱才会停止

喂食配方奶的量与次数

新生小猫喂食的次数可以依照小猫喝奶的意愿来调整。例如，小猫饿的时候会一直喵喵叫，并且强烈地吸吮奶嘴头；而小猫喝饱时，会将头转开，或是一直咬着奶嘴头却不吸奶。此外，小猫的年龄、每次喂食的量和食物的热量密度，也是调整喂食次数时需考虑的因素。

大部分新生小猫的胃容量约为4mL/100g（体重），也就是体重为100g的新生小猫一次喝奶的量最好不超过4mL，吃得过多容易造成小猫呕吐。替代用奶的包装上大部分都有建议量，可依照上面的说明给予。如果是用针筒喂食的小猫，一般是在小猫7日龄前每两小时给予3~6毫升；7~14日龄时，白天每两小时给予6~10毫升，晚上每四小时喂一次；14~21日龄时，白天每两小时给予8~10毫升，晚间11点至清晨8点之间喂一次。

此外，小猫在过度饥饿时容易吸奶吸得过快，造成吸入性肺炎，所以喂食时要特别小心，也可以将喂奶的时间间隔缩短，避免小猫过度饥饿。每餐都应该避免过度喂食，因为这可能会导致小猫拉肚子、呕吐，甚至患上吸入性肺炎。

如果小猫的体重没有适当增加，可以增加喂食的频率，使小猫摄入每日所需的总热量。正常小猫需要的水分为40~60mL/kg（体重），因此也要注意水分摄取是否足够，以免造成小猫脱水。

刺激排便与排尿

　　出生后至 3 周龄的小猫需要人工刺激排泄，而刺激小猫排泄最好在喂完奶后。因为食物进入胃的时候，会刺激小猫肠道蠕动，所以这时刺激小猫的排泄器官也会较容易排便、排尿。

◀◀ 以温水沾湿棉球，轻
　　轻擦拭小猫的生殖器

◀ 擦拭后会有尿液排出

01

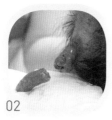

02

　　母猫通常会舔舐新生小猫的肛门部位来刺激它排便及排尿，所以每次喂完奶后，猫奴可以用温水沾湿棉球，轻轻地擦拭生殖器和肛门口，并以手指轻拍小猫的肚子；当新生小猫方便完后，再将尾巴下方部位清洁干净。一般情况下，新生小猫每日有适度的黄色便，但可能不会每次刺激都排便。

　　小猫大约在一个月大后就会开始在猫砂上大小便，此时就可以让小猫练习使用猫砂。猫砂盆可以先选择较浅的盒子，方便小猫进出。此外，如果小猫不在猫砂盆中如厕，可以在小猫吃完饭后，将它放入猫砂盆中，让小猫习惯猫砂。

◀ 01／母猫会舔舐小猫的肛门，刺激排便
　　02／小猫的大便偏黄色，有时较软呈牙膏状

每日监控体重及活动力

　　出生后到 3 周龄的小猫需要以替代用奶来喂食，小猫每天的体重会以 5~10g 的幅度增加。因此在喂食和照顾的过程中，观察体重的变化和活动力可以知道小猫是否正常吸奶；而体重减轻是小猫健康出现问题的早期指标，一旦发生，便要立即找出体重下降的原因，才不会导致更严重的问题出现。健康的新生小猫应该是精力充沛的，会不断地爬行，叫声也会很大；如果小猫不太爬行，叫声变小，吸奶也变少，那么得特别注意小猫的状况，很有可能是小猫生病了！

小猫的断奶

小猫的断奶一般是从 1～1.5 月龄开始。断奶对于小猫来说是一种压力。小猫的肠胃道开始接受新的蛋白质、碳水化合物和脂肪。摄取食物的种类和分量明显改变时，会使胃肠道内的微生物群发生变化，而太快改成固体食物会引发便秘。此外，断奶的小猫必须随时给予新鲜的水，避免小猫脱水；或者将固体食物浸泡在以温水冲泡的替代用奶中，制成粥状给小猫吃。当其中一只小猫开始吃以后，其他小猫也会跟着模仿开始吃。

有些猫奴会使用人的婴幼儿食品（没有大蒜或洋葱）或幼猫罐头作为开始的离乳食物。任何加热过的食物都能释放香味，能刺激小猫的味觉，可以将食物涂抹在小猫的嘴唇上，让小猫舔食并让它们尝到固体食物的味道。几天后，可以增加食物的量，减少奶的量。

▼ 01／将离乳食品涂抹在小猫嘴巴上，诱导小猫吃固体食物
02／将固体食物用温奶泡成粥状或是给予幼猫离乳罐头

如何从奶瓶转换成固体食物？

以奶瓶喂养的新生小猫于第四周时开始断奶，先于乳汁中添加约半茶匙的剁碎的婴儿食品（希尔斯 a／d 罐头或幼猫离乳罐头），以汤匙喂予数天，一天约四次；于第五周时可以给予离乳罐头或 a／d 罐头食物，将这些食物放在一个浅底的碟子里，尽管让它吃，但是量应维持在总食量的 1/4，另外 3/4 仍给予乳类食物。第六周时可将固体食物的量增加至 1/2 以上，固体食物最好是营养均衡的罐头食物。新生小猫于第八周时已完全断奶并长出所有的乳齿，每日应给予 2~3 次的固体食物和一小碟奶汁，此时的固体食物可以考虑给予幼猫专用的干饲料。（请参考 P123 的幼猫喂食与饲料转换表。）

01

02

▲ 每日称小猫的体重，确认重量是否增加

如何分辨小猫的性别？

　　大部分的小猫约 3 周龄大后就可以很容易地分辨是公猫还是母猫，但小于 3 周龄的小猫较难分辨公母，有时还容易判断错误。分辨公猫还是母猫主要是以生殖器到肛门的距离来判断的，公猫的生殖器到肛门的距离较长，是将来睾丸长出来的位置；相反地，母猫生殖器到肛门的距离较短。如果还是无法确定是公猫还是母猫，也可以带到医院请医师帮忙检查。

▶ 01 / 公猫　02 / 母猫

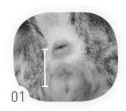
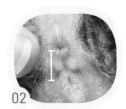

小猫的发育与行为发展

哺乳期小猫（出生后～第5周）

▶**出生后第1天：**小猫的脐带还是湿的。无法自己调节体温，但会向温暖的地方移动。

▶**出生后第2天：**小猫会开始呼噜。

▶**出生后第1周：**小猫的视力和听觉尚未形成。小猫不会自己排泄，因此需要母猫舔舐，刺激排泄。

▶**出生后5~8天：**小猫未开眼，但渐渐地对声音有反应。

▶**出生后7~14天：**眼睛慢慢张开，耳朵开始听到声音，门牙开始长出来。

▶**出生后第2周：**眼睛开始看得见，耳朵会慢慢立起来，开始会慢慢学走路。

▶**出生后第3周：**小猫开始会自行排泄，并会用嘴巴梳理毛。

▲ 未开眼的哺乳期小猫，脐带变干燥

▲ 开始学走路的小猫

121

▶**出生后3~5周**：小猫会开始到处探险。

离乳期（出生后4~6周）

▶**出生后4~6周**：小猫开始进入社会化阶段，会与同胎小猫玩耍，并且能够自行调节体温。

▶**出生后2个月**：乳齿渐渐长齐，小猫变得好动活泼。

▲ 离乳期小猫开始进入社会化阶段

幼猫期（出生后3~9个月）　　　　▲ 幼猫期小猫开始进入成熟阶段

▶**出生后3个月**：眼睛的颜色开始改变。

▶**出生后4~6个月**：乳齿转换成永久齿。

▶**第一次发情期**：公猫是出生后7~16个月，母猫是出生后6~9个月。

　　每个生命的诞生都有其珍贵的意义，抚育一个生命的成长更是意义非凡，我曾目睹那些尽责猫奴的骄傲神情，也曾分享他们对生命的喜悦，身为专业医师的我都不禁怀疑自己是否能像他们一样坚持呵护生命的尊贵，如果真的必须照顾失怙的新生小猫，请不要轻言放弃，因为这比你完成任何事情都来得有意义！

幼猫喂食与饲料转换表 ▬▬

年龄	体重	喂食量
出生第 1 天	70～100g	从 1mL 开始喂
出生 2～4 天	90～130g	每两小时喂食 3～6mL，每日喂 8～10 次
出生 5～10 天	140～180g	每 3 小时喂 1 次，每日喂 6～8 次
1～2 周龄	约 200g	每次 6~10mL，每日喂 6～8 次
2～4 周龄	约 300g	每 4 小时喂 1 次，每次喂食 10mL 以上，每日喂 4～6 次
4～6 周龄	300～500g	每天喂食 4～6 次。将猫奶粉与幼猫离乳罐头或幼猫饲料粉加水混合，奶粉的比例慢慢减少，离乳食品的比例慢慢增加
	约 600g	每天喂食 4～6 次。用 1～2 周的时间将食物完全改变成离乳食品，停掉奶粉
1.5 月龄	约 800g	每天喂食 4～5 次。可以将饲料泡软，但饲料的形状还在，让小猫学习吃固体食物，如果小猫不太吃，可以加一些幼猫离乳罐头
2 月龄	1 kg	每天喂食 3～4 次。用 1～2 周的时间将幼猫离乳罐头减少，或是将泡软的饲料转换成干饲料

E 新生小猫死亡症候群

一般而言，造成新生小猫死亡的原因不外乎下列几个：先天异常、畸胎作用、营养问题（母猫及小猫）、出生时体重不足、生产时或生产后的创伤（难产、食子癖、母猫因疏忽而造成伤害）、新生儿溶血、传染病及其他各种早夭原因。

先天异常

先天异常指的是小猫于出生时即可发现的异常状态，大部分都是由基因问题所引起的，当然也有很多外在因素会引起畸胎，如X光或某些药物。有些先天异常会使得小猫于出生时立刻死亡，或于两周内死亡，特别是那些中枢神经系统、心脏血管系统、呼吸系统的先天异常，其他的先天异常可能直到小猫能完全自主行动时，才会出现明显的症状，或当小猫成长迟滞时才会被注意到，且通常是在预防注射前的健康检查中被兽医师发现。

解剖上的异常包括：腭裂、头骨缺陷、小肠或大肠发育不全、心脏畸形、脐疝或横膈疝、肾脏畸形、下泌尿道畸形及肌肉骨骼畸形；一些显微解剖及生物化学上的异常通常无法加以诊断，并可能被归类于其他的原因，或者不明原因的死亡。

畸胎作用

已有许多药物及化学物质被认为会导致畸胎，并有完整的报告显示该物质确实会造成小猫的先天异常及早夭，因此，怀孕期间应避免给予任何药物及化学物质，特别是类固醇和灰霉素（治疗霉菌用的口服药）。

营养问题

喂怀孕母猫吃不适当的食物，可能会造成其生出虚弱或有疾病的小猫，近十年来被认为最严重的营养问题就是牛磺酸的缺乏，已知会引起胎儿重吸收、流产、死产及发育不良等问题。引起新生小猫营养不良的原因包括：母体严重营养不良、胎儿期缺乏适当的母体血液供应及胎盘空间的竞争。

出生时体重不足

出生时体重不足往往会造成较高的小猫死亡率，新生小猫的出生体重应该不受性别、胎数及母猫体重所影响。导致小猫出生时体重不足的原因尚未明朗，但必定包含很多因素，虽出生时体重不足常被归因于早产，但大部分的临床病例为足期生产，可能是由于先天异常或由营养因素引起的。

出生时体重不足不仅有较高的死产及早夭的可能性（6周龄内），并且可能会导致某些小猫慢性发育不良，于幼猫期内死亡，因此小猫应于出生时称重，并定期测量体重，直至小猫满6周龄。

生产创伤

生产时或出生后5日内的小猫死亡，大多与难产、食子癖或母性不良有关。食子癖大多发生于神经质或高度敏感的母猫，但是，母猫将生病的新生小猫吃掉是相当常见的，不能将所有母猫的食子行为归罪于食子癖，这样的食子行为是为了其他健康的小猫，避免它们受到可能的疾病感染，并且可以减少无谓的照料及母乳消耗。母猫通常不会对生病的新生小猫加以理睬及照料，甚至会将其叼出窝或推出笼外，这种行为很难与母性不良加以区别。

新生儿溶血

一般的家猫不常发生新生儿溶血，在某些纯种的新生小猫身上则较为常见。母猫的初乳中含有丰富的移行抗体，新生小猫的肠道只在24小时内可以吸收这些移行抗体；其中也包含某些同种抗体，血型为Ａ型的猫咪具有微弱的抗Ｂ型同种抗体，而血型为Ｂ型的猫咪却拥有强大的抗Ａ型同种抗体，因此，如果血型为Ｂ型的母猫生出血型为

Ａ型或ＡＢ型的小猫，母猫的初乳中便含有大量的抗Ａ型同种抗体，一旦新生小猫于24小时内摄食初乳，这些抗Ａ型同种抗体便被小猫吸收至身体内，并与小猫的红细胞结合而使之溶解，这种溶血的状态可能发生在血管内及血管外，而引起严重贫血、色蛋白尿性肾病、器官衰竭及弥散性血管内凝血，即使是初产的血型为Ｂ型的母猫也会引发相同的问题。

血型为Ｂ型的母猫怀有Ａ型或ＡＢ型胎儿时，胎儿并不会与母亲的同种抗体接触，所以新生儿溶血的临床症状多发生于摄食初乳后。

小猫出生之后多呈现健康状态，并能正常地吸吮母乳，一旦摄食初乳之后于数小时或数日内便会出现症状，而症状的表现有相当大的差异，但是大部分的小猫在第一天内便会突然死亡而没有任何异状；或者，小猫会于最初3日内开始拒绝吸乳，逐渐虚弱（临床的发现包括因严重血红蛋白尿所引起的红褐色尿液，也可能发展成黄疸及严重贫血），并持续恶化而于1周内死亡。

幸运存活下来的小猫有少数会于第一周及第二周之间发生尾巴顶端的坏死，或者小猫仍持续吸吮母乳，并持续成长。除了尾巴顶端的坏死，小猫无任何其他明显症状发生，但是从实验室的检验中可发现中度贫血及库姆斯直接试验（Direct Coombs' Test）阳性。

传染病

传染病在小猫早夭原因中占极大的比例，特别是断奶后期（5~12 周龄）的细菌感染。这段时间的死亡大多数归因于呼吸道、胃肠道及膜腔的原发性感染，小猫在没有任何压力的状况下与细菌接触时，通常会表现为非显性感染，或者症状轻微而能自行痊愈；当环境或小猫本身具有不利因素时，一些疾病的感染会变得较为严重，使得小猫的早夭率提高。当细菌感染已超过小猫免疫系统所能抵御的程度时，便会形成新生儿败血症，影响因素包括不适当的营养及温度控制、病毒感染、寄生虫及免疫系统的遗传或发育缺陷。引起败血症的细菌通常是一些普通的常在菌。

多病毒性的传染病会引起新生小猫的早夭，病毒包括冠状病毒、小病毒、疱疹病毒、杯状病毒及逆转录酶病毒（会造成传染性腹膜炎、猫瘟、猫支气管炎、猫流行性感冒、猫白血病），临床症状依据传染的途径、时间及初乳移行抗体的多寡而定，就算母猫进行过完整的预防注射，新生小猫也可能因为未即时吸吮初乳而得不到足够的移行抗体保护。

◀

寄生虫感染容易造成小猫早夭

其他因素

圆虫及钩虫感染也可能导致小猫早夭，过多的肠道寄生虫对小猫的生长有害；一般而言，单纯的外寄生虫感染（跳蚤、壁虱）很难导致小猫死亡。统计学上的研究发现，母猫第五次生产时小猫存活率最高，第一次及第五次以后生产，小猫的存活率最低。中等体形母猫的小猫存活率较大型或小型母猫高，而只数为 5 只时早夭率最低。

原因诊断

在育种的过程中，小猫的损失几乎是无可避免的，正确的诊断及判定可以减少这方面的损失。临床兽医师应对新生小猫进行完整的生理检查，最好再配合一些实验室的检查，并且在开始治疗可能早夭的新生小猫之前，一并进行细菌的采集和培养。

一旦确定小猫无法存活，最好就将这只小猫送往教学医院进行安乐死及尸体解剖，将可疑的组织或器官采样，来进行病原培养，并制成切片，观察组织学上的病变，这一连串的剖检需由经验丰富的临床病理兽医师来进行，这对导致早夭的疾病的诊断有极大的助益。就如先前曾提及的，小猫的损失是无可避免的，然而，某些引起早夭的特殊原因是可以事先预防或避免的，因此一旦确认原因，就可针对这些原因进行排除，以期下一胎能有更高的小猫存活率。

Ｆ 猫咪绝育手术

常听到猫奴们说："我的猫要结扎！"这样的说法其实是错误的，因为猫的绝育手术是将子宫、卵巢或睾丸摘除，而不是像人类一样单纯绝育的方式，所以"绝育手术"是近几年来较被接受的说法，比起以前通俗的"结扎"说法来得正确且贴切，也可以免除一些误解与纠纷。

为什么要绝育？

很多人会说猫咪动手术很可怜，其实人类饲养宠物本身就是限制了猫咪的自由和权利，所以大家也不必太泛道德化。把一只猫关在家里人道吗？不让它外出交猫朋友人道吗？不给它自由人道吗？逼迫猫咪洗澡人道吗？所以就别再提人道问题了。你饲养猫咪也希望它能健健康康、长命百岁，除了定期的免疫及适当的饲养，绝育手术是延长寿命及减少生病最简单的方法。科学报告已证实，绝育的猫咪平均寿命会较未绝育者高，意思就是绝育的猫咪会活得久一点，因为生殖系统对动物而言就只有繁衍后代的功能，对身体本身来说是耗能的，并不涉及身体机能的维持。简单来说，除了繁衍后代的功能，生殖系统可算是身体的"败家子"，这就是一直发情的母猫大多养不胖，而绝育的猫却很容易发胖的原因。多一个器官就多一种风险，且生殖系统与身体本身的功能无重要相关性，所以将生殖系统移除，对

▲ 给猫咪做绝育可降低其外出打架的概率

疾病风险的降低当然是有帮助的。

就母猫而言，可以免除子宫蓄脓、子宫内膜炎、卵巢囊肿、卵巢肿瘤等相关疾病，也可以降低发生乳房肿瘤的概率；就公猫而言，可以免除前列腺的相关疾病。除此之外，没有性冲动的刺激，猫咪也较少打架，可以降低艾滋病的传染概率。性冲动对猫咪而言是盲目的需求，所以未绝育的猫会有较高的走失率，因为发情时它们会想到外面去寻求交配的对象，而不断地发情号叫也会影响你及邻居的生活，且这样的状况会持续好几年。

绝育手术可能出现的风险及副作用

　　这是一种常规手术，由熟练的兽医师来进行的话，基本上是相当安全的，除非你的爱猫本身有某些潜在的疾病。其麻醉的风险当然是比较令人忧心的，但术前完整的健康检查及慎选施术的兽医师就可以降低类似的风险。绝育之后可能的副作用只有发福而已，但也不能让猫太胖，可以通过调整食物来改善发胖的状况。

手术前的准备

　　在麻醉的过程中最怕猫咪呕吐，呕吐物会阻塞气管而造成吸入性肺炎，甚至窒息，所以手术前应禁食、禁水至少8个小时，让胃部排空。手术麻醉是大事，所以猫咪任何异常的状况或以往曾得过的疾病，都应翔实地告知施术的兽医师。手术麻醉的恢复可能会有兴奋期，所以最好提着大一点的猫笼前往，用手抱持是绝对不允许的。

▲ 以猫笼接送猫咪

公猫绝育手术

　　公猫绝育手术又称为去势手术，是将其双侧的睾丸摘除，而非单纯的输精管结扎。手术的方式有很多种，一般采用自体打结法，且睾丸上的切口不必缝合，就算术后猫咪舔舐伤口也无大碍，所以可以不戴防护项圈。整个伤口恢复期约14天，14天内不可洗澡，伤口也无须涂药护理，仅需口服一

▲ 手术前确认两颗睾丸都在阴囊内

周抗生素即可。手术麻醉前最好请兽医师确认猫咪的两颗睾丸都在阴囊内（一般兽医师都会先确认，但还是提醒一下较安心），以避免不必要的纠纷，因为隐睾的手术费可是高很多的。

　　隐睾手术是较麻烦的手术，医师最好在手术前先确认隐睾是否在皮下，如果确认不在皮下才会进行剖腹术寻找，如果你认为这么麻烦的话就算了，那可就错了，因为大部分的隐睾到老年时可能会转化成恶性肿瘤。

母猫绝育手术

母猫绝育手术又称为卵巢子宫摘除术，不是输卵管的结扎手术，而是将子宫角、子宫体及双侧卵巢全数摘除干净；特别是卵巢，一定要确认双侧完全摘除干净，以免术后仍出现发情症状。早年兽医水平不高时，常常发生一些乌龙事件，有些不肖医师会直接将子宫角、子宫体结扎，做完这样的手术后母猫一样会发情，而且还会造成可怕的子宫蓄脓。另外，有些人认为留一颗卵巢有助于身体正常发育，这是非常错误的观念！这样母猫仍会持续发情，只是不会怀孕而已，而绝育手术的好处则无法获得。

母猫的手术时间为 15~20 分钟，技术熟练的医师只要 2~3 厘米的小伤口就可以将卵巢及子宫摘除干净，这样的小伤口不会有腹腔伤口崩裂的危险，再配合免拆线的表皮缝合法，大大提升整个手术的安全性，也降低术后护理的麻烦，施术的母猫不用戴防护项圈，也不用住院，当日即可回家，猫咪可以更舒服地度过恢复期。术后伤口并不需要护理及涂药，只需口服抗生素一周即可。前面两三天会有食欲较差的状况，猫奴可以强迫灌食某些流质的营养液或营养膏，并尽量让猫咪休息，且术后 14 天内不可洗澡。（以上提及的都是笔者医院的手术方式及经验，并非所有医师都是这样处理的，也没有对错问题，相信你选择的医师就对了。）

▶ 01／母猫的绝育手术
　　02／猫咪保定后，让猫咪吸入
　　气体麻醉剂

最佳手术时机

在美国，大多数兽医建议在 2 月龄时实施绝育手术，但在中国，猫咪在 2 月龄时常小病不断，如上呼吸道感染、霉菌、耳螨等，而且也正需施打疫苗，所以大多数医师建议在 5~6 月龄时实施，这时候的猫咪健康状态较稳定，手术的风险也相对较低，而且最好在发情前手术，免得术后仍有性冲动产生。

有些资料显示公猫在 10 月龄前去势有较高比例会患尿石症，认为过早去势会造成阴茎发育得不够大，尿道会较狭窄而易阻塞，但尿石症主要是由结晶尿及黏液栓子造成的，跟尿道的粗细无疾病发生上的相关性，因此这样的理论已不被大多数兽医师所接受。

很多人对于绝育手术有太多的疑虑，往往一考虑就是好几年，等到猫咪发生子宫蓄脓、乳房肿瘤才不得不接受这样的手术，但此时的手术风险已增大，因为猫咪本身已经是有病在身的状态；也有猫奴等到母猫很老的时候才大彻大悟，但也为时已晚，猫咪越老，手术风险越大且恢复性越差，所以大多数兽医师也不愿意冒这样的风险来给老猫实施绝育手术。

术前的健康检查

这样的观念还不是很普及，因为很多猫奴还是"向钱看"，舍不得花钱来评估手术的风险，所以很多兽医师都是冒着风险在给猫咪做手术。如果你的爱猫有心脏病，不通过检查是很难确认的，且很有可能在手术中发生危险，如果可以先检查出来，医师就会考虑手术的必要性，并且选择适当的麻醉方式及药物预先处理。

手术前的健康检查除了常规的听诊、触诊、视诊、量体温，还应进行全血计数（红细胞、白细胞、血小板），肝、肾、胰等器官的生化功能检查及 X 线检查（有助于心脏及全身结构的评估）。没有任何一种麻醉是没有风险的，因此术前的健康检查就更显重要，了解猫咪的身体状况，选择适合的麻醉方式，可以将风险大大降低。

有些人会认为绝育手术是不人道的，但试想，猫咪一直在发情却无处发泄会好到哪里去呢？就算可以交配，生下来的小猫怎么办，送得出去吗？流浪动物还不够多吗？其实，绝育手术真的是利大于弊，请三思！

Ⓖ 猫咪繁殖冷知识

Q01　棉签可以让母猫停止发情？

　　母猫属于插入排卵，意思就是要有公猫阴茎插入阴道才会刺激卵巢排卵，而母猫一旦排卵，卵巢就会从发情的滤泡期进入怀孕阶段的黄体期，也就是母猫会停止发情而开始进入所谓的怀孕阶段，因此有些人会运用这样的原理，用棉签插入母猫的阴道内，以遏止母猫的发情行为。虽然在理论及实际上都合情合理，但这样的做法会造成母猫假怀孕，而常常假怀孕的母猫，已被证实容易罹患子宫蓄脓及乳房肿瘤，因此，这样的处理方式并不被正统兽医学所接受。

Q02　为什么公猫会知道哪里有母猫发情？

　　母猫在发情时除了会发出号叫声及挑逗公猫的行为，其尿中还会出现特殊成分及气味，在生物学上统称为性费洛蒙，这样的性费洛蒙可以通过空气传播好几公里远，所以附近的公猫都会闻"香"而来，希望能有机会一亲芳泽。

Q03　　配种后母猫为什么会攻击公猫?

　　公猫于交配时会咬住母猫的颈背部皮肤,这是一种固定住母猫(保定)的行为,让母猫能乖乖就范,以确保整个配种过程成功。交配的插入动作是一定会引发疼痛的,所以母猫会于交配后短暂地攻击公猫,这样的行为对于非群居性动物猫咪而言也是合情合理的,也有些人认为是因为公猫的阴茎上有倒刺的构造,所以母猫会疼痛到攻击公猫,但其实不管有没有倒刺,阴茎的插入都是一定会引发疼痛的。

Q04　　为什么公猫去势后还会有性冲动?

　　对性成熟的公猫而言,只要闻到性费洛蒙的气味或类似的气味,都有可能会引发性冲动,甚至在清理包皮部位时,也有可能引发冲动而越舔越高兴;如果公猫在未达性成熟前就进行绝育手术的话,一般而言是不会有性冲动的,但如果在性成熟后,或有交配经验后才进行绝育手术,公猫仍会保有原始的冲动反射,有的甚至会与发情母猫进行交配。但一般而言,因为缺乏相关雄性荷尔蒙的刺激,公猫会慢慢地对“性”这件事越来越没兴趣。

Q05　　为什么野外的成年公猫可能会咬死
　　　　哺乳期的小猫?

　　一般而言,母猫在哺乳期是不会发情的,大都要等到离乳后才会再进入发情期,其他公猫为了让母猫能赶快进入发情期而繁衍它自己的后代,可能会残忍地杀害哺乳期的小猫;因为母猫一旦少了小猫吸乳的刺激,就会很快地进入发情期而接受与其他公猫交配。

Q06   **公猫的第一次很重要吗？**

当然重要。如果第一次交配的感受不好，它可能这辈子都会有阴影，对于交配既期待又怕受伤害。有些粗暴的母猫在交配前后会无情地攻击公猫，如果公猫较为胆小，可能会无力招架，从此不再有"性趣"。至于粗暴的公猫，则是最佳的种猫，几乎攻无不克。如果你的公猫是属于胆小型的，那么它的第一次最好找个有经验且温驯的母猫。

Q07   **母猫没发情时可能被强迫交配吗？**

这是不可能的。因为公猫的阴茎非常短小，成功的配种必须要有母猫的完全配合，所以配种时母猫都会将臀部抬得高高的，尾巴也要偏到一边去，这样公猫才有可能插入；若不是在发情期，公猫尝试咬母猫的脖子，一定会引发母猫激烈的反击，就算公猫能粗暴地咬住母猫的脖子，母猫不抬臀、不将尾巴偏到一边去，再强的公猫也是没辙的。

PART

6

猫咪的清洁与照顾

Ⓐ 猫咪的每日清洁

　　以前人们养猫只是很单纯地为了抓老鼠，但对现代人来说，猫咪不再只是抓老鼠的工具，而是和我们生活在一起的"家人"，因此对于猫咪日常生活的照顾，我们也会特别注意。猫咪也跟人类一样需要每日清洁及护理。眼睛、耳朵、牙齿、指甲、被毛及肛门等都需要每日或定期清洁，才不容易患上疾病。

　　每日或者定期帮猫咪做全身清洁及护理，除了可以在早期发现猫咪身体出现的异常，也可以加深猫咪与你之间的情感，当然这些操作是在不会造成猫咪反感的前提下进行的！这些日常的清洁最好能在猫咪小时候就养成习惯，幼猫时期常常触摸它们、抱抱它们，比较不容易使猫咪产生排斥感。

　　定期帮猫咪清洁有很多好处，例如刷牙可以减少牙结石的累积，延后猫咪麻醉洗牙的时间；剪指甲可以避免猫咪指甲过长刺入肉垫中；梳毛可以减少换毛期的掉毛，避免猫咪因理毛而吞入过多的毛球，也可以促进皮肤的血液循环。

　　在帮猫咪做每日的定期清洁时，如果发现猫咪身体有异常，最好及早带到医院请医师检查。

Ⓑ 眼睛的居家照顾

　　健康猫咪的眼睛一般不会有分泌物，不过有时猫咪刚起床，眼角会有些褐色的分泌物，跟人一样，这些眼屎是自然形成的。有时猫咪"洗脸"没办法完全清洁干净这些眼屎，可能就需要人帮忙清洁了。

　　有时候猫咪的眼泪会让眼角的毛变成红褐色，让人误以为是它们的眼睛在流血，但其实是因为它们的眼泪中有让毛变色的成分。另外，猫咪的眼睛和鼻子之间有一条鼻泪管，眼泪会由鼻泪管排到鼻腔，但若因发炎造成鼻泪管狭窄，眼泪无法由鼻腔排出，反而会由眼角溢出，这时，用卫生纸擦拭干净即可。

　　如果是褐色的干眼屎，可以将小块棉花沾湿，轻轻擦拭。对一些容易紧张的猫咪而言，棉签反而容易刺伤眼睛，因此棉花或卸妆棉是比较好的选择。

▲　正常猫咪眼角处干的
　　褐色眼分泌物

▲　猫咪眼泪中有让毛发
　　变色的成分

眼睛清理

 Step1　将棉花（卸妆棉或小纱布均可）浸入生理盐水中沾湿。

Step2　用手轻轻地将猫咪的头往上抬，稍加施力控制头部，并轻轻抚摸猫咪脸部周围，让猫咪放松。

137

眼睛清理

Step3 由眼头至眼尾，沿着眼睛的边缘轻轻擦拭眼睑。如果有较干硬的眼分泌物（黄绿色眼分泌物），用盐水沾湿的棉花轻轻来回擦拭，使分泌物软化，而不是用蛮力将分泌物擦下来，因为那样很容易造成眼睑和眼睛周围皮肤发炎。

Step4 如果眼角有透明分泌物，可滴几滴人工泪液冲洗眼睛，将分泌物冲出，有些猫咪会害怕人工泪液，在滴之前可以先安抚猫咪，拿着人工泪液的手从猫咪的后方伸过来，比较不会让猫咪害怕。

Step5 眼睛清理干净后，滴上人工泪液或是保养用的眼药水。再用湿棉花轻轻带出多余泪液，在擦拭过程中应尽量小心，不要接触到眼球表面。

错误的清理方式

在清理猫咪的眼睛时，千万不要用手指强行把眼分泌物弄下来，因为指甲可能会刮伤眼角皮肤，造成更严重的眼疾。

C 耳朵的保健

　　健康猫咪的耳朵在没有异常（如耳螨感染、耳炎等）的情况下，不会出现太多耳垢。如果耳朵没有耳垢或臭味，不需要每天用清耳液去清理；有时候过度清理反而容易造成耳朵发炎，因此一个月清洁 1~2 次就可以了。

　　当过度潮湿或通风不良时，耳朵容易滋生霉菌和细菌，造成发炎，如外耳炎。不过猫种和个体上的差异也会影响耳朵的健康状况，例如折耳猫和卷耳猫，折耳猫因为基因突变的关系，耳朵较小且向前垂下，所以容易造成通风不良；卷耳猫的耳朵虽然是立着的，耳末端向后卷曲，但因为耳郭硬且窄，也容易造成清理上的困难，因此针对这些猫种必须更用心地照顾、清洁耳朵。

▲ 健康正常的耳朵，干净无分泌物

▲ 发炎的耳朵，有黑褐色的分泌物

外耳道清理

 Step1　准备清洁耳朵所需要的用品，包括棉花和清耳液。

Step2　右手拿清耳液，左手拇指及食指轻捏猫咪的耳郭，并将耳郭外翻。这个动作除了可以让你看清楚外耳道位置，还可以控制猫咪的头，避免清理耳朵时猫咪把清耳液甩得到处都是。

外耳道清理

确定猫咪的外耳道位置（箭头标示处为外耳道，靠近脸颊，而不是靠近耳郭）。

将足量清耳液滴入耳朵内。

左手扶着猫咪的头，右手轻轻按摩耳根部，让清耳液充分地溶解耳垢。接着，放开手，让猫咪将外耳道内多余的清耳液和耳垢甩出来。

取干净的棉花或卫生纸，将外耳道及耳郭上的清耳液及耳垢擦拭干净。

日常清理

有些猫咪虽然耳朵没有发炎，却也很容易产生耳垢。猫奴们希望猫咪的耳朵保持干净，但天天使用清耳液清洗，猫咪也会很排斥，因此可以换一种方式清理，尽量不让猫咪感觉讨厌。

先将小块棉花用清耳液沾湿。猫咪的耳垢大部分是油性的，用一般的生理盐水较难清理干净，因此可以用清耳液来清洁耳朵。

用左手的手指将猫咪的耳郭稍微外翻，右手拿着用清耳液沾湿的棉花，并固定猫咪头部。

擦拭眼睛看得到的外耳部分。耳朵里面不用刻意用棉签清理，否则容易造成猫咪耳朵受伤，耳垢也会被棉签往更里面推，且外耳道内的耳垢本来就会因猫咪摇头而被甩出来。

D 牙齿的照顾

每次帮猫咪检查牙齿时，我都会发现猫咪有牙结石或是口腔疾病，并提醒猫奴们要帮猫咪刷牙或是洗牙。这时猫奴们都会问：猫咪也需要刷牙？要怎么帮猫咪刷牙？猫咪不让我帮它刷牙怎么办？猫咪需要定期洗牙吗？其实，猫咪跟人一样，都需要定期刷牙，才能保持口腔健康。当你觉得猫咪的嘴巴有臭味，或是猫咪有流口水的状况时，就要特别注意，猫咪的口腔可能出现问题了。

一般来说，3岁以上的猫咪85%患有牙周病。牙周病是一种缓慢发生的口腔疾病，会造成牙齿周围组织发炎，是导致猫咪早期掉牙的主要原因。有牙周病的猫咪，吃硬的干饲料时会咀嚼困难，牙齿不舒服导致它们食欲下降，身体也因此逐渐变得虚弱。另外，当牙齿上有厚厚的牙结石时，一般的刷牙方式无法将牙结石清理干净，就必须带猫咪到医院麻醉洗牙了。

老猫罹患口腔疾病的概率比年轻猫咪高，因为齿垢长年堆积，会造成牙周病，也因为中高龄的老猫免疫力下降，所以容易有口炎。在有牙周病的口腔内，细菌会随着血液循环感染猫咪的心脏、肾脏和肝脏，造成这些器官的疾病。因此，居家口腔护理及定期洗牙可以预防牙周病发生，或是减缓牙周病的病程。

最好从幼猫时期就让猫咪习惯刷牙的动作，这样它才不会太排斥刷牙。一般建议每周刷牙1~2次。如果猫咪从来没刷过牙，或是讨厌刷牙，可以将牙膏或口腔清洁凝胶涂抹在牙齿上，即使猫咪会舔嘴巴，一样可以达到刷牙的效果。大部分猫咪都很讨厌刷牙，当它知道又要进行讨厌的事时，会将嘴巴紧闭，因此帮猫咪刷牙时有以下事项需要注意。

◀ 01／健康正常的牙齿
02／有牙结石及轻微发炎的牙龈

帮猫咪刷牙时要注意以下事项

让猫处在放松状态

开始刷牙前，先抚摸让猫咪舒服的地方（如脸颊和下巴），并且说话安抚猫咪。等猫咪放松之后再开始刷牙。

不要勉强按住猫咪

猫咪不愿意刷牙时，绝对不要强压住它，这个动作会让猫咪更讨厌刷牙。此外，大部分猫咪无法长时间做同样的事情，刷牙可以分几次来完成。

让猫习惯翻嘴唇动作

还没开始帮猫咪刷牙时，可以经常帮猫咪翻嘴唇，让猫咪习惯这个动作，帮猫咪刷牙时它就不会太排斥。

刷完牙后要奖励猫咪

刷完牙后要奖励猫咪，可以给猫咪它爱吃的零食点心，或是陪猫咪玩逗猫棒，让猫咪知道刷牙后会有它喜欢的事，而不至于过度排斥刷牙。

用涂抹的方式清洁牙齿   这个方法不需要辅助工具，但较适合个性稳定的猫咪。

Step1 将猫咪以侧抱方式固定。

Step2 右手食指沾一些牙膏或口腔清洁凝胶。

Step3 将沾有牙膏或清洁凝胶的手指伸入猫咪嘴角内，并将其涂抹在牙齿表面。

Step1   **用纱布和手指刷清洁牙齿**

将猫咪放在桌子上，让猫咪头朝前面，身体与猫咪的背紧密相贴，以固定猫咪的身体；或者将猫咪抱坐在腿上。先安抚猫咪，让猫咪放松。

Step2

一只手食指套上手指刷或卷上纱布，在套手指刷时尽量不让猫咪看到，以免它想逃跑。如果猫咪会用前脚拨开你的手，也可以用衣服或毛巾稍微盖住猫咪的前脚。

用纱布和手指刷清洁牙齿

先用一只手的拇指和食指轻轻扣住猫咪的头，让猫咪的头不会乱转动。

刷犬齿时，用拇指和食指将猫咪的嘴唇轻轻往上翻，让犬齿露出来。用手指套或纱布摩擦牙齿，将牙齿上的齿垢清除干净。

一开始可以在手指刷或纱布上先沾一些肉罐头的汁，或是猫咪爱吃的化毛膏，让猫咪习惯刷牙的动作，之后再沾牙膏刷牙。

后臼齿最容易堆积齿垢和牙结石，因此要仔细地清理。不需要特别将猫咪的嘴巴打开，以手指轻轻将猫咪的嘴唇往上翻，用手指套或纱布在牙齿上摩擦即可。

用牙刷清洁臼齿

有时手指较粗，比较难刷到大臼齿，可以选择猫咪专用的牙刷或者幼儿专用牙刷。牙刷刷头小、柄细长，可以刷到大臼齿，是个不错的选择。

将猫咪放在桌子上，头朝前面，身体与猫咪的背紧密相贴，以固定猫咪的身体；或者将猫咪抱坐在腿上。先安抚猫咪，让猫咪放松。若猫咪前脚会拨开你的手，也可以用衣服或毛巾盖住它的前脚。

以握铅笔的方式拿牙刷。

一只手扶着猫咪的头，拇指将猫咪的嘴角往上翻，就可以让大臼齿露出来，不用刻意将猫咪的嘴巴打开。刷牙时力道要小，太用力容易造成牙龈出血。用牙刷在牙齿和牙龈间移动，将牙齿上的齿垢刷干净。

牙刷上可以先沾一些牙膏，因为干燥的刷头容易让猫咪疼痛，或是造成牙龈受伤。（一开始可以在牙刷上沾些肉罐头的汁，或猫咪爱吃的化毛膏，让猫咪习惯刷牙的动作。）

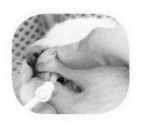

刷犬齿时，将靠近鼻子的嘴唇稍微往上翻，让犬齿露出来。

Ⓔ 鼻子的清理

　　有些猫咪鼻子上总会有黑黑的鼻屎，这些干硬的黑褐色鼻分泌物来自泪液，眼泪由眼睛流到鼻子后，干涸凝固成鼻屎。不过，这是正常的鼻分泌物，不需要太过担心。当空气变得干燥时，鼻屎更容易堆积，所以猫奴们要常帮猫咪清洁鼻子。另外，有些猫咪的鼻子容易堆积污垢，需要每日清洁，特别是波斯、异短这类扁鼻的猫咪。

日常清理

Step1　先将棉花或棉签用生理盐水沾湿。把猫咪放在膝盖上，横着抱，抓住前脚，固定身体。

Step2　取沾湿的棉花，从鼻孔边缘朝外侧轻轻擦拭。擦拭时，猫咪会因为接触到湿棉花变得紧张，因此要注意安抚猫咪情绪。

✕　严重鼻脓沾在鼻子上时，要先用盐水将鼻分泌物沾湿，不要用手将分泌物硬剥下来，否则容易使鼻子受伤。

F 下巴的清理

　　猫咪进食后容易将残留物留在下巴上，但它们清理身体时，无法清理到自己的下巴，因此需要主人帮忙。此外，下巴的皮脂分泌旺盛时，有可能会引起粉刺；在清理下巴也无法改善粉刺的状况，造成下巴发炎恶化时，建议将猫咪带到动物医院诊治。

▶ 01／将棉花用温水或生理盐水沾湿，顺着下巴毛的生长方向擦拭，将残留在下巴上的食物残渣或粉刺轻轻擦掉

02／若是长毛猫，可以先用毛巾擦拭，再用蚤梳轻轻地将残留物梳理掉

01

02

G 被毛及皮肤的照顾

　　猫咪是爱干净的动物，吃完饭后它们总是会清理自己的身体及梳理被毛。在梳理被毛的过程中，猫咪会舔入很多毛。吃下去的毛在胃中结成球状，会导致毛球症，因此猫咪经常吐毛球。

　　春秋二季是猫咪的换毛期，此时掉毛量会增加很多，为了预防毛球症，建议主人定期帮猫咪梳毛，将脱落的毛梳掉；梳理过程中也可以顺便检查猫咪的皮肤，皮肤有异常状况时便可及早发现，到院治疗。

选择适合的梳毛工具

　　短毛猫较常使用橡胶制或者硅制的梳子；长毛猫一般使用排梳或者柄梳来梳理，尤其是在毛发容易纠结的位置，可以将打结的毛梳开；而毛量丰富的猫（如美国短毛猫）则可使用针梳。不过，第一次帮猫咪梳毛的猫奴不建议使用针梳，因为针梳较尖锐，若使用的力道控制不得当，反而容易刮伤猫咪的皮肤，并且会让猫咪因疼痛而对梳毛留下不好的印象。

梳毛三大秘诀

 Step1

　　梳毛前，必须先让猫咪放松，最好是在猫咪心情好的时候梳毛，不要在它玩耍的时候梳毛，因为此时猫咪情绪较亢奋，会误以为你在跟它玩，反而更不容易梳毛。此外，梳毛时不要太强迫猫咪，不要让它感觉到不悦，否则之后的梳毛将会很难进行。

 Step2

　　讨厌梳毛的猫咪，很有可能是因为之前的经验让它觉得不舒服，所以排斥梳毛的动作。建议选择适合猫咪的梳子，并且让它慢慢地习惯梳毛的动作。

Step3

　　有些猫咪不喜欢梳毛，或是对梳毛没耐心，可能就必须分几个部位，或是分几次来完成，最好在猫咪感到不耐烦前完成梳毛的动作。

▲ 01／梳毛的工具，从左至右是针梳、排梳、蚤梳、柄梳和直排梳　02／如果家中有两只以上的猫咪，可以为每只猫咪准备专属的梳子，不但可以保持良好的卫生习惯，也可以避免猫咪之间交叉感染皮肤病　03／用握铅笔的方式拿针梳，以手腕施力，不易造成对手腕关节的伤害。梳理时，力道不要太大，以免伤害到猫咪的皮肤，或造成它们疼痛

短毛猫梳毛

　　建议使用柔软的橡胶和硅材质做成的橡胶梳，较不会伤害猫咪皮肤，还可以有效地将脱落的毛梳理掉。

Step1

　　为了让猫咪全身放松，可先抚摸它的身体，特别是它们喜欢被抚摸的地方，如下巴和脸颊。当猫咪因为被抚摸而感到高兴时，它的喉咙会发出呼噜声，身体也会跟着放松，此时梳毛就会比较容易。

Step2

　　从背面开始，顺着毛的生长方向，由颈部往臀部梳理。如果担心静电问题，可以先在猫咪身上均匀地喷一些水，以减少静电产生。拿着梳子轻轻地帮猫咪梳毛，太过用力除了会让猫咪不舒服，也会造成皮肤受伤。

Step3

　　梳理头部正面时，由脸颊往颈部梳，此外，下巴容易有粉刺或食物残渣，也可用梳子梳理干净。

Step4　梳理头部背面时，由头顶往颈部方向梳理。另外，有些猫咪在梳理过程中会扭动，所以要特别注意，避免伤害到猫咪的眼睛。

Step5　将猫咪抱起，使其呈人的坐姿，由胸部往肚子的方向梳理肚子的毛。因为大部分猫咪的肚子是较敏感的部位，因此要轻且快速地将肚子的毛梳完。

Step6　让猫咪呈侧躺姿势，轻轻抬起它的前脚，由腋下往下梳理腹侧的毛。（让猫咪靠在自己的身体上，会比较容易进行。）

Step7　最后，可以将手沾湿，或是用拧干的湿毛巾擦拭猫咪全身，将多余的毛去除掉。

长毛猫梳毛

梳毛可以保持毛的蓬松。为了不让长毛猫患上毛球症，最好是每日梳理毛；到了春秋二季换毛期时，更要每日梳毛数次。长毛猫毛发最容易纠结的地方为耳后、腋下、大腿内侧等处，要特别梳理。

Step1

安抚猫咪，让它全身放松再开始梳毛。冬天容易产生静电，可以先在猫咪的毛上喷一些水，防止静电产生。

Step2

顺着毛生长的方向，梳理颈背部的毛。大部分的猫比较喜欢梳理背部的毛，不过有些猫在梳理到臀部的毛时会比较敏感，因此在梳毛时要加以注意。

Step3 接着，由臀部往颈背部逆毛梳理。猫咪的皮肤比较脆弱，所以进行此步骤时要特别小心，不要将它的皮肤弄伤了。另外，如果梳下的毛量过多，可以先将梳子上的毛理掉，再重新从臀部逆毛梳理。

Step4 梳理头部和脸周的毛时要小心，由脸颊往颈部的方向梳理。因为脸颊近耳朵部位的毛容易纠结，因此要特别留意，将纠结的毛球梳开，以免造成皮肤发炎。

Step5 梳理下巴的毛时，用一只手扶着猫咪的下巴，梳子由下巴往胸部梳理。长毛猫因为毛较长，吃东西或是喝水时都容易沾到，造成打结；当有东西黏附时，可以先将毛巾沾湿，将脏东西擦掉后，再将打结的毛梳开。

Step6 梳理前脚。一只手将前脚轻轻抬起，由肘部往脚掌方向梳理。（将前脚抬起，比较容易快速梳理完。）

Step7 梳理后脚。可先由大腿开始，再往脚跟部梳理。梳理大腿的毛时可以让猫咪侧躺，一只手扶着猫咪的脚来进行。

Step8

梳理肚子的毛。将猫咪抱放在腿上，肚子朝上；由胸部往肚子的方向梳。肚子是猫咪非常敏感的部位，所以要特别注意，当猫咪表现出不喜欢时，先暂停动作，安抚猫咪，不要太强迫它。

梳理腋下时，可以用排梳。让猫咪侧躺，并用一只手抓住猫咪的一只前脚，由腋下往胸部方向梳。

梳理大腿内侧。让猫咪侧躺并用一只手抓住猫咪的一只后脚，由脚往肚子方向梳。

梳理耳后。耳后也是毛容易打结的地方，尤其是在耳朵发炎或是皮肤发炎时，猫咪会因痒而搔抓耳后，造成毛发纠结。梳理打结处，最好以手抓住毛根处，再将结慢慢梳开，较不易造成猫咪疼痛。

尾巴的毛有时也容易打结，尤其是近肛门处。很多猫咪有公猫尾的问题，尾巴的腺体会分泌大量的皮脂，除了容易让皮肤发炎，也会造成毛打结。有打结状况时，要慢慢梳开，硬拉扯会使猫咪的皮肤受伤。

最后，梳理并检查全身。在换毛期每日至少梳毛一次，保持毛的柔顺。

H 指甲的修剪

　　猫咪抓家具或猫抓板，是为了将自己的爪子磨得尖锐，并且留下自己的气味。不过，饲养在家中的猫咪可以定期修剪指甲，因为指甲过长容易嵌入肉垫中，造成肉垫发炎及跛脚。若指甲钩到东西，猫咪因紧张而过度拉扯，会造成指甲脱鞘；轻微的脱鞘会引起指甲发炎，严重的脱鞘则需要做去爪手术。不过，大部分的猫咪对于触摸脚是很敏感的，而且在剪指甲时也会很躁动，因此最好在幼猫时期就让猫咪习惯摸脚及剪指甲的动作。

　　猫咪的爪子基本上是半透明的，因此可以看到里面有粉红色的血管。不过在 10 岁之后有些猫咪的爪子会变得较白浊，主要是因为体力变差，磨爪子的次数减少，所以旧的角质层不会脱落，指甲就越来越厚。

　　爪子的生长速度会根据猫咪的个体差异而有所不同，一般是半个月到一个月剪一次指甲最为理想，剪指甲时也可以顺便帮猫咪的脚做个检查。

▲ 01／指甲过长，嵌入肉垫中
02／指甲断裂（指甲脱鞘）

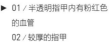

▶ 01／半透明指甲内有粉红色
　　的血管
02／较厚的指甲

修剪指甲

　　修剪指甲时，选择小支、好握的猫用指甲刀较合适。因为人类用的指甲刀有时会发出较大的声音，可能会吓到猫咪，以后要剪猫咪的指甲就会比较困难了。

Step1

　　大部分猫咪都不喜欢剪指甲，所以在剪指甲前要先安抚猫咪，不要让猫咪将剪指甲与不愉快联系到一起。如果猫咪很抗拒，那就别勉强猫咪，改天再剪。

Step2

　　因为猫咪的指甲是缩在脚掌内的，所以在剪指甲前要先将脚固定好，并将指甲往外推出。

Step3

　　用拇指和食指将猫咪的指甲往外推，并固定好，避免猫咪缩回，确认要剪的长度。

Step4

　　注意剪的位置，看清楚血管长度，要剪在血管前面；如果把指甲剪得太短，容易血流不止。

Step5

　　后脚指甲长度通常比前脚短，因此剪时要特别注意，剪太多容易造成猫咪指甲流血。

POINT

如果猫咪一直扭动，不让你剪指甲，也可以请另一个人来帮忙。一个人负责剪指甲，另一个人则负责安抚猫咪，分散它的注意力。

153

Ⅰ 肛门腺的护理

　　猫咪有一个类似臭鼬臭腺的器官，叫作肛门腺。肛门腺的开口位于肛门开口下方 4 点钟和 8 点钟方位，所以在外观上看不见肛门腺。当猫咪紧张时，肛门腺会分泌一些很难闻的分泌物，代表着某种防卫的功能。

　　有些饲养在家里的猫咪可能过得比较安逸，肛门腺较少排出分泌物，因此也造成了肛门腺炎的问题。很多主人经常会问，该怎么帮猫咪挤肛门腺？帮猫咪挤肛门腺可不是件容易的事！猫咪在被挤肛门腺时，总会气得喵喵叫，甚至会毫不客气地咬你一口，因此如果猫咪的个性不是非常乖巧温顺，或是没有做好万全准备，千万别自己帮猫咪挤肛门腺。

Step1　大部分猫咪很讨厌挤肛门腺的动作，因此在帮猫咪挤肛门腺时，需要有一个人在前面固定猫咪的上半身并且安抚它，以免猫咪乱动，另一个人则在猫咪的后方准备挤肛门腺。

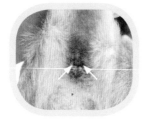

Step2　在肛门两侧有两个小孔，是肛门腺的开口，肛门腺位于肛门的4点钟和8点钟方位。

Step3　将猫咪的尾巴往上举高，拇指和食指放在肛门腺的位置。如果肛门腺的分泌物是满的，会摸到两颗绿豆大小的肛门腺。

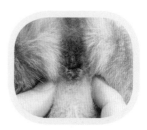

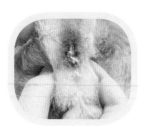

Step4　轻轻挤压肛门腺，肛门腺内的液体就会喷出。正常肛门腺分泌是液体状，但如果分泌物在肛门腺内堆积过久会形成膏状。所以在挤肛门腺时，用卫生纸稍微遮住肛门，以免被挤出的分泌物喷到（肛门腺分泌物的味道是很可怕的），最后再用卫生纸将肛门周围的分泌物擦干净即可。

猫咪的行为问题

Ⓐ 猫咪厕所学问大

　　很多人都认为猫咪会在猫砂盆内上厕所是天经地义的事，因此对于猫砂盆、猫砂及摆放位置的选择都不会加以思索，一旦发现猫咪居然不在猫砂盆内上厕所，主人总会非常震惊、愤怒或百思不得其解 —— 假如我们能对猫咪的排泄行为多一分了解，并多花点心思，便能避免大部分的猫咪排泄问题。

　　首先，我们必须知道猫咪使用猫砂盆并不是什么神奇的事情，它们远古的野生祖先在自己的领地内排泄后，就会用一些松软的物质（如土和砂）来掩埋粪便及尿液，这种排泄后掩埋的行为在生物学中尚未能解释，只能确认可以减少疾病传染，以及不让猎物或狩猎者发现猫咪的行踪。

　　由此可知，人们如果想把猫咪饲养在室内，必须提供一个小区域（猫砂盆），并在此放置一些松软的物质（猫砂）供其排泄，幸好大部分猫咪都会使用这些人们准备的替代物。

猫咪的排泄行为

　　有关猫咪排泄行为的科学知识相当有限，科学家们也开始着手研究，相关的研究成果有助于我们解决或预防猫咪的排泄问题。

　　现在，我们已确知小猫天生就会在松软的物质上排泄，这种行为通常出现在 3 ~ 4 周龄，此时小猫已能随意控制排泄，它们无须从母亲或其他猫咪那里学习这种行为，即使是从未接触过其他猫咪的人工哺育幼猫，也能完成这些标准的排泄动作。

　　进行标准的排泄动作前，猫咪会先闻一下这个区域，然后用前爪抓扒表面，好像在挖洞一般，然后猫咪会转过身来采取蹲姿，并在先前抓扒的表面排尿或排便，之后又会转过身来闻一下排泄的区域，然后再一次以前爪抓扒表面，像要将排泄物掩埋，有些猫咪在离开之前会重复嗅闻和抓扒的动作一次以上。

　　不同猫咪的抓扒动作存在极大差异，有的只是意思意思挥一两下前爪，根本没有真的将排泄物掩埋，有的则是很努力地拼命掩埋，好像在建筑沙堡一样。除非有某些地方发生了错误，如生病或对排泄的表面或区域有厌恶感而急着逃之夭夭，否则都属于正常的个体差异。

影响排泄行为的因素

　　猫咪对于排泄地点的选择取决于几个重要的因素，它们最重视的是表面结构。一项最新的研究指出，猫咪最喜欢细粒砂状的表面（如市售可凝结的细砂状猫砂），而颗粒越粗糙的材质猫咪越不喜欢。该研究指出，猫咪不喜欢灰尘多及气味重的猫砂。

　　猫砂盆的形态可能占据重要的地位，虽然没有相关的研究报告，但很多动物行为专家已有一些选择上的建议：猫砂盆必须够大，并且适合猫咪的排泄行为。猫咪在排泄前会有一连串的动作，包括嗅闻、选择适当位置、转身及抓扒，因此体形大的猫必须有较大的猫砂盆，才能顺利完成这一连串动作，毕竟上厕所应该是一件很轻松愉快的事情，太拥挤的空间会使猫咪显得相当急躁。有的猫喜欢隐秘的猫砂盆（有屋顶的猫砂盆），有的则喜欢视野开阔的猫砂盆；有的猫砂盆会附带边沿，以防止猫砂被拨出来，有的猫很喜欢，有的猫则非常讨厌。

　　气味是另一个重要因素，淡淡的尿骚味会吸引猫咪重复回到此处排泄，但是很重的尿骚味则会引起猫咪的嫌恶（比如很久没有清理的猫砂盆）。

猫砂盆的位置也是相当重要的因素，最好远离进食、饮水、游戏及休息的地点，最好是可以轻松到达的地方，又稍具隐秘性，并避开人们时常走动的通道，但也不可放置在地下室或阁楼的阴暗角落。猫咪通常不会喜欢黑暗、寒冷或酷热的区域，或一些嘈杂的大型家电（如中央空调机、洗衣机、干衣机等）附近。另外，猫咪也较喜欢开阔的空间，让它在受到狗或其他猫咪攻击时，能够轻易逃脱。

排泄问题的预防

如果你刚带一只新猫回家，最好能采用它之前使用的猫砂牌子及猫砂盆，因为大部分猫咪并不喜欢改变，千万不要因为某个牌子的猫砂在做特价而更换，最好就固定使用某个牌子，除非你或猫咪有什么问题或困扰。

猫砂盆最好固定放在某个地方，不要任意变换。如果你真的无法知道它先前所使用的猫砂牌子，就先采用颗粒细小且无气味的猫砂，并且不要在猫砂盆附近摆放任何除臭剂或芳香剂。

家里有几只猫就应该准备几个猫砂盆，并确认能给予体形最大的猫咪足够的上厕所空间，让猫咪在任何时候都有猫砂盆可以使用，如果猫砂盆加上边或顶盖后显得相当拥挤，应舍弃不用。

猫砂盆应放置于易到达且隐秘的区域，要温暖而不能太暗，并远离食物、饮水及猫窝。如果你家是多层的房屋，最好在每层楼都放置猫砂盆，否则可能较易出现排泄行为问题。请将猫砂盆放置于安静、开阔的区域，使猫咪不必为噪声和怕被袭击而提心吊胆。

每天至少清理一次猫砂盆。如果使用的是无法凝结尿液的猫砂，就必须每3～4天将整盆猫砂换掉，并用清洁剂清洗猫砂盆；使用频繁时，更需勤加换洗。若使用可凝结尿液的猫砂，每次将团块清除后应再添加猫砂，即使在小心使用的状况下，一段时间后猫砂也会发出臭味，所以每3～4周应将猫砂全部更新，并清洗猫砂盆。

幼猫和新猫对猫砂盆的使用并不需要加以训练，有些人会将猫咪放在猫砂盆里，强迫猫咪挥动前爪去触碰猫砂，这是相当不明智的行为，可能会使猫咪对这个猫砂盆产生恐惧感而不敢使用；其实只需要让猫咪知道猫砂盆的位置就可以了，并且遵照上面所提及的注意事项。

不时观察猫咪使用猫砂盆的状况，看它的排泄行为是否正常，排泄时是否出现困难或疼痛的症状；观察猫砂盆是否太小，猫咪是否很难到达猫砂盆的位置，或猫砂盆、猫砂是否有不适合的现象（如猫咪在猫砂盆内没有抓扒动作，排泄后飞快逃跑，排泄时前脚站在猫砂盆边缘，而不肯站在猫砂盆内）。

解决之道

如果你的猫咪不常使用猫砂盆，该怎么办呢？排泄的问题可能由许多原因引起的，有可能是疾病或药物并发症所引起的，其中泌尿道感染及胃肠道疾病是最常见的。如果是因为药物并发症，猫咪可能在外观或行动上没有任何疾病的征兆，若未加以治疗，只进行其他方面的调整不太可能改善。因此在出现排泄问题时，应该先找兽医师进行生理检查及测试，以便找出原因，才能让猫咪得到适当的处理或治疗。

另外，猫咪也会有所谓的"喷尿"行为，这种行为的本质与排泄无关，并不是为了排空膀胱内的尿液，而是一种划分领地的行为，在发情期或不安恐惧时会较为严重。猫咪会采取站立的姿势，高举尾巴，并将少量的尿液喷洒在垂直的物体上，但应将其与猫咪异常行为有所区别。

如果兽医师已确定你家的猫咪出现了排泄问题，身为主人的你要如何解决呢？动物行为专家已指出一些要点，可以让我们加以参考：包括对猫砂盆位置的偏好、对表面结构的偏好、对猫砂的偏好，以及与恐惧相关的问题。并没有任何科学研究可以证明猫咪在猫砂盆以外的地方排泄是想要报复或刺激主人，下文我们就来讨论一些可能的解决之道。

1　对猫砂盆位置的偏好：

　　如果猫咪在猫砂盆以外的区域排泄，而且根本就不在乎这些区域的表面结构，通常会局限在一两个区域，这些区域可能就是先前曾经放置猫砂盆的地方，或者因为这些区域较易到达、具隐秘性且易于脱逃，所以较受猫咪的喜爱。你可以将到达途径加以阻隔，猫咪可能会再回到猫砂盆内排泄。

　　将猫砂盆移至猫咪喜欢的地方，如果猫咪就因此肯在猫砂盆内排泄，就表示是单纯的位置偏好问题。如果猫咪仍然不肯使用猫砂盆，必然有其他因素存在。如果猫咪喜欢的位置真的不适合永久摆放猫砂盆，最好逐渐将其移动到你可以接受的位置，有时主人与猫咪是需要好好协商一番的。

2　对排泄表面的偏好：

　　猫咪可能会挑选一些具有相同表面结构的区域来进行排泄，大部分会挑选柔软的表面（如地毯、换洗衣物或床铺等），有些则会挑选光滑的表面（如浴缸、洗手池、瓷砖等）。

　　解决的方法就是将猫砂更换成类似它所喜欢的材质，例如喜欢柔软表面的猫咪就应该给予细颗粒且可凝结的猫砂，喜欢光滑表面的猫咪就应该给予铺上报纸或蜡纸的空盆，或只撒薄薄一层猫砂于猫砂盆中；有时也可直接将它喜欢的材质直接铺在猫砂盆内，但应该让它们不能接近其他放有相同材质物品的区域。

3　对猫砂或猫砂盆的偏好：

　　猫咪如果不喜欢猫砂盆，除了在猫砂盆外的区域排泄，它可能会继续使用猫砂盆，但会避免四只脚都站在猫砂盆内，会将前脚站在猫砂盆边缘处，且通常对排泄物不加掩埋，也可能在离开猫砂盆后一直甩脚。当猫咪不喜欢猫砂盆及猫砂时，通常会在紧邻猫砂盆的地方排泄，即使将猫砂盆移至它排泄的地方，它也不会使用，甚至将它与猫砂盆关在一起，它也可能不会使用。

　　当猫咪对于猫砂产生厌恶时，可以采用"对表面结构的偏好"这段的建议来改善。至于其他方面的偏好，则必须针对原因加以解决，有可能包括：太厚或太薄的猫砂、太脏的猫砂盆、缺少逃脱的路线、缺乏隐秘性、太嘈杂或有巨响、到猫砂盆时需经过令猫咪不悦的地方，或在猫砂盆中曾有过可怕或痛苦的经历。

4　和恐惧相关的问题：

　　在这种状况下，猫咪不使用猫砂盆的原因，不是因为害怕到达猫砂盆就是害怕待在猫砂盆内，主要的问题是猫咪产生了恐惧心理，与猫砂盆本身的形式或特性无关。

　　猫咪在到达新环境时，会显得相当恐惧，可能会在猫砂盆以外更隐秘的地方排泄；或者有些主人在发现猫咪的排泄物后，会将猫咪带至排泄物处加以惩罚，并把猫放回猫砂盆内；如果猫咪被屋内其他猫咪所恫吓，也可能会躲藏起来一段时间。

　　恐惧的行为表现出一种潜在问题，必须对恐惧的原因加以确认，并给予适当的行为治疗，方法与治疗遗尿及攻击行为相同。

　　就如同前面所提及的，猫咪排泄的问题有大有小，越简单的问题越容易处理、越快得到改善，且由主人自行处理即可；而复杂且多样的问题，恐怕就得多花一点精力、时间或金钱才能解决。一般而言，早期发现早期调整，容易成功解决；一旦问题拖久了，通常就很难处理了。所以，主人必须定期、仔细观察猫咪的排泄行为，一旦发现了异常，应立即与你的兽医师联系。

Ⓑ 公猫喷尿

　　爱猫人难免会有这样的伤痛 —— 自己心爱的公猫（有蛋蛋的）居然破坏了"住户公约"，东喷一点尿、西喷一点尿，不仅味道非常重，颜色通常还很黄，整个环境都充满了浓浓的尿骚味，而且不论你怎样生气或斥责，甚至把它抓来毒打一顿，它也不当一回事，反而会更严重地到处喷尿。桌脚、椅脚、墙壁、门，甚至你的脚也未能幸免，最后你终于崩溃了，到处求救无门，只好终日与尿骚味为伍，日子久了，你也不在意尿骚味了……

喷尿的意义

　　喷尿通常只会发生于未绝育的公猫，喷尿时猫咪采用站姿，尾巴会高高竖起抖动，接着就将少许尿液喷到垂直物的表面，例如桌脚、椅脚、墙面等。主人总是不明白，给了它最好的猫砂盆、最贵的猫砂，每天固定当猫奴帮它刷洗厕所、把屎把尿，为什么猫咪还要到处尿尿？而且大多数都是尿几滴、喷几滴？

　　其实，猫咪是领地意识很强的动物，它们会划定自己的地盘，并且每天固定去巡视地盘，看看有没有入侵者闯入。猫咪到底如何划定地盘呢？猫咪的脖子两侧有一种特殊腺体，会分泌出特定的气味，而且每只猫咪都分辨得出自己的气味与别的猫咪的气味的差别，所以猫咪常会用脖子磨蹭垂直的东西，如沙发、桌脚、椅脚、墙边、门框、主人的脚等，将自己特有的气味沾附在这些东西上，作为对地盘的确认与识别。它们每天的固定功课就是到处去闻一下自己的气味是否还存在，如果气味有减退，或被其他气味所遮盖，就会用脖子再去来回磨蹭一番，然后再闻一下，确认气味强度。

　　一旦环境中有新的人或事物进入，带进新的气味，破坏了地盘气味的完整性，猫咪就会有不安的感觉，一旦用脖子磨蹭也无法确认地盘，它就会下狠招，喷几滴尿。每只猫的尿液都有特殊的气味，也可用来作为划地盘的确认标志，于是猫咪就会到处喷尿，让整个环境充满它的尿骚味，于是它收复失地的伟大事业就宣告完成，爽哉！

　　另外一种状况是猫咪的心理状态。猫咪自己的气味会让自己觉得心安，所以一旦猫咪的心理受到创伤或挫折时，就会寻求气味上的慰藉。像是被主人痛扁了一顿、抓猎物失败、环境中事物变动太大、主人不再关心疼爱、新来的猫咪争宠、闻到外来发情母猫气味却无法交配……都会造成公猫的不安，于是就用气味安慰自己受伤的心灵，东喷一点尿，西喷一点尿，爽耶！

◀ 公猫发情时的喷尿行为

不安原因的寻找

主人总是会说：不可能啦！我对它很好啊！没有啥变动啊？不可能有挫折啦！不安？我看它好得很啊！它跟新猫很合得来啊！不可能因为新猫来才乱尿尿啦！

台湾的饲主通常是很有主观意识的，坚持三不政策——不探讨、不承认、不合作。所以我每次问诊都是一肚子火，问了也是白问，仿佛大家都把兽医当神仙，打个针就可以改善一切，只要是要麻烦到我（饲主）的，一律不接受、不相信。

每当有这样的客户带猫来求诊时，我总是一样的说辞：乱喷尿是不安造成的，至于不安的原因，就要靠你们自己找出来并改善了，但我相信你们是不可能找得出来的，所以解决乱喷尿的方法就是把猫关入"大牢"，不然就是吃药改善啰！最后就是考虑把蛋蛋拿掉。

不过说实在的，想要不关猫、不吃药、不拿蛋蛋，这就有赖主人们细心地去探讨研究，看看是否有新的人或事物进到猫咪的领地中？你对它的态度及你们的相处方式是否有改变？针对不安的原因加以改善，才是根本。

▲ 公猫在发情时，会到处喷尿

性冲动

理论上喷尿是公猫的专利，而且是未绝育的公猫。一旦到了母猫发情的季节，母猫的性费洛蒙会传送好几公里远，所以就算家中没有母猫发情，家里的公猫也会蠢蠢欲动，每天呼喊、企盼着"朱丽叶"的到来，但可能吗？当然是不可能啰！你或许会想帮它找个"一夜情"，但这事会让它越来越上瘾，永远止不住。所以公猫就会处在一种极度不安的状况下，非常想要逃出去发泄一下，于是很多公猫就会到处喷尿来寻求精神上的慰藉，因此绝育手术或许是解决公猫喷尿的最佳方式。

新的入侵者

很多饲主都会以拟人化的想法揣摩猫咪的心思，认为猫咪自己在家会很孤单，自己又有一堆借口不陪猫咪，而为了减轻自己的罪恶感，就会突发奇想多抱一只猫咪回家，来陪伴原来的猫咪。

我不知道这样的比喻好不好，这就像一个事业繁忙的老公怕自己心爱的老婆在家里会无聊孤单，于是决定再娶一个小老婆来陪他的大老婆——听起来是有点荒谬吧！但很多时候就是如此。

▲ 新的入侵者可能会造成猫咪的不安，引发乱尿的行为

猫咪是领地意识很强的动物，要它跟别的猫分享地盘实在有点残忍，要它跟别的猫分享主人的宠爱，也会造成它心理上的创伤。或许表面上它不会表现出不悦及不安，但本能却可能驱使它到处喷尿，来一再确认自己的地盘及让自己心安。

新的入侵者当然不单是指猫咪而已，新来的狗狗、新来的家庭成员、新来的室友、新的家具、新的被单或床单，都可能会造成猫咪的不安。

新的入侵者可能会造成猫咪的不安，引发乱尿的行为。

惩罚

很多猫奴第一次发现猫咪乱喷尿时，会气得把它抓来痛扁一顿，有的还会把猫咪抓到喷尿的地方当面训斥及惩罚。其实，这样的方式不但没用，还会使猫咪更加不安，更需要到处喷尿以纾解内心的不安。

猫奴遇到这样的状况时，应该要对猫咪更好、与它互动更密切，千万别加以惩罚，否则猫咪喷尿的状况会更严重的。请记得忍住心头怒火，小不忍则乱大谋哦！

短期隔离

　　如果不安的原因实在找不出来，也不想拿掉蛋蛋，或者就算找出原因也无法改善，（总不能把刚娶回来的老婆或新生的婴儿赶出家门吧！）最简单的方法就是把猫咪关在猫笼内了。这样的方法当然很消极，对猫很不公平，但如果要在短时间平息众怒（家人的抱怨），也只有暂时如此了。之后再把猫咪放出来观察看看，也要利用这段时间好好回想一下可能造成它不安的原因。

行为治疗剂

　　其实有不少药物可以缓解猫咪不安的情绪，就是人医所谓的"抗抑郁药"或"精神安定药物"，可以在兽医师的指导下让猫咪服用几个月，然后逐渐停药，再观察它是否还会继续喷尿。

Ⓒ 攻击行为

　　当你在沙发上抱着并抚摸着发出呼噜呼噜声的心爱猫咪，就如同以往每个安详的夜晚一般，你的手开始触及它的小肚肚时，猫咪转过身来，脚爪一张一缩地享受此刻的满足，然后它又以迅雷不及掩耳之势抱住你的手臂，除了用后脚用力踢击，还狠咬你的手臂 —— 在你回过神、感到疼痛时，猫咪早已逃之夭夭！到底发生了什么事？是什么东西让原本甜蜜的相处变成"杀戮"的战场呢？

　　相信很多猫奴对于这样的场景早就不陌生了，因为这样的攻击行为并不少见，似乎永远上演着，永远不落幕，也是国外猫咪行为咨询师第二常见的求诊原因。

　　对很多猫奴而言，这样的突发性攻击行为是一个让人沮丧且害怕的问题，正所谓"伴君如伴虎"，猫咪就像一个恐怖情人一般不可预测、说翻脸就翻脸，而这样的"家暴"问题也常常导致疼痛甚至造成伤害。除去心理伤害不说，也可能会因此造成猫抓热或细菌感染，不能等闲视之。

　　虽然猫奴总说猫咪是突然发动攻击的，但其实在攻击发动前一定会有些细微的身体姿势变化，而这些细微的变化，正是预示攻击行为即将启动的线索，也是猫奴必须注意的"防空警报"。

◀ 有些猫咪常会在被抚摸
　后，突然抱着主人的手
　啃咬

攻击行为前兆

1 防御姿势：

猫摆出防御姿势，目的在于让自己看起来更小，并使自己处在一种武装保护状态，这些姿势包括蹲伏、飞机耳（两侧耳朵下压，与头顶呈一条直线，正面看上去就像飞机机翼一般，俗称"飞机耳"或"开飞机"）、想要逃离、发出嘶嘶的恐吓声、使出连环猫拳、炸毛或埋头躲藏。

摆出防御姿势的猫咪通常是对一种状态感到恐惧或不安，这种状态或许很明显（当然你也可能毫无察觉），即使你不是导致它不安或恐惧的原因，却可能成为这种基于恐惧产生的攻击行为的受害者。

▲ 当猫咪觉得受到威胁时，会让自己看起来很小，并发出嘶嘶的恐吓声

2 攻击姿势：

猫摆出进攻姿势，目的在于让自己看起来更大、更令人生畏，这些姿势包括踮脚且腿部僵直、炸毛、向你移动、紧盯着你、耳朵直立、发出咆哮声及尾巴僵直（尾巴通常也会"炸毛"，意思是尾巴毛也立起来，使其看起来更大更蓬松）。

▲ 右侧的猫咪准备进攻，摆出让自己显得很大的姿势

在任何一种状况下，你都应该避免与做出这些姿势的猫咪进行互动，因为它们正处在发动攻击行为的边缘。处在攻击状态下的猫咪，可以以惊人的速度移动并进行攻击，在尖牙利嘴及四个锋利脚爪的配合下，很快就会造成严重伤害。

产生攻击行为的原因

　　猫的攻击行为可区分成许多类别，请详细了解事情的来龙去脉，要知道发生攻击行为前发生了什么事，关键的线索就在其中。

1　恐惧型：

　　恐惧型攻击行为，是在猫咪感知自己无法逃脱威胁的当下所引发的攻击行为。这可能是它从以往的生活经验中学习到的，但当下你可能无法确认它是否害怕。

▲ 猫咪感到恐惧时会引发攻击行为

2　病痛型：

　　病痛型攻击行为也是常见的原因，因为突发的病痛而引发突发的攻击行为，特别是老猫或那些平常温文尔雅的猫咪。如在出现关节炎、齿科疾病、创伤及感染的状况下，当疼痛区域被碰触，或猫咪预期疼痛区域将被碰触时，就可能会发动攻击。

　　除疼痛外，猫咪老化后认知能力下降、正常的感觉输入丧失或神经系统发生问题，都可能导致攻击行为。

▲ 当猫咪察觉地盘被侵略时，就会引发攻击行为

3　领地型：

　　当猫察觉自己的地盘被侵略时，就可能会引发领地型攻击行为。虽然这类攻击行为的对象通常是其他猫，但人类及其他动物也可能成为攻击对象，例如陌生人来访或新的宠物被带回家时，就可能引发攻击行为。

4　抚摸型：

　　喜欢被抚摸的猫咪突然改变心意而发生攻击
行为，就属于抚摸型攻击行为。这种一直重复动
作的抚摸，摸久了就会从让猫愉快变成令猫不爽
的刺激行为。

▶ 很多猫咪在被开心地抚摸时，会突然转过身攻击你的手

▲ 转向型攻击行为无法预测，且十分危险

5　转向型：

　　转向型攻击行为是最无法预测且
最危险的一种攻击行为。在这种状况
下，户外的其他动物（例如在猫咪眼
前跑来跑去却无法捕猎的老鼠）、突
发的尖锐噪声，或令猫作呕的难闻气
味，会使猫咪处在一种随时都可能爆
发的高峰状态，虽然你此时没有犯任
何错误，仅仅只是路过而已，却会无
端成为它最后爆发的"出气筒"。

应对方式

　　在你没有明显的挑衅行为的情况下，猫咪却出现这些攻击型行为，首先你必须
带猫咪去拜访兽医师，进行完整的检查，来确认猫咪是否有任何病痛足以引发攻击
行为。如果兽医师确认猫咪是健康的，会考虑转诊至有动物行为治疗门诊的动物医
院，以确认到底是什么原因启动了攻击行为，并会给你居家行为治疗的建议。

　　在许多状况下，只要注意攻击行为前的细微前兆，就能让你在攻击行为发动前
抽身离开；虽然你可能找不到猫咪焦虑的原因（即使知道也可能无法随时随地控制
或改善这些原因），但称职的猫奴往往可以提供让猫咪冷静放松的舒适空间，让它没
有机会去伤害任何人或动物。在耐心及仔细观察前兆的基础上，大部分猫咪很快又
能融入正常的居家生活中。

D 磨爪

　　猫咪把你最喜欢的沙发或最昂贵的音箱拿来练爪，并不是存心想要毁了这些东西，而是希望通过"磨爪"来满足它的某些需求。

　　磨爪是一种标记行为（就像有蛋蛋的公猫喷尿做记号一样），将猫脚掌上的特殊腺体所产生的气味标记在自己的领地内，同时将指甲磨短，以免妨碍行走。而留下来的抓痕及指甲碎屑，也可能有助于猫咪建立自信心。

　　因为磨爪是一种天生的正常行为，因此很难完全制止，但猫奴可以引导猫咪在适当的东西上磨爪（例如猫抓板），以下三种策略可帮你规范猫的磨爪行为。

识别磨爪偏好

　　要了解你的猫喜欢抓什么，就必须仔细观察。它喜欢地毯、窗帘、木头还是其他表面？它是否喜欢站立的磨爪方式？还是喜欢在水平表面磨爪？

　　一旦你确定了自家猫咪所喜欢的材质及磨爪方式，就可以买一个符合它需要的猫抓板了。

◀ 选择一个猫咪喜欢的材质和角度的猫抓板

提供迎合猫咪磨爪偏好的商品

　　大多数宠物店都会提供各种形状、各种表面纹理的猫抓板或猫跳台。地毯覆盖的猫跳台柱子，对于喜欢在地毯上磨爪的猫咪来说是不错的选择；如果你的猫咪喜欢沙发或粗糙的表面，请选择麻绳材料包裹的柱子；喜欢在窗帘上攀爬和磨爪的猫咪，可能会更喜欢高度足够的猫抓柱或猫抓板，也可以将其安装在墙壁上或门上够高的地方；如果它喜欢在水平面磨爪的话，扁平纸板的磨爪箱或许就是最好的选择。但切记，这些磨爪工具都必须牢牢固定，以免其在磨爪过程中翻倒，而且这样抓起来才够稳定，猫才会喜欢。

喜欢 DIY 的猫奴，可以发挥自己的巧思来创作磨爪点及猫的活动中心。你可以用地毯或麻绳覆盖于木块上，然后将它们钉在一起，做成一个可以攀爬跳跃及休憩的猫树，能同时满足娱乐及磨爪的需求。磨爪柱或磨爪板的最低高度，应至少与猫站立后完全伸展的高度一样。

将这些猫抓柱、猫抓板或猫树放在猫咪以前喜欢磨爪的区域旁边，来重新将磨爪行为导向这些物体，然后再逐渐将其缓慢地移动到你希望的位置。如果猫咪确实转向新的猫抓板，应给予食物、抚摸和赞美等来奖励它。

你也可以在新的猫抓板上或附近放置食物或撒上猫薄荷来吸引猫咪，当这些猫抓板被抓得伤痕累累时，千万不要更新，因为这些抓痕证实它被很好地使用着，并且我们就要达成预期的目标了。

让不想被抓的物品变得无法磨爪或不吸引猫咪

最简单的方式，就是让猫咪无法接近该物品，但这并不实际，因为你真的很难防止猫咪去接近这些物品。但是，你可以设些陷阱来阻止猫咪在该物品上磨爪，例如在该物品上或紧邻处设置一个不稳定的塑料杯叠塔，当猫咪磨爪震动时，会导致塑料杯叠塔翻落而惊吓到它；吓多了，它就不喜欢去了。或者用毛毯、塑料板或双面胶覆盖在猫咪常磨爪的表面上，也可能可以阻止猫咪在此磨爪。

由于抓痕具有气味标记成分，因此猫咪更有可能重新在已有气味的区域磨爪，为了打破这个循环，可以在这些表面喷上除臭喷剂、芳香剂或臭味中和剂。

猫奴可以通过定期修剪猫指甲，来进一步减少猫的磨爪行为，也有猫指甲套可供使用，但这些都仅适用于那些肯让你进行指甲操作的乖猫。指甲套可以让猫咪仍进行磨爪动作，却不会伤害家中物品，但必须每 6 ~ 12 周更换一次。

一般而言，猫是不吃惩罚这一套的。因为它无法将惩罚与磨爪动作联系上，只会认为你是在欺负它，甚至还会诱发它的攻击行为，而且很多惩罚反而会导致更多的异常行

◀ 选择猫咪喜欢的猫抓板，可以减少它在主人不希望它磨爪的地方磨爪

为（例如喷尿或自发性膀胱炎）。所以，天外飞来的惩罚才是最佳的方式，就像前面提到的塑料杯叠塔，杯塔的崩落正是一种天外飞来的惩罚。

去爪手术一直是极具争议性的不道德手术，它其实不只是去掉指甲而已，而是切除第一节趾骨，是一种相当残忍的手术，和其他外科手术一样具有麻醉风险及可能的术后并发症（包括出血及感染）。而且一旦猫咪跑到户外，它就失去了保护自己的工具，遇到危险时也无法爬树逃跑。

我的医院不允许进行这样的手术，因为我始终认为，想要进行去爪手术的人，就没有资格养猫！

E 猫的异食癖

很多猫奴常会抱怨自己昂贵的衣服被猫咪啃食到支离破碎，甚至珍贵的室内植物也常惨遭毒手；更离谱的是，猫咪竟然会吸吮主人的皮肤、狗狗及其他猫咪的乳头（或自己的乳头），偶尔也

▲ 猫咪也会啃咬橡胶材质的物体

会出现啃咬橡胶制品、电线、塑料绳或缝衣线的状况。如果发生以上状况，你的猫咪恐怕是得了猫异食癖，必须予以矫正及治疗。

这种异常行为，是猫咪对于某些不应吮食的东西产生了特别的癖好。就像某些人喜欢咬指甲或吸吮手指头一样，只是猫咪吮食的对象大部分是羊毛织品、纺织品、主人或植物。

吸吮羊毛织品、纺织品

这种形式的吮食癖好，最初被认为仅发生于暹罗猫及缅甸猫这两种品种的猫身上，但后来的研究已发现，其他品种的猫咪也会发生相同的问题。暹罗猫约占55%，缅甸猫约占28%，其他东方品种也偶尔会发生，而混血猫则占更少（约11%）。

开始发作的年龄为2～8月龄，一般认为原因为遗传性，但在甲状腺功能不足时也可能会引发。也有人认为这是一种转移性的幼年吸乳行为，猫咪会以前爪在纺织品上做出按摩的动作并且加以吸吮，这时它的表情会显得相当舒服且满足，当然有的猫仅会保留按摩纺织品的动作而已。

吮食主人或其他动物的皮肤

吮食对新生幼猫而言是一种正常的反射性行为，直到23日龄后才会逐渐消失，而成年后仍然保留吮食反射的猫咪大部分为孤儿猫、营养缺乏或过早离乳的猫咪。

以胃管喂食孤儿新生幼猫虽然较为方便且节省时间，但可能会造成这一类异常行为，因此最好还是以奶瓶喂

◀ 过早离乳会导致猫咪之后的代偿性吸吮行为

食。母猫一般会于幼猫 8～10 周龄时开始断奶，但是人类常常狠心地强迫幼猫于 6 周龄或更早的时候断奶，这有可能导致往后的代偿性吸吮行为，例如吸吮主人的皮肤、同伴的耳朵、乳头或阴茎，而这种行为多半也都会伴随着前爪的按摩动作。

啃咬植物

猫咪吃植物的行为可能是因为想获得某些纤维质、矿物质或维生素，一般来说，应算是一种正常的摄食行为，除非是过量，或者针对某些具有毒性或昂贵的植物时才会引起主人的抱怨。

大部分肉食动物缺乏将纤维素转化成葡萄糖的酶，因此植物在消化道内几乎会保持原状再被排出（这里指的是少量）。如果大量啃食植物，会刺激胃部而引发呕吐，这就是为什么猫咪发生毛球症时会想去吃植物。

▲ 大量啃食植物或猫草，容易引发猫咪呕吐

治疗方法

大部分的吮食行为都发生于依赖心较重的猫咪，它们保留了幼年时期的依赖心理（正常的猫咪是相当独立的），因此针对这种过度依赖的心理进行矫正会有助于异常吮食行为的改善；此外，应增加猫咪游戏的刺激性，并增加它在家里的活动，也要给予一些新的事物来刺激其好奇心。

可能的话，应让猫咪多与外界接触，例如将猫咪放在户外的猫笼内，但必须注意安全性，或让它习惯主人用遛猫绳带它出去散步。

在食物中添加纤维素物质，也可以改善其吮食植物的习惯，例如添加米糠、卫生纸。想防止猫咪吮食纺织品，可以将气味强烈的阻隔剂喷洒在上面，如尤加利树油、薄荷油等，也可以在衣服底下放置一些机关来阻止猫咪靠近。

其实，预防才是最好的治疗，小猫应该给予足够的哺乳期，不要过早断奶，至于一些难以处理的病例，干脆就将猫咪与这些它喜欢吮食的物品完全隔开好了。

F 乱尿——自发性膀胱炎

　　很多猫咪的乱尿行为，在以往都被认为是猫咪的标记行为，但理论上有标记行为的只有公猫呀，而且是拥有完整蛋蛋的公猫才会呀！而且，标记行为应该是喷尿而不是尿一大摊，那为什么现在连母猫及没有蛋蛋的公猫，也都会乱尿来标记呢？

　　问题就出在这样的乱尿根本不是标记行为，而是一种疾病。在公猫喷尿的章节中，我们提过作为标记行为的喷尿方式，是喷一点点尿在垂直的物体上，但为什么现在猫的乱尿大多是发生在棉被、床单、地毯等水平的物体上，而且是尿一大摊而不是只喷几滴而已？其实，最有可能的原因就是自发性膀胱炎。

◀ 公猫标记与乱尿的排尿方式是不一样的

　　不论公猫、母猫，有蛋蛋或是没蛋蛋的公猫，都可能会患上自发性膀胱炎，特别是肥胖的猫咪、绝育手术后的猫咪、波斯猫、只吃干饲料的猫咪，还有紧迫的猫咪（请参考 P18 "认识紧迫" 的内容），都是比较容易发生自发性膀胱炎的族群，而且可能有遗传因素存在，意思就是说老爸或老妈有，那小孩就比较容易得！

　　为什么会有自发性膀胱炎呢？第一种可能性，是猫咪膀胱黏膜上皮细胞没有紧密结合，所以会让尿液渗入膀胱肌肉层而引发疼痛排尿；第二种可能性，是猫咪膀胱上的痛感受神经纤维较多，因此较容易因为紧迫而诱发神经性发炎机制；第三种可能性，是肾上腺皮质储备能力不足。简而言之就是体质！体质！体质！紧迫！紧迫！紧迫！以及太安逸无聊的生活。

　　既然跟体质有关，那就无解了，算你上辈子欠它的。但紧迫呢？这就是你可以控制和避免的。而太安逸无聊的生活呢？这也是你可以去努力改善的！

首先，尿液渗入膀胱肌肉层而引发疼痛，是因为尿液中有很高浓度的钾离子，这一点就可以靠多吃罐头、湿性食物、罐头拌水等来改善，意思就是多喝水来降低尿液中的钾离子浓度。而很多下泌尿道疾病处方罐头或湿粮内，也会含有一些让精神安定的营养成分，有助于降低紧迫的发生率，所以当然是首选啰！缺点是贵呀，比我们吃的便当还贵。

其次，该如何避免过大的紧迫及维持适当的小紧迫刺激（以维持适当的肾上腺功能）？（请参考P18"认识紧迫"的内容。）

最后，就是最笨也最不好的方式 —— 吃药治疗。大多需要吃到几个月后才能看到明显效果，并且不能突然停药，必须缓慢减量停药，否则会造成可怕的副作用，所以治疗期间饲主必须与兽医师密切配合。

▲ 猫咪乱尿的位置，一般是以水平表面为主

疼痛

疼痛引发的乱尿较常见于老猫，很多都与脊柱疾病有关，例如我们所熟知的骨刺。另外，慢性退行性关节炎也可能会导致乱尿，为什么呢？因为我们一般准备的猫砂盆都有一定高度，所以猫咪必须跨入猫砂盆内，而这个动作可能会引发疼痛，所以猫咪可能就会害怕进入猫砂盆，而在猫砂盆外围乱尿，甚至便在猫砂盆四周，这样的猫咪大多拥有瘦弱的后脚，应该带到医院进行完整的神经学检查、X线，甚至电脑断层或核磁共振检查。

一旦发现是这类病因，除了配合兽医师的治疗，还要设置适当的斜坡让猫咪容易进入猫砂盆而不引发疼痛。

厕所的问题

猫砂盆的样式、猫砂的材质、猫砂盆的摆放位置、猫砂盆的清洁度都可能会导致猫咪乱尿，请参考P156"猫咪厕所学问大"的内容。

猫咪常见疾病

A 猫咪生病时的警讯

　　猫咪不像人会说话，它们生病时就算不舒服，通常也不会表现出明显的异常，所以往往都是到了猫咪已经不吃不喝时，猫奴们才惊觉状况不对，带到医院看医师。这时候，猫奴们通常会很自责，怪自己没有早一点发现猫咪的身体出了问题。但如果平常没有累积一些关于疾病的小常识，即使发现症状了，可能也不会觉得这些症状的出现代表猫咪生病了。

　　其实猫咪在生病初期，会改变它们的日常生活作息，虽然不明显，但如果猫奴们平常都仔细地观察猫咪，应该可以很快地察觉猫咪的异常。但在多猫饲养的家庭，因为猫咪数量多，所以很难在早期就发现不对劲的地方。当猫咪有以下异常行为时，就代表它可能生病了。

体重减轻

　　每周测量猫咪的体重是发现猫咪慢性疾病最好的方法，但千万别用人的体重秤来测量，抱着量也是精准度不高的，最好购买婴儿体重秤，并且制作记录表。如果猫咪的体重持续下降，就算它的精神和食欲很好，也可能是慢性疾病发生的征兆，如慢性肾脏疾病、肝胆胰疾病、糖尿病、甲状腺功能亢进或体腔内肿瘤。举例来说，一只 4 千克的猫如果体重持续下降至 3.8 千克以下，就类似 80 千克的人瘦到 76 千克以下，你知道这是多么不正常的事，这可能就说明某些慢性疾病已经存在了，应尽快就医，对猫咪进行全面的检查。

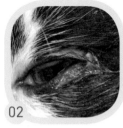

眼屎和眼泪　　▲ 01／猫咪眼睛畏光、疼痛　02／左眼角有黄绿色分泌物　03／扁鼻种猫的眼角容易有泪痕

　　猫咪刚睡醒时，会和人一样，有一些黑色的干眼屎附着在眼角上，只要轻轻擦拭掉就可以，这样的分泌物是不需要太担心的。

　　但有时候，猫咪的眼眶周围会红红的，有过多的眼泪分泌，这表示它的眼睛有发炎的状况。严重时，眼角或眼眶周围会出现黄绿色的脓样分泌物，而这些脓样分泌物会黏附在眼睑的周围，甚至将猫咪的上、下眼睑粘住，使得它的眼睛张不开。有些猫咪会因为眼睛疼痛和畏光而导致眼睛变得一大一小，或者会用前脚一直洗脸，这些动作都可能会让眼睛的状况变得更糟。因此，当发现猫咪的眼睛有分泌物，或眼睛张不开时，可以先用沾湿的棉花将眼周围擦干净，保持眼部的清洁，并且在症状还未恶化前，带猫咪到医院检查。幼猫的免疫力比成猫差，因病毒感染造成的眼睛疾病容易变得很严重，如果没有及时治疗，甚至可能会失去视力或必须摘除眼球。

很多人认为波斯猫或异国短毛猫这类扁鼻种的猫咪容易流眼泪是正常的，其实也有扁鼻种的猫咪并没有流眼泪的问题。猫咪的眼睛和鼻子之间有一条鼻泪管，当鼻泪管因慢性炎症而阻塞时，就会导致猫咪过度流眼泪；此外，病毒感染造成的眼睛炎症也可能会导致猫咪过度流眼泪。因此，在变成慢性炎症之前，带猫咪到医院做个检查吧！

▲ 01／在光亮处，瞳孔仍呈现完全放大的状态　02／黄色鼻脓出现在鼻镜周围　03／严重上呼吸道感染造成的鼻镜溃疡

猫咪眼睛出现的状况及可能发生的疾病如下。

1　眼白或眼睛周围红红的：可能是结膜炎或角膜炎。

2　光线照到眼睛时猫咪会畏光：可能是角膜炎、结膜炎或青光眼。

3　眼睛周围出现大量黄绿色的分泌物：可能是干眼症、严重上呼吸道感染造成的结膜炎或角膜炎。

4　眼睛在光亮处，瞳孔还是呈现异常放大状态：可能是甲状腺功能亢进或高血压引起的视力损伤。

鼻涕和鼻分泌物

猫咪的鼻孔附近有时会有块黑色的鼻屎，那是鼻分泌物和灰尘混在一起而形成的，这些鼻屎只要用湿棉花清理干净就可以。

但如果有明显的鼻涕流出，就要特别注意了。一般若是清澈的鼻涕，可能是鼻子过敏，或是猫咪上呼吸道感染的初期，这时最好就先带到医院接受治疗；否则，当转变成慢性鼻炎时，治疗就会变得更加困难。

当鼻涕变成黄绿色的鼻脓分泌物时，表示猫咪已经得了慢性炎症，严重的话，甚至会有带血的鼻脓分泌物。这时候如果没治疗，就会进一步造成猫咪鼻塞，影响它的嗅觉，从而造成食欲下降，体力也跟着变差。

流口水及口臭

唾液在口腔内扮演着润滑食物的角色，且具有杀菌功能。当嘴巴咀嚼食物时，食物会与唾液混合，这样更容易通过食道，进入胃中，而唾液中的消化酶也会先消化部分食物。在正常的状况下，唾液是自然流入食道的，但是当口腔出现问题时，唾液无法正常流入食道，就容易流出嘴巴。不过有些猫咪在紧张或是吃到不喜欢的味道的东西（如药物）时，也会一直流口水！

另外，在猫咪的口腔内，不管是牙龈、口腔黏膜还是舌头，如果有发炎现象，都会使它的嘴巴发出恶臭味；同样地，当猫咪体内的器官有疾病（如肾脏疾病）时，也可能会出现口臭症状。

当猫咪出现流口水或口臭时，可能发生的疾病如下。

1　过度流口水：牙龈炎、口腔发炎、牙周病、舌头溃疡、中毒、肾脏疾病造成的口腔溃疡等。

2　口臭：口腔发炎、牙龈炎、肾脏疾病等。

▲ 口腔有问题时，猫咪的嘴巴周围会有口水

喷嚏及咳嗽

猫咪有打喷嚏或咳嗽症状时，不要轻视它！病毒或灰尘从鼻腔进入后，会

刺激鼻黏膜造成打喷嚏。而咳嗽是因为病毒或灰尘等异物由口腔进入，刺激气管造成的。换言之，打喷嚏和咳嗽是防止异物由鼻腔或口腔进入体内的反应动作。当鼻子受到刺激时，猫咪会打好几次喷嚏，例如，有时猫咪在吃猫草或是正在理毛时，猫草、毛发或灰尘会刺激鼻腔，引起打喷嚏。这是正常的生理现象，不需要太过担心。另外，有些猫咪喝水时，水不小心进到鼻子里，或是闻到较刺鼻的气味时，也都会刺激鼻黏膜，造成打喷嚏。

但是，如果猫咪一天打了好几次喷嚏，且不像是短暂刺激造成的生理反应，有可能就是疾病造成鼻黏膜发炎而引发的喷嚏；若打喷嚏的同时，有鼻涕和眼泪一起出来，则代表猫咪有上呼吸道感染或者某种过敏的可能性。

此外，有时候猫咪吃太快，会因呛到而有咳嗽症状，如果只是短暂地、一次性地出现，可以先观察，不需要太过担心。夏天空调刚开时，冷空气刺激猫咪的气管，也可能造成猫咪突发性的咳嗽。

但是，当气管发炎、肺部发炎或心丝虫感染时，猫咪会发出"喀喀"声，类似人的哮喘声。这个声音主要是因为发炎导致气管变窄，空气通过狭窄的气管形成的。很多猫奴看到猫咪咳嗽，会以为它是在干呕，但是又吐不出东西，容易误把这个症状当成是呕吐。

▲ 猫咪咳嗽时会呈母鸡蹲坐姿，颈部往前伸直

▲ 猫咪在紧张时，也会张口喘气

呼吸困难

呼吸困难就是呼吸加速及呼吸变得用力，严重时，甚至会出现腹式呼吸及张口呼吸。猫咪的呼吸速率为每分钟20~40下，当猫咪在放松状况下，每分钟呼吸次数超过50下时，就必须特别注意，可以与医师讨论是否要就诊。但在夏天炎热时，如果只开电扇，猫咪也可能因为热而呼吸很快，甚至张口呼吸。

当猫咪呼吸过快，或是呼吸困难时，最好先打电话询问医师；如果需要立即就诊，在送往医院的途中，尽量不要让猫咪过度紧张，应保持安静。因为大多数呼吸困难的猫咪，会如同溺水一般慌张且脆弱，随时都可能休克、死亡，所以最初的照料及评估必须快速且明确地进行。

以下症状或疾病可能会造成猫咪呼吸困难。

1　贫血：口腔和舌头的颜色变得较苍白，可能是外部创伤造成出血，或是内脏疾病造成的红细胞结构破坏。此外，自体免疫问题造成的红细胞结构破坏（溶血性贫血）也有可能发生。

2　心脏病或肺部疾病：因为血液中的氧气量不足，所以猫咪会呼吸困难，舌头颜色变成青紫色。这种情况有可能是心脏病或肺部疾病。

3　上呼吸道感染：当猫咪上呼吸道感染（感冒）时，会造成鼻腔发炎，甚至鼻塞；因此猫咪会呼吸困难，可能会有张口呼吸的症状。

呕吐

虽然猫咪是很容易呕吐的动物，但如果每天都呕吐，就必须特别注意了。猫咪常会因理毛时舔入过多的毛，导致毛球症而引发呕吐；有时也会因为吃得太多或太急，导致饭后没多久就呕吐。很多猫奴常不清楚什么情况下的呕吐可以在家观察，什么情况需要紧急送医院治疗。

呕吐是一种症状，胃肠发炎、其他器官疾病，或者神经性疾病都有可能造成呕吐。如果猫咪呕吐后仍然会想吃东西，会喝水，精神也正常，就不用太担心脱水的问题。此外，猫奴发现猫咪呕吐，就要细心观察它呕吐的次数、吃完后多久吐、吐些什么、吐的液体是什么颜色，以便给医师提供信息。

排便

猫咪因为喝水量不多，且直肠会进一步将粪便中的水分吸收掉，所以粪便较硬、较短，像羊大便那样一粒粒的，从人类角度思考，会觉得很像便秘；但也有猫咪的粪便是条状的。另外，有些猫咪会因为食物改变，导致粪便的状态也跟着改变，有可能是软便或拉肚子。因此，排便状况是猫咪健康的指标，每日观察其颜色、形状、性质，便可知道猫咪是不是生病了。

当猫咪有严重的下痢便、血便及呕吐时，会导致严重脱水，精神及食欲变差，可能是急性肠胃炎、猫泛白细胞减少症感染、癌症等，严重时会危及猫咪生命，最好先带到医院做检查。

猫咪呕吐物判断表　　　如何判断是需要马上带猫咪到医院，还是可以先在家里观察？请见以下分析。

未消化的食物颗粒

管状未消化食物

半消化的食糜

胃酸混唾液

毛球

- 猫咪吃完饭后马上吐？
- 只吐一次还是连续吐2~3次？

- 每次吃完食物都会吐？
- 不吃食物只喝水也吐，吐的都是大量的水？
- 呕吐很频繁，一天连续吐好几次？

- 每天都吐1~2次，已经持续几周或几个月，精神及食欲正常或稍微变差？

- 常常会吐好几次。
- 吐出的胃液中会有少量的毛或毛球。
- 不太会影响精神及食欲。

- 吐完后仍有食欲？
- 吐完后精神还是很好？

- 吐完后精神及食欲变差，甚至不吃了。
- 乱吃，有残留下来的东西，如塑料。

- 换毛季节，要常帮猫咪梳毛。
- 定期给猫咪吃化毛膏。
- 需预防毛球引起的肠阻塞。

- 可以先在家中观察，或是打电话到医院询问。

- 建议带到医院，向医师咨询，看是否需要做进一步的检查。

- 有可能是慢性呕吐，建议带到医院咨询医师，并做进一步的检查。

猫咪排便判断

▲ 正常的大便　　　　　　　▲ 成形的软便

水样或冰激凌状的下痢便

大多数是急性胃肠炎，或是传染病。但患有肠道癌症时，也可能会有这样的下痢便。

有少量血液或鼻涕样的黏液

大便末端带有少量血液或（和）黏液样的物质，可能有大肠疾病。

带血的水样下痢便

幼猫有病毒性肠炎时，可能会有带血的水样下痢便。

灰白色的粪便

如果猫咪同时有呕吐、精神及食欲变差的症状，就可能是肝病或胰腺炎。

大便中有蛔虫

大便可能是正常的或是下痢便，但上面有面条样或米粒大小的虫，这些寄生虫可能是蛔虫或绦虫。

黑色焦油状的下痢便

有可能有胃和小肠疾病。

喝水量异常增加

当发现猫咪突然喝很多水时，可能需要特别注意了！猫咪原本就不是会喝很多水的动物，平日如果喂饲罐头，猫咪喝水的次数会更少。所以，一旦发现每日水盆的水量有明显减少，或是猫咪蹲在水盆前的时间变长，就要特别注意，猫咪可能患上了泌尿系统疾病。除了喝水量增加，排尿量也会相应增加，因为饲养在家的猫咪都用猫砂，所以大都只能通过清理的猫砂的量，来判断猫咪的尿量是否有增加。

猫咪突然增加喝水量，可能代表患有以下疾病。

1　**慢性肾功能不全：** 猫咪最早是在沙漠出生的动物，为了抑制水分流失，它们将体内的废物通过浓缩的尿液排出。虽然它们的浓缩能力很强，但同时也是在增加肾脏的负担。过滤体内废物的肾脏功能衰退，水分无法被重新吸收以让身体利用，因此尿量也就变多了；而排尿量增加，也使得猫咪的喝水量增加。

2　**糖尿病：** 肥胖猫咪比较容易得糖尿病。血液中的糖分过多，会造成细胞脱水，进而增加尿液的排泄；而血液变得浓稠，也会让猫咪的喝水量增加很多。

3　**子宫蓄脓：** 子宫内蓄积了脓样分泌物，会造成猫咪发烧，而且细菌内毒素的作用会造成猫咪出现多喝、多尿的症状。

4　**其他：** 内分泌疾病，如高肾上腺皮质功能症，也可能造成猫咪多喝、多尿。

异常进食

猫咪食欲下降或者不吃，在很多疾病中都会发生，猫咪只要生病了，就会变得不想吃饭；但是有些疾病反而会让猫咪吃得非常多！在正常提供食物及正常运动的情况下，猫咪每天的进食量大都是固定的，如果发现猫咪突然开始一直有讨食的动作，或是一直处在饥饿的状态下，就必须特别注意了。例如，猫咪在吃完原本给予的饲料时，还会一直坐在食盆前等着，或者会一直对着你喵喵叫，直到给食物才停止，这些进食行为的异常都可能是疾病发生的前兆。

当猫咪一直呈现吃不饱的状态时，它可能患有糖尿病、甲状腺功能亢进、肾上腺皮质功能亢进等疾病。

▼ 猫咪进食量异常增加时，需特别留意疾病的发生

上厕所困难

当发现猫咪一直往猫砂盆跑，但你要去清理猫砂时，却没发现有任何大便或猫砂尿块时，可能就要注意猫咪的如厕状况了。猫咪在上厕所时，如果很用力、很困难，甚至蹲的时间很久，却没看到排尿或排便时，可能有泌尿系统或是肠道方面的疾病。此外，有些猫咪会在用力上厕所之后出现呕吐的症状，这可能是由过度用力造成的。

▲ 猫咪上厕所时，会出现用力排尿的动作

上厕所困难可能代表的疾病如下。

1　排尿用力：有下部泌尿系统疾病或尿毒症等时，猫咪蹲猫砂的时间会拉长，但砂盆里可能只有几小块结块的猫砂。有些猫咪甚至会到处乱尿，这是因为排尿疼痛的关系。

2　排便用力：可能是便秘、巨结肠症、肠炎、寄生虫感染或下痢等疾病。猫咪会因为大便拉不出来而一直蹲在猫砂盆里，肛门周围可能还会黏附一些粪水。如果没仔细观察，会误以为是猫咪尿不出来。另外，有些猫咪会因为大便拉不出来而食欲和精神变差。

▲ 猫咪过度舔毛会造成局部脱毛

异常舔毛

正常的猫咪，一天之中会花 1/3 的时间理毛，如吃完饭及上完厕所后都会有理毛行为。但是如果猫咪花更多的时间在舔毛，甚至有轻微拔毛的症状，那就不属于正常范围了。一般猫咪在焦虑及不安的情况下，会有过度舔某处被毛的动作，造成该区域脱毛；另外，疼痛、受伤或是有痒感时，也可能会造成猫咪过度舔毛。因此，若发现猫咪异常舔毛，可能是有过敏性皮炎、心理性过度舔毛等问题。

瘙痒

当猫咪出现过度瘙痒的症状时，大部分都与皮肤和耳朵的疾病有关。当发现猫咪有抓痒的动作时，必须先确认抓痒的部位有没有脱毛、伤口、湿疹或结痂，如果有这些症状，建议还是先带到医院检查。

若猫咪因过度瘙痒而出现脱毛和皮屑，可能的原因如下。

1　**皮屑过多：** 营养不良及年龄老化都可能会造成皮屑过多或者皮肤干燥。
2　**器官的疾病：** 如果没有发现外伤，那可能是营养不良、内分泌异常或内脏问题造成的。

当猫咪出现剧烈瘙痒时，则可能有下列疾病。

1　**耳螨及外耳炎：** 如果猫咪的耳朵每天都有大量黑色耳垢产生，可能是耳螨感染，或是有慢性外耳炎。
2　**疥癣：** 疥癣虫主要寄生在头部，但也会扩展到脚及全身。疥癣会造成头部及耳朵边缘的皮肤有结痂。
3　**过敏性皮炎：** 眼睛上方和嘴巴周围、头部、颈部、后脚和腰背等部位都可能有溃疡和轻微的血水渗出。此外，跳蚤叮咬皮肤时，其唾液进入猫咪体内，也可能会造成过敏性皮炎。跳蚤叮咬所造成的过敏性皮炎，症状大多出现在颈部、背部和下腹部。

甩头

猫咪在正常情况下，只会偶尔地甩头几次，不过在耳朵有异常状况时，例如有异物跑到耳朵里，或是猫咪的耳朵有疾病时，甩头的次数可能会明显增加。发现猫咪频繁甩头时必须特别注意，可以翻开猫咪的耳朵检查，若发现大量黑褐色的耳垢，可能是耳朵发炎或耳螨感染。此外，耳朵内的出血，从外观上是看不出来的，如果不治疗，可能会造成严重的中枢神经障碍，所以最好还是带猫咪到医院接受详细的检查。

若猫咪频繁地甩头，可能的疾病如下。

1　**有干燥的黑色耳垢，或是潮湿的褐色耳垢：**
耳螨感染或霉菌性感染引起的外耳炎，都会造成猫咪耳朵有大量黑褐色耳垢产生。耳郭或耳朵内侧会被猫咪抓到红肿或掉毛。

2　**耳朵内有黄绿色的脓样分泌物：**
耳朵外侧可以发现脓样且湿湿的耳垢分泌物，甚至会有恶臭味出现。严重的外耳炎、中耳炎及外伤引起的化脓，都可能会有脓样的耳垢分泌。

3　**耳垢不多，但会一直甩头：**
有可能是内耳发炎或是有出血的情形。

跛行

当发现猫咪走路的样子与平常不同时，可先观察猫咪是哪一只脚有状况，同时可以先用手机将猫咪走路的样子拍摄下来，因为猫咪在医院时，可能会因为紧张而不愿意走动。接着确认是不是有外伤，是否有伤口、皮下淤血，或是指甲是否有断裂等。当猫咪步行困难时，大多数伴有疼痛反应，所以在检查或触摸时，动作一定要轻，以免造成猫咪不悦。如果猫咪非常不愿意被触碰脚，就请直接带到医院检查。

当猫咪跛行时，可能的原因如下。

1　**脚上有伤口：**猫咪因为打架而被咬伤或抓伤时，皮肤表面会愈合，但皮下却可能会发炎化脓，造成肿胀，严重的伤口甚至会溃烂。

2　**指甲断裂：**有些猫咪容易紧张，因此在给它们洗澡或是让它们感到不安时，它们会因过度挣扎而造成指甲断裂。猫奴如果没有马上发现，断裂的指甲会发炎，甚至化脓及出现恶臭味。

3　**骨折：**大多数猫咪是因为意外（如由高处往下跳或车

祸）而造成骨折。骨折所造成的疼痛，使得脚无法着地，甚至骨折处会肿大。

4 **膝盖骨异位：** 膝盖骨异位会造成猫咪走路一跛一跛的，关节炎也会造成猫咪走路不自然。

用肛门磨地面

当猫咪出现坐着时后脚向前伸直、用肛门摩擦地面的动作时，有可能是寄生虫感染或肛门腺发炎。如果肛门腺无法正常排放肛门腺液，会导致肛门腺发炎，而发炎带来的疼痛和痒感，会使猫咪用肛门摩擦地面。此外，若有持续性的水样下痢时，肛门周围会发炎和红肿，造成痒感，猫咪也会有摩擦地面的动作。

当猫咪磨屁股时，可能的疾病如下：

肛门腺发炎、寄生虫（如绦虫）、肛门周围皮炎、下痢等。

睡觉

当猫身体不舒服时，睡觉的时间会变长，连睡觉的姿势也会有改变。虽然正常的猫咪睡眠时间本来就很长，但如果猫咪是在令它放心的地方，睡觉的姿势通常是呈现放松的状态，例如慵懒的侧睡姿，或是露肚子的大字形睡姿；且会睡在平常看得到的地方。但当猫咪不舒服时，通常它会躲在角落或暗处，不愿意出来，且休息的姿势大多数是"母鸡蹲坐姿"。除此之外，若连平常爱吃的罐头、零食都变得不爱吃，甚至是连闻都不闻，就要特别注意了，因为猫咪可能真的生病了！

▲ 当猫咪不舒服时，会呈现母鸡蹲坐姿

Ⓑ 眼睛的疾病

　　眼睛是心灵之窗，猫咪之所以敏捷、迷人，全拜眼睛所赐。虽然眼睛与生命的运作无直接关联，没了眼睛也一样能活，但没了眼睛，猫咪的活动肯定会受到影响，使得生活充满不便，也可能会因此而变得没有安全感且易怒。眼睛疾病除了会造成猫咪的疼痛及不适，有些眼睛疾病甚至意味着猫咪身体内正罹患某种可怕的疾病，千万不可掉以轻心。

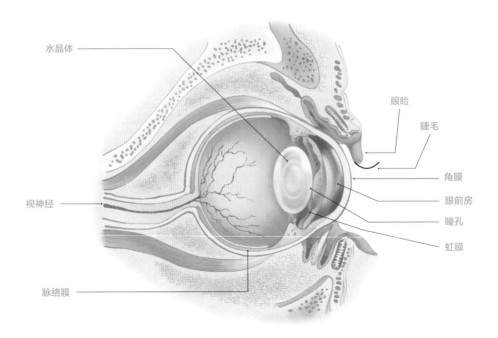

　　水晶体

　　视神经

　　脉络膜

　　眼睑

　　睫毛

　　角膜

　　眼前房

　　瞳孔

　　虹膜

结膜炎

　　结膜是富含血管的黏膜组织，一旦受到刺激或感染就会充血肿胀，所以如果猫奴轻轻将猫咪的眼皮翻开看到了发红肿胀的结膜，这就是所谓的结膜炎。上呼吸道感染是最常造成猫咪结膜炎的原因。此外，细菌感染、过敏、异物、免疫媒介性疾病和创伤等，都有可能造成结膜炎。

　　当有结膜炎时，猫咪可能会出现眯眼、流泪、畏光、搔抓眼睛及眼睛疼痛等症状，如果不及时处理可能会造成更严重的结膜水肿、角膜炎、角膜溃疡、角膜穿孔等可怕的并发症。

角膜炎

角膜是个透明的组织，因没有任何血管存在其中而能维持它的透明度。当角膜发炎时，透明度将改变，角膜看起来会雾雾的。猫咪可能出现的症状包括眯眼、流泪、畏光、搔抓眼睛及眼睛疼痛等，发现症状后应立即送医就诊。

角膜溃疡

正常的角膜是非常光滑平整的，如果你观察到猫咪角膜上出现不平整的小区域凹陷，就表示可能有角膜溃疡。角膜溃疡发生的原因包括创伤、感染（病毒或细菌）、泪液减少、眼睑内翻、异物和局部刺激或化学伤害。

症状

猫咪角膜溃疡时，会因为疼痛造成眯眼、流泪、畏光及搔抓眼睛等症状。此外，还可能会有角膜水肿、角膜血管新生、结膜充血且瞳孔缩小。严重时，甚至会有黄绿色分泌物及角膜穿孔。

治疗

治疗角膜溃疡会根据溃疡的严重性来给予抗生素眼药水，猫奴定时帮猫咪点药，一般治疗 1~2 周就会改善许多。

为了防止猫咪在治疗的过程中持续地搔抓眼睛，或是有过度的洗脸动作，最好将伊丽莎白颈圈戴上。但大部分猫咪在开始戴伊丽莎白颈圈时会不开心，甚至会想办法脱掉。猫奴也会担心猫咪吃不到饭，而在吃饭时将颈圈拿下。不过，在拿下颈圈后，猫咪做的第一件事绝对不是吃饭，而是洗脸，这样反而对眼睛的伤害更严重。因此在治疗期间一定要戴着伊丽莎白颈圈。

泪溢

泪腺分泌的眼泪会通过眨眼及第三眼睑的移动，让泪液均匀分布在角膜上，这样可以防止角膜细胞干燥坏死。而泪液是源源不绝地产生的，所以眼泪会持续进入眼角，再通过鼻泪管排入鼻腔。当眼泪过度产生或是鼻泪管阻塞时，眼泪会从内侧眼角溢出，就称为泪

◀ 01／上呼吸道感染造成的结膜炎及眼分泌物
02／猫咪罹患角膜炎，眼睛表面混浊
03／荧光染色诊断，荧光染色会将溃疡的角膜染成荧光绿

01　　02　　03

溢。泪溢会使附近的皮毛长期处在潮湿的状况下而导致眼睛发炎，也会造成毛发着色，影响美观。扁脸猫因为其鼻泪管异常曲折，所以泪液的排放受阻，而有些小猫在罹患严重的上呼吸道感染后，也可能会对泪点及鼻泪管造成永久性的伤害，因而形成泪溢。

在治疗上可以尝试以通针去灌洗鼻泪管，但效果不佳且必须配合麻醉进行，因此很少被建议使用。如果是突发性的泪溢，某些眼药的施用及鼻泪管灌洗或许可以起到不错的效果。如果你的爱猫已长期受泪溢之苦，应使其保持良好的清洁习惯来维持眼角皮毛的清洁及干燥，并施用不含类固醇的眼药，作为清洁后的预防补强。

青光眼

眼球内充满了液状的眼房水，可以维持眼球的正常形状，而且这些眼房水会不断地循环及汰旧换新。一旦眼房水无法顺利地从眼睛内流出，就会造成眼压上升，也就是所谓的青光眼，而引流径路发生缺损的部位可能位于瞳孔或虹膜角膜角。青光眼可能是原发性的，或继发于其他的眼球疾病；眼前房角发育不良是引起原发性青光眼最常见的原因，这是由于在撕状韧带处出现一块先天异常的薄片组织，使得睫状体的入口变得狭窄。

正常的眼内压为15~25mmHg，急性发作的青光眼易使猫咪出现眼睛疼痛的症状，导致眼睑痉挛、泪溢，疼痛可能严重到引起号叫，导致嗜睡及厌食，甚至可能会在发作24~48小时后形成不可逆的目盲；其他常见的症状还包括角膜水肿、浅层巩膜淤血等。慢性青光眼所引发的疼痛症状不太明显，可能表现出急性病例中所出现的部分或全部症状，虽程度较轻微，但绝不可轻忽。

医师会根据青光眼的紧急程度来选择治疗的方式，目标是控制眼压及避免永久性目盲的形成，治疗方式包括渗透性利尿剂的静脉注射、点降眼压的眼药水及外科手术。如果某些有目盲、疼痛等症状的眼睛无法成功地以上述所有治疗方式来处理，最好的方式就是施行眼球摘除术，并以硅胶球状物置入，作为假眼使用。

白内障

水晶体为源自上皮的透明组织，内含许多透明纤维，所以白内障的定义为"不论其病因为何，任何水晶体纤维及（或）水晶体囊的非生理性混浊化"。当你看到猫咪的瞳孔不再呈现深邃的黑色时，它就有白内障的可能。你可以看到瞳孔呈现白色，且该白色区域会随着光照的强弱而增大或变小。

白内障可由许多因素引发，其中一部分因素为先天性畸形、遗传、毒素、辐射、创伤、其他眼球疾病、全身性疾病及老化等。目前市面上已有所谓的白内障眼药水，其功效顶多能减缓白内障的恶化速度，而外科手术（水晶体摘除术）则是唯一能让猫咪恢复视力的治疗方式，但必须考量猫咪的健康及行为状况，且白内障手术最好交由对眼科有特别研究且有实际经验的兽医师来进行。

▲ 01／猫咪罹患青光眼（恩典动物医院朱医师提供）
　01／猫咪罹患白内障（恩典动物医院朱医师提供）

眼科检查

医师对猫咪的眼科检查应包括视诊、直接检眼镜检查、泪液试纸条检查、角膜荧光染色及眼压测量等，这样完整的检查才能得到完整的诊断结果，因为许多眼睛疾病都是可能会合并发生的！

居家必备眼科用品

猫咪的眼睛常常一大一小，或是出现红肿。如果在半夜发生这种状况怎么办？其实不需要急着找医院，只要家里备有一些基本的眼科用品即可。

1　**生理盐水：**可以从眼镜店或药房购买隐形眼镜专用的生理盐水，以干净棉球沾湿后轻柔地清洁眼睛分泌物，但要随时注意生理盐水中是否有异常物体出现。

2　**棉球：**药房就可以购买。

3　**不含类固醇的抗生素眼药水或眼药膏：**通过药房或者诊所购买。如果

猫咪的眼睛在半夜发生不适，可以先使用不含类固醇的抗生素眼药水或眼药膏。因为不含类固醇，所以也就不怕造成角膜溃疡恶化，可以先控制可能的细菌感染。

4　**伊丽莎白颈圈：**猫咪的眼睛因结膜发炎而不适时，会有一直洗脸的动作，其实猫咪是在揉眼睛，但这样容易加深对角膜的伤害。而颈圈可以减少猫咪因洗脸造成的眼睛伤害。

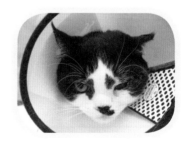

POINT

紧急处理时，可以每3~4小时滴用一次眼药水，并将猫咪放在暗的环境中，因为光线的刺激会使猫咪更不舒服，等到医师开诊后，再立即送医就诊。

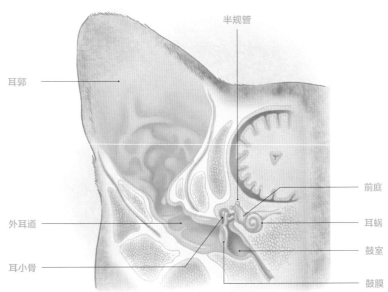 耳朵的疾病

耳朵发炎可依部位来区别，大致分成外耳炎（外耳：耳郭、外耳道）、中耳炎（中耳：鼓室、鼓膜、耳小骨）、内耳炎（内耳：半规管、前庭、耳蜗）。耳朵发炎会造成耳垢异常增加，过多的耳垢堆积在耳朵内可能会造成猫咪的听力下降。外耳炎的发生大多数与细菌、霉菌和寄生虫（耳螨）感染有关，食物及过敏性疾病也可能会引起反复性慢性耳炎的发生。中耳炎大多数是由咽部和鼻腔发炎，经由咽鼓管引起的；此外，耳螨感染造成的慢性外耳炎恶化会造成鼓膜破裂，导致中耳炎形成。而当有内耳炎时，猫咪会出现斜颈、眼球震颤和共济失调等症状。

本节主要介绍较常见的猫咪外耳炎，让猫奴们能够更了解猫咪耳朵的构造、耳朵发炎的原因及如何治疗。

半规管

耳郭

前庭

耳蜗

外耳道

鼓室

耳小骨

鼓膜

外耳炎

外耳炎是指耳郭或外耳道的炎症反应。耳郭疾病包括撕裂、脓肿、肿瘤及耳血肿，较常见的耳朵肿瘤是鳞状细胞瘤、肥大细胞瘤或耵聍腺瘤。另外，一些外耳道疾病，如细菌、酵母菌、耳螨感染，以及过敏或肿瘤都可能会引起外耳道的炎症反应。该炎症反应会造成外耳道红肿、狭窄，耳朵的腺体也会因发炎而分泌大量暗褐色的耳垢，造成外耳道阻塞和听力损害；更会使得外耳道内潮湿、温暖，细菌或霉菌生长。

◀ 猫咪的外耳
发现肿瘤

细菌性或霉菌性外耳炎

外耳感染通常源自细菌或霉菌，症状包括摇头、搔抓耳朵和耳朵有分泌物。严重且未经治疗的感染，特别是伴随严重面部皮炎时，可能会导致外耳道狭窄。一般来说，外耳炎的发生是因为外耳道环境被改变，有利于细菌或真菌生长，在耳镜下会看到大量黑褐色或黄绿色的耳垢，严重的甚至无法看清楚外耳道内的状况。

治疗

有严重外耳道感染的猫咪可以做细菌培养及抗生素敏感试验，以确定感染的细菌种类并用有效的抗生素来治疗。

将含抗生素或抗霉菌成分的耳药滴入耳内，1~2周后就可以有效改善耳朵发炎的状况。不建议猫奴自行用棉签给猫咪清理耳朵，因为棉签会将耳垢往里推。如果要清洁耳朵，可以使用清耳液，有效且安全地去除耳朵表面的耳垢，也可以在麻醉猫咪后将其外耳道冲洗干净。

特异性（环境过敏）和食物性过敏外耳炎

特异性过敏外耳炎通常会比食物性过敏外耳炎常见。特异性和食物性过敏外耳炎的症状可能比其他皮肤过敏更早出现，而这些症状可能同时发生，也可能只有耳朵受到影响，且通常发生在双侧。此类外耳炎常会继发细菌和酵母菌感染。特异性过敏外耳炎特别容易引起耳血肿。

诊断

感染这类外耳炎时，猫咪外耳道红肿，耳内会有大量黄褐色的分泌物出现，甚至在头天清完后隔天又出现一堆分泌物。而且猫咪会极度频繁地搔抓耳朵、甩头，严重时还会听到"滋滋"的水声。

▼ 01／耳朵发炎时，猫咪会很频繁地搔抓面部及耳后
　　02／耳朵里会有大量的耳垢分泌物，耳朵的皮肤也会有发炎现象

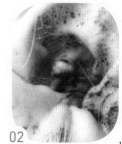

01　　　　　　　　02

治疗

有严重外耳道感染的猫咪可以做细菌培养及抗生素敏感试验，以确定感染的细菌种类并使用有效的抗生素来治疗。过敏性外耳炎的治疗思路是直接缓解继发性感染，减少发炎和移除耳内耳垢，给予局部耳药（抗生素、类固醇或抗霉菌剂）治疗。如果是食物性致敏则需先排除致敏的食物，通过慢慢转换食物找出致敏食材，或是换成低过敏性的水解蛋白饮食。环境中容易造成过敏的物质，如花草、灰尘，则应尽量减少。

耳螨

耳螨是非常小、白色、像小蜘蛛一样的体外寄生虫，寄生在猫咪的耳朵内，会造成大量黑褐色的耳垢产生，猫咪会因为耳朵非常痒而一直搔抓。大部分猫咪是因为经常接触已感染耳螨的其他猫咪而染上。

症状

搔抓耳朵或甩头变得很频繁，褐色至黑色的耳垢也异常增加。有些猫奴会发现，即使每天给猫咪清理耳朵，隔天却还是会有很多耳垢出现，它主要是因为耳螨会刺激耳朵的耵聍腺分泌耳垢。有些猫咪因为过度搔抓而造成耳朵周围、耳朵内和颈部的皮肤发炎及出血，甚至导致耳血肿。

诊断

以耳镜检查，可以发现很多小小的、白色的耳螨在耳朵内爬行。以棉签取少量的耳垢，在显微镜下可以发现半透明、像蜘蛛一样的耳螨。

治疗

耳螨的生命周期为 21 天，因此一般是使用外用寄生虫药（如宠爱或心疥爽）及耳药治疗至少 3~4 周。家中若有其他未感染的猫咪，也需一起点外用寄生虫药，以预防耳螨感染。

预防

避免直接接触感染的猫咪，如果家中有新进猫咪，除了要先检查，还必须隔离至少一个月。此外，每个月定期滴体外除虫药，也可以达到预防效果。

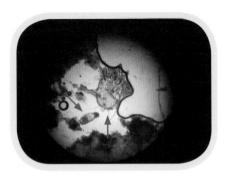

▲ 耳镜下可以看见耳螨及虫卵（蓝色箭头指的是耳螨，红色箭头指的是虫卵）

耳血肿

外耳炎或耳螨感染是最常引发猫咪耳血肿的原因，而食物过敏性皮炎、耳道息肉或肿瘤是其他可能的原因。外耳炎或耳螨感染会造成猫咪耳朵过度瘙痒和甩头，剧烈地摇晃造成耳朵皮内出血，蓄积的血液造成耳郭肿大。耳血肿肿大的程度不一，小的直径约 1 厘米，大的甚至会弥漫到整个耳郭。

诊断

可通过耳镜检查来确定是否为耳螨感染、外耳炎或耳道息肉所引发的耳血肿。如果有息肉或肿块，必须做组织病理学采样，以确认病因。

治疗

除了治疗耳血肿，也必须治疗引发耳血肿的根本原因。给予耳药治疗外耳炎或耳螨感染 14~21 天，必要时也给予口服抗生素来治疗严重的感染。此外，也可以施用外科手术来治疗耳血肿。

◀ 猫咪罹患耳血肿（由宜兰动物医院曾清龙医师提供）

D 口腔的疾病

　　口腔对猫来说是一个重要的器官，为了维持生命，必须靠口腔摄取食物和水；为了保护自己，口腔成为攻击敌人的武器；而舌头也可以当作梳子，来整理自己的被毛。如果因为外伤、异物、牙周病、口炎或免疫性疾病造成口腔疾病，猫咪会变得想吃却无法进食，身体因而无法获得足够的营养，造成身体机能运作异常，不仅无法保护自己，就连生存也变得困难。

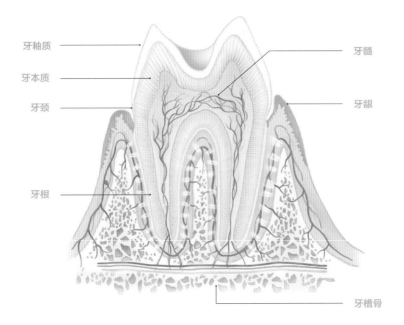

牙釉质　　　　　　　　　　　　　　　　　　　　　牙髓

牙本质

牙颈　　　　　　　　　　　　　　　　　　　　　　牙龈

牙根

牙槽骨

牙周病

　　牙周病是猫咪最常见的口腔疾病，3岁以上的猫咪大约80%以上会发生牙周病。此外，老年猫因为代谢和免疫力慢慢变差，厚厚的牙垢和牙结石附着在牙龈和口腔黏膜上，造成细菌的增殖及感染，于是细菌产生的毒素和酸引起牙槽骨和牙齿的吸收症，造成严重的牙周病。

症状

　　牙周病是因堆积在牙齿上的牙菌斑所引起的，一般可分为牙龈炎和牙周炎。牙龈炎是牙周病的初期，细菌及牙结石附着在牙龈上，引起牙龈红肿发炎，甚至使牙龈萎缩；牙周炎是牙周病的后期，萎缩的牙龈造成食物和牙结石严重堆积，导致牙周支持组织被破坏，造成牙根外露，甚至牙齿掉落。这是一种慢性疾病，如果不控制牙菌斑的堆积，会造成无法治愈的状况。

牙龈发炎会引起猫咪口腔疼痛，接着造成进食和喝水困难。严重口腔发炎的猫咪会过度流口水，且口腔有异味，变得难闻。

治疗

有轻微牙结石和牙龈炎的猫咪可以先麻醉镇静洗牙，将附着的牙结石洗掉。之后则是定期每日刷牙或是给予酶型口内膏，减少发炎及牙结石的堆积。

严重的牙结石和牙龈炎除了要麻醉洗牙，还必须将严重发炎造成牙根外露的牙齿拔除。剩下的轻微发炎的牙齿也必须每日刷，或是给予酶型口内膏。

预防

除了每天帮猫咪刷牙保健，还要定期把猫咪带到医院检查或是洗牙，以降低牙周病的发生率。

慢性口炎

该疾病有许多病名，包括慢性齿龈炎／口炎（Feline Chronic Gingivostomatitis, FCGS）、猫齿龈炎／口炎／咽炎复征（Feline Gingivitis-Stomatitis-Pharyngitis Complex, GSPC）、猫浆细胞球性／淋巴球性齿龈炎（Feline Plasmacytic-Lymphocytic Gingivitis），是一种定义不明、病因不明的常见疾病。

猫咪发生慢性口炎的可能原因有慢性杯状病毒、疱疹病毒、冠状病毒、猫艾滋病、猫白血病等。此外，牙菌斑、牙周病或自体免疫性疾病，也都与慢性口炎有关。

症状

口腔轻微发炎的猫咪食欲正常，且没有口腔疼痛的反应。

发病初期的猫咪通常不会出现明显的临床症状，只有在进行口腔检查时，

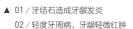
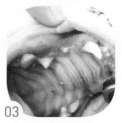
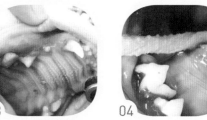

▲ 01／牙结石造成牙龈发炎
　02／轻度牙周病，牙龈轻微红肿

▲ 03／中度牙周病
　04／严重牙周病，牙结石洗去后，牙根严重裸露

会发现牙龈及口腔黏膜的红肿发炎。因此大部分猫奴都是因为猫咪已经有流口水、想吃却因为疼痛无法进食，甚至会用前脚一直拍打嘴巴的表现时，才带它们到医院就诊。

口腔中度发炎的猫咪食欲可能会降低、比较喜欢吃软的食物，且会有口臭症状，唇边的毛会黏附深褐色的分泌物。

口腔严重发炎的猫咪则食欲变差，甚至厌食，有严重的口臭及流口水症状。

猫咪甚至会因为口腔疼痛而咀嚼困难，或是咀嚼时突然疼痛号叫。肥胖的猫咪也可能会因厌食而引发急性脂肪肝及黄疸。

诊断

很多其他疾病也可能会引发齿龈炎及口炎，诊断时必须进行完整的检验，借此发现潜在病因或其他并发症。进行检查时，猫咪会因为疼痛而非常不愿意张开嘴巴检查，所以可能会需要帮猫咪麻醉镇静。打开嘴巴后会发现臼齿及前臼齿部位的牙龈和口腔黏膜发炎最严重，除了红肿，还会有息肉增生，而咽部也可能会有严重发红的增生组织。另外，在血液学检查中，FIV／FeLV 是首要的检验项目，因为在国外的案例中有为数不少的发病猫呈现 FIV 阳性。

治疗

目前并无有效的治疗方法。面对患有慢性口炎的猫咪，必须做好长期治疗的心理准备，专业的洗牙、居家牙齿护理、拔除预后较差的牙齿是首要工作。在一些难治性病例中往往需要拔牙，但有 7% 的猫在拔牙后仍未有明显改善，这些猫还是需要给予药物治疗。药物治疗包括使用抗生素（防止二次性细菌性感染）、类固醇（减轻口腔发炎和流口水的状况）、免疫抑制剂、免疫调节剂（干扰素），局部使用软膏及给予防过敏的食物（新型蛋白质或水解蛋白饮食）。

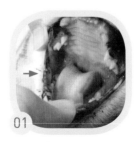

◀ 01／猫咪嘴唇边会黏附着深褐色的分泌物

◀ 02／口腔黏膜发炎

◀ 03／口腔X线片图

猫齿骨吸收症

　　猫齿骨吸收症是猫咪常患的一种牙科疾病，20%~75% 的成年猫可能会患病，且猫齿骨吸收症的患病率会随着年龄的增长而增长，约有 60% 的 6 岁以上老猫会患病。猫齿骨吸收症是由破牙细胞引起的，破牙细胞是负责正常牙齿结构的重新塑造的，但是当这些细胞被活化，且没有抑制作用时，会导致牙齿被破坏，因此齿骨吸收（Feline Resorption）又称为猫破牙细胞再吸收病变（Feline Odontoclastic Resorption Lesion）。

　　齿骨吸收症是在齿颈部发生的炎症反应，且可能跟牙周疾病有关，因此齿骨吸收症通常会伴随牙周疾病发生。齿骨吸收症会发生在任何一颗牙齿，其中又以后臼齿较容易发生。当齿骨吸收症的病变暴露在口腔的细菌中时，可能会导致周围软组织疼痛及发炎。

症状

　　齿骨吸收症和牙周疾病一样，可能不会出现症状，但病情严重的猫咪会出现吞咽困难、过度流口水、用前脚抓脸、磨牙、口腔出血、食欲变差和体重变轻等症状。

治疗

　　如果猫咪患有齿骨吸收症，最好是完整地拔除牙齿。如果病变部位是在牙根部，需要齿科 X 线片搭配诊断。在 X 线片中，若牙根部是完整的，就要完全将牙齿拔除；若 X 线片中牙根是被吸收的，则拔除牙冠是另一种选择。

诊断

　　口腔检查时可发现有少量或大量的牙菌斑和牙结石附着在牙齿上，增生的牙龈有时会延伸侵蚀牙齿表面。齿骨吸收症可能会与猫的齿龈炎或口炎混淆，特别是有牙根残留在嘴里时。而齿骨吸收症可分成五期，第一期为早期病变；第二期病变进入牙本质；第三期病变范围涉及牙髓腔；第四期病变范围除了涉及牙髓，还造成广泛的牙冠丧失；第五期牙冠丧失但残留牙根。

▶ 01／猫齿骨吸收症第一期
　01／猫齿骨吸收症第二期
　03／猫齿骨吸收症第三期

01

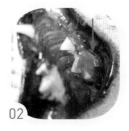
02

03

Ⓔ 消化系统疾病

消化系统由口腔延伸到肛门，其主要功能是把食物分解成更小的分子，让身体细胞可以吸收和利用营养物质及能量。消化系统疾病的症状包括食欲不振、呕吐、下痢，而在消化系统以外的疾病，例如肾脏疾病、内分泌异常、感染、肿瘤等也会导致消化器官异常的各种症状。

其中，呕吐和下痢是很多疾病都会出现的症状，因此当猫咪出现消化器官的症状时，要观察呕吐物和下痢的量、频率、颜色等，这样才能更详细地向兽医师咨询。

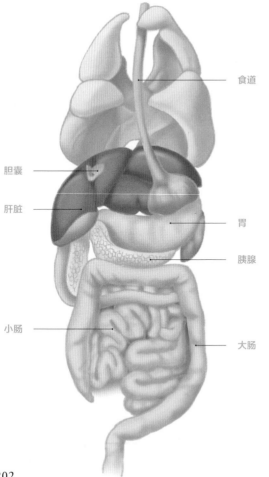

食道

胆囊

肝脏

胃

胰腺

小肠

大肠

刺激性胃炎 ══

有两种东西常会被猫咪误吞，导致胃部刺激，引起急性呕吐，分别是：毛发和草。尤其是换毛季节，猫咪容易吞入过多毛发，而吞入的毛发必须通过呕吐或由粪便排出，因此过度舔毛或长毛种的猫咪会比较容易吐毛球。另外，喜欢舔或咬塑料袋的猫咪也常因为吞入塑料袋，而刺激胃部造成急性呕吐。

许多猫咪在吐出大量毛球后的24小时内，会有持续呕吐的症状。如果吐完毛球后，猫咪仍有食欲，且进食后并没有再发生呕吐，则可以先在家观察。但若呕吐较频繁，甚至造成猫咪不吃食，可能就需要对症治疗，以防止进一步的呕吐或猫咪脱水。

大部分猫咪会吃草是因为喜欢草的味道，但大多数的草都难以消化且会刺激胃壁，吃入过量的草会导致猫咪呕吐出草和部分胃容物，因此还是要避免猫咪过度吃草的状况发生。

◀ 猫咪呕吐出的毛球

◀ 吃入过多猫草，造成猫咪无法消化而呕吐

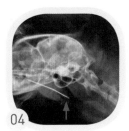

胃肠道异物阻塞

　　很多猫咪在玩耍一些小东西时，会不小心将这些小东西吞下肚，导致急性呕吐。很多猫奴认为，它们只会玩或舔，但不会真的吃下去。但万一猫咪哪一次就不小心吃下去了呢？

　　最常被猫咪吞食的小物件有发带、耳塞和塑料拖鞋等，吞入胃部后会造成间歇性呕吐或厌食，而异物进入小肠会引起阻塞，猫咪会持续地呕吐，就算没有进食，还是会吐出大量液体。而严重呕吐的猫咪接着会出现脱水症状，且变得虚弱无力。猫咪也会吞入线状异物，包括牙线、缝线、绳子和丝带等；当线状异物的长度超过30厘米，便超过肠蠕动波的长度，会困在小肠里造成肠道的伤害，这需要通过外科手术来移除。另外，在肠套叠、肠道严重发炎或有肠道肿瘤时，也可能会造成肠道阻塞。

▲ 01／发带也是猫咪最爱吃入的异物
02／塑料地毯类材质的物品（包括蓝白拖鞋）永远都是猫咪最爱咬的东西，也是造成猫咪肠道阻塞的"元凶"
03／缝线卡在猫咪的舌下
04／箭头处是金属异物（针），卡在猫咪的咽喉处

诊断

1　**理学检查**：理学检查时会发现，线状异物常会绕在舌下，不仔细看往往会忽略掉；而体形较瘦的猫咪，腹部触诊时有可能会摸到疑似块状异物的东西在肠道中。此外，肠阻塞严重时，会造成严重的细菌感染，甚至是腹膜炎，因此也必须小心控制细菌感染的部分。

2　**听诊**：严重肠阻塞时，腹部听诊无腹鸣。

3　**影像学检查**：腹部超声波可以用于诊断肠套叠。靠近阻塞处的肠道会严重扩张，如果是线状异物，肠道

可能会皱成一团。而金属异物在X线片下，亮度会跟骨头差不多。也可以使用液状显影剂、颗粒状显影剂或空气造影作为异物的辅助诊断，这些显影剂可以较明确地显示异物阻塞的位置。

治疗

1 手术前必须先给予静脉输液，缓解脱水、电解质和酸碱异常等症状。

2 卡在食道的异物可以用内视镜将其夹出。

3 异物可能会需要以探测性剖腹术取出。

4 给猫咪止吐剂和胃肠道黏膜保护剂。

5 术后让受损的肠黏膜和手术部位的肠道休息12~24小时，之后再给予液状或泥状的食物。要计算热量需求：$60 \times$体重(kg)。第一天先给予所需热量的1/3，通过三天逐渐增加到总量。

慢性呕吐

慢性呕吐比急性呕吐还常见。开始猫咪呕吐的次数很少（少于两个月吐一次），然后慢慢地（一个月到一年）呕吐频率增加至每周、每三天吐一次，甚至每天吐一次。一般情况下猫咪呕吐后仍会有食欲，且精神很好，这也是为什么猫奴容易轻忽这类呕吐。而且因为猫咪经常吐毛球，所以这类呕吐也常被认为是毛球症。

是否是慢性呕吐需要通过检查来确认，因为这些猫咪大都有炎症性肠道疾病或肠道淋巴瘤，这些疾病都会造成小肠壁变厚，通过超声波可以确诊；此外，食物性不耐症也是引起慢性呕吐的原因，可以新型蛋白饮食（如兔子、鸭或鹿肉）或水解蛋白饮食作为食物试验，该试验也可以用于诊断和治疗。

炎症性肠道疾病

自发性的炎症性肠道疾病指的是正常的炎症细胞浸润于胃肠道黏膜层所造成的胃肠道疾病。炎症性肠道疾病通常发生于中年至较老的猫咪（5月龄至20岁）身上，平均约8岁，没有品种或性别好发性。炎症性肠道疾病依据浸润的炎症细胞不同而分类，最常见的是淋巴球性—浆细胞球性肠胃炎。炎症性肠道疾病的病因尚未明了，但有多种假说，可能的病因包括免疫性疾病、肠胃道通透性的缺损（Permeability Defect）、食物过敏或不耐（Intolerance）、遗传、心理因素及传染病。

症状

　　猫咪发生炎症性肠道疾病时，最常出现慢性间歇性呕吐。其他可能的症状包括下痢、失重、厌食，但在临床的检查上通常不会出现任何异常。炎症性肠道疾病的诊断必须先排除其他可能的疾病，逐一排除后再考虑炎症性肠道疾病的可能。

诊断

1　**基本检验**：包括全血计数、基本血清生化及尿液分析，炎症性肠道疾病通常表现得很正常，可通过完整的血液检查排除糖尿病、肝脏疾病和肾脏疾病的可能。

2　**粪便检查**：可借此排除寄生虫疾病。

3　**梨形虫ELISA检验盒**：可借此排除梨形虫感染。

4　**细菌培养及抗生素敏感试验**：可借此排除沙门杆菌及弯曲杆菌病、细菌内毒素等。

5　**T4检验**：所有患慢性肠胃道疾病的老猫都建议进行，以排除甲状腺功能亢进症。

6　**腹部超声波扫描**：可借此发现异常团块、胰腺疾病等。

7　**病理组织检查**：进行胃肠道的采样及后续的组织病理切片检查，当确认有炎症细胞浸润于黏膜层时，才能据此诊断为炎症性肠道疾病。

治疗

　　治疗方面，大部分炎症性肠道疾病会在适当治疗后的一周内看到症状的缓解。患严重炎症性肠道疾病的猫咪（症状如脱水和虚弱）可能会需要输液治疗。一般来说，低过敏或水解蛋白食物和免疫抑制剂治疗还是炎症性肠道疾病主要的治疗方式。

1　**药物方面**：除了淋巴球性—浆细胞球性肠胃炎，类固醇是所有炎症性肠道疾病的首选用药；一般需要长期服用几个月到半年，以治疗效果及医师的诊断来确定治疗时间。治疗期间需渐渐减少剂量，猫奴们千万不要自行停药，且整个治疗过程都必须配合低过敏的处方饲料。

2　**食物方面**：处方饲料的给予是治疗炎症性肠道疾病的重要部分，有些猫咪的淋巴球性—浆细胞球性肠胃炎甚至可以无须药物治疗就实现症状的控制及缓解；除了低过敏的处方饲料，其实无谷物单一肉类饲料也是一种选择，因为有些处方饲料猫咪不愿意接受，所以只能找寻猫咪能接受的食物，但不是所有的无谷饲料都会改善症状，必须慢慢地试食，直到找到一种能够改善症状的饲料。

　　淋巴球性 — 浆细胞球性肠胃炎（发生在胃及小肠）通常在处方饲料的配合及药物的治疗下可以得到良好的控制，但只有少数能痊愈，因此处方饲料大多要终生给予。

　　如果该炎症性肠道疾病同时并发肝脏及胰腺疾病，则预后差。淋巴球性 — 浆细胞球性肠胃炎（发生在大肠）通常只需给予处方饲料就可以控制，算是预后良好的炎症性肠道疾病。

　　其他炎症性肠道疾病则不一定对治疗有反应，如嗜酸性球浸润的炎症性肠道疾病通常会具有肿瘤一般的特性，会浸润到其他器官或组织（如骨髓），其预后不良。

脂肪肝

　　脂肪肝是猫咪肝脏疾病中最常见的，也称为肝脏脂肪沉积；当猫咪长时间没有进食时，储存在肝脏中的脂肪会被分解，以给身体细胞提供能量，但肝脏无法有效地将甘油三酯转换成可用的能量，所以造成过多的脂肪蓄积在肝脏。

　　这种疾病的起因尚未清楚，但只要是会引起猫咪长时间厌食（持续一周以上）的原因都有可能造成脂肪肝，而肥胖猫更是脂肪肝发生的高危群体。因此猫奴们必须将猫咪的详细病史告诉兽医师（例如更换新的食物、其他宠物的骚扰或是和主人分离，都有可能造成猫咪不吃），加上详细的检查，找出猫咪不吃的原因。胆管性肝炎、胰腺炎、糖尿病和激素分泌异常等疾病也可能是引起脂肪肝的主要原因。

▶ 耳朵内侧和口腔黏膜变成黄色

症状

　　初期会有精神及食欲变差、体重减轻、偶有呕吐等症状，后期猫咪的腹部会变大、耳朵内侧和牙龈会变黄（黄疸），甚至有些猫会有流口水、意识不清及抽搐的神经症状出现。

诊断

1. **血液检查**：肝脏指数会明显上升（正常值的2~5倍），超过50%的猫咪会有低白蛋白血症，也可能出现轻微的非再生性贫血。

2. **尿液检查**：尿液检查时会出现胆红素尿（胆红素存在于尿液中）。

3. **细胞学诊断**：细胞学检查中，猫咪需要轻微麻醉，才能比较稳定地用细针穿刺采集肝脏组织，并且住院几天以接受治疗。

住院治疗

1. 控制呕吐：如果猫咪呕吐频率过高，无法进食以摄入一天需要的热量，猫咪就会一直变瘦。

2. 给予静脉或皮下输液来矫正脱水。

3. 营养对于患脂肪肝的猫咪来说是非常重要的，提供均衡的营养可以有效改善脂肪肝。

4. 抗生素可以用于治疗可能的感染，但需避免使用有呕吐副作用的抗生素。

5. 肝脏保健食品有抗发炎和抗氧化的作用。

6. 补充维生素K是重要的，如果采样前先给予维生素K，那么采样部位的出血会较少。

7. B族维生素对于刺激食欲和进一步支持肝功能是有帮助的。

居家治疗

1. 抗生素和药物治疗可支持肝细胞功能，应持续给予2~4周。

2. 营养支持仍是最重要的。放置喂食管可以有效地给予营养，因为有些猫咪对于强迫灌食会非常排斥，所以能灌食进去的量有限，而使用喂食管可以让猫奴在家较容易地喂猫咪。

3. 每日分3~6次喂食，以少量多餐为主。因为患有脂肪肝的猫咪胃容量可能会变小，因此若每餐喂食的量过多，会造成猫咪呕吐。

▲ 黄疸猫咪的尿液颜色为深黄色

预后

当猫咪食欲恢复正常后停止治疗，食欲恢复的平均时间约6周。肝功能最终会恢复正常，不会有长期的损害。最常见的失败原因是无法成功治疗相关疾病，而导致持续地厌食，如果有另一个原因导致厌食期延长时，脂肪肝可能会再复发。

炎症性肝炎

猫咪第二个常见的肝脏疾病是炎症性肝炎，肝脏产生消化所需要的胆汁；胆汁储存在胆囊中，并且通过胆道运送到小肠。当细菌由十二指肠通过胆道去往胆囊和肝脏时，就会发生炎症性肝炎。

炎症性肝炎分成两种：急性胆管炎／胆管性肝炎和淋巴性肝门炎。胆管性肝炎指的是肝、胆囊和胆道的炎症或感染，而胆管性肝炎又可再分成急性和慢性。

急性胆管炎／胆管性肝炎

急性胆管炎／胆管性肝炎主要的感染原是细菌。大部分细菌是由十二指肠进入胆囊和胆道的；但细菌也可能由身体其他部位感染，经由血液循环到达肝脏。临床症状包括厌食、呕吐、昏睡、黄疸等，有时会出现腹痛症状，但慢性胆管性肝炎一般不会出现发烧症状。

淋巴性肝门炎

淋巴性肝门炎是指肝脏内的炎症反应。临床症状包括厌食、体重减轻、呕吐，一般是不严重的胆管性肝炎导致的淋巴性肝门炎。

诊断

1 **基础检验**：基础检验有全血计数、血清生化、尿液分析及FeLV/FIV。急性胆管性肝炎较易出现白细胞增多症及核左转，肝脏指数也可能会上升。

2 **影像学检查**：还可通过腹腔超声波扫描，评估肝脏实质及胆管系统，或许也可发现可能并发的胰腺炎。而X线摄影虽无特殊的诊断意义，但可以借此评估肝脏的大小，或发现其他不相关的疾病。

3 **肝脏生检**：肝脏生检及组织病理学是胆管性肝炎及淋巴性肝门炎唯一的确诊方式，建议采用超声波引导下的组织生检针采样或探测性剖腹术直接采样。

治疗

炎症性肝炎的治疗需要先确定疾病的种类。但不论哪一种形式的肝炎，输液治疗、电解质的平衡及营养的补充都是非常重要的，若有出血现象发生，可以给予维生素 K_1。以下几点为治疗的注意事项。

1 **抗生素治疗**：可能会需要6~12周的抗生素治疗，以消除感染。

2 **胆囊药物**：可以改善胆汁的流出，促进毒性较低的胆汁酸产生，并降低肝细胞的免疫反应。

3 **肝脏保健食品**：有抗发炎和抗氧化的作用。最好的吸收时间是在胃排空时，可在喂食前一小时给予。

4 **类固醇**：可以用来减少炎症反应。

预后

　　炎症性肝炎的预后是依据疾病的严重程度、猫免疫系统的完整性和畜主对其中期至长期的治疗而决定的。许多患急性胆管性肝炎的猫能够完全恢复，没有任何长期的影响。而患慢性胆管性肝炎或淋巴性肝门炎的猫则需要长期或复发的治疗。

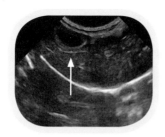

▲ 超声波下，发炎的胆囊壁变厚

急性胰腺炎

　　急性胰腺炎在所有的猫胰腺炎病例中只占了 1/3，其余则多属于慢性胰腺炎。急性胰腺炎通常较严重，而慢性胰腺炎较轻微。引起胰腺炎的危险因子包括创伤、感染、低血压，而胰腺炎没有品种、性别和年龄的特异性，大部分慢性胰腺炎可能是自发性的，且实际的发生率是未知的。

症状

　　猫咪罹患胰腺炎时，大多不会有太明显的症状。患严重胰腺炎的猫咪可能会出现的症状包括嗜睡、食欲变差、脱水、低体温、黄疸、呕吐、腹痛、触诊到腹部有团块、呼吸困难、下痢、发烧，且患胰腺炎的猫咪往往会并发症性肠道疾病和胆管炎，这是因为从解剖构造上来看，胆管和胰腺管有一个共同的开口在十二指肠上，而若胰腺炎并发胆管炎和炎症性肠道疾病，在治疗上往往会变得困难，因为休克、虚弱、低体温等并发症会严重影响胰腺炎的预后。

诊断

1　**血液检查**：实验室检查（CBC、血液生化试验、尿液分析）。大部分检查都会正常，而做这些检查用意在于诊断或排除其他疾病，并帮助确认胰腺炎的诊断，同时要矫正电解质的异常。

2　**胰腺炎检验盒（fPL）**：fPL检验盒是目前诊断猫胰腺炎较为可靠的方法之一，但必须配合胰腺超声波扫描才能确诊。

3　**影像学检查**：X线片对于诊断胰腺炎的帮助并不大，但对于排除其他疾病是有帮助的。轻微胰腺炎难以用超声波诊断，在中等至严重的病例中会发现腹水、胰腺低回音性、胰周系膜高回音性（由于脂肪坏死）、胰腺和胆管扩张和其他胰腺变化，如肿大、钙化、空泡等。

4 **组织采样**：最能确诊胰腺炎的方式为组织采样和组织病理学，这是区分急性和慢性疾病的唯一方法。然而，组织采样并不适用于所有病例，因为手术和麻醉的风险高，且可能会错过局部病灶。

治疗

1 **输液治疗**：积极的输液治疗和支持疗法对于胰腺炎是很重要的，可改善脱水、监控电解质和酸碱质，治疗的同时，也要小心监控，避免胰腺并发症的发生。

2 **控制呕吐**：如果猫咪有呕吐症状，必须禁食禁水，并且以药物控制呕吐。当猫咪没有呕吐症状后，再少量多餐地给予食物或灌食。

3 **给予止痛剂**：慢性胰腺炎可能会产生低程度或局部的疼痛，给予止痛剂可减轻猫咪的不适。

4 **给予食欲促进剂**：食欲不振期间也可以给予食欲促进剂，以增加猫咪的进食量。

5 **营养供给**：过去认为胰腺炎必须禁食，这种观念是错误的，应该在疾病发生的早期利用止吐剂及将流体膳食用喂食管缓慢给予，这样才能让肠道黏膜细胞得到营养供给，避免肠道的防御屏障能力丧失，以防止肠道细菌长驱直入而导致更严重的细菌感染。目前并没有任何证据

显示，低脂食物会有利于预防或治疗猫胰腺炎，建议采用富含抗氧化剂的食物，并同时给予抗氧化剂治疗；如果出现胰腺炎合并炎症性肠道疾病，建议给予含有新型蛋白质或水解蛋白质的处方食物。

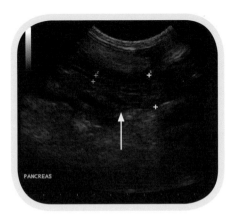

▲ 腹部超声波下，发炎的胰腺明显增厚

便秘

便秘指的是干硬的粪便堆积在直肠内难以排出。猫咪每天的排便量会因吃入食物的量和成分、体重、运动量及喝水量而有所不同，如果能每天都排便是最理想的状态。老年猫易便秘，因疾病造成的运动量不足、喝水量不够或肠道蠕动的运动性变差也有可能造成便秘。另外，有些猫会因为异食癖而吞入塑料、布料、头发及毛球，或是摄取过多的钙，而导致粪便较硬。因为发生交

通意外造成的脊椎骨盆损伤、先天性脊椎骨盆变形，也可能造成猫咪无法正常排便而形成便秘。肛门囊腺破裂的猫咪也会因为疼痛引起排便困难，容易形成便秘。

症状

1 猫咪一直进出猫砂盆，或在猫砂盆蹲很久，但没有排出粪便。

2 猫咪在排便时疼痛到叫，且排出的粪便较干硬。

3 腹部一直用力，或者在用力排便后容易呕吐。很多人会把排便困难误认为是排尿困难，因为二者的姿势很像，也都会一直跑去厕所，如果不仔细观察，容易判断错误。

诊断

可利用触诊及X线片进行诊断，触诊直肠可以发现直肠内的粪便较硬，且量也多；而X线片下可以发现直肠中有大量的粪便，且看起来密度也较一般粪便高。

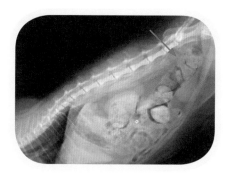

治疗

1 **静脉输液或皮下输液**：如果便秘很严重，会造成猫咪食欲下降、呕吐次数变多、肠道吸收水分能力变差引起脱水。在这种情况下需要输液治疗，来改善猫咪的脱水状况。

2 **灌肠**：严重便秘的猫咪需要通过灌肠来帮助排便。最好是在麻醉情况下灌肠，以减少猫咪的紧张及不舒服感，以15~20mL/kg的温水来灌肠（无须添加其他油剂，将黏膜的刺激和损害降到最低）。

3 **适当的饮食管理**：如喂食便秘专用的处方饲料，以容易消化及低蛋白的食物为主。也可给予高纤食物，帮助软化大便并刺激排便，但需考虑高纤食物往往会产生大量粪便，可能会恶化结肠的扩张。

4 **软便剂**：软便剂可以使较硬的粪便软化，使其容易排出。

预防

通过平时观察猫咪排便次数和粪便的软硬程度，以及正常的饮食来预防便秘的发生才是最根本的做法。而选择一些会让粪便较软的食物，以及定期灌肠，对于预防便秘也是相当重要的。

◀ 从X线片中可看到直肠里有许多粪便堆积

巨结肠症

当猫咪的便秘没有适当治疗及处理时，持续性的便秘会造成结肠扩张、肠道蠕动性变差而形成巨结肠症。如果有先天性的肠道神经和骨盆异常，或交通意外造成肠道神经受伤，导致骨盆和脊椎变形，也会引起巨结肠症；此外，若环境改变造成猫咪的紧张，例如不干净的猫砂，也可能会降低肠道蠕动，接着造成便秘和结肠扩张。巨结肠症发生的年龄很广泛，平均是在 5~6 岁，且并无品种和性别的特异性，其中肥胖和较少运动的猫患巨结肠症的风险会较大。

症状

主要症状有食欲降低、恶心和呕吐、体重下降、毛发失去光泽、脱水；猫咪变得虚弱；一直进出猫砂盆，却没有粪便排出；肛门周围有黏液和粪水（有可能会与下痢混淆）；猫咪蹲砂盆时因为上不出来或疼痛而低鸣。

诊断

与便秘的诊断方式相同。

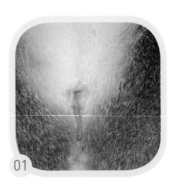

治疗

巨结肠症一般需要长时间用药物、软便剂和饮食来控制，虽然大部分猫是以切除结肠来预防便秘的复发，且多数猫咪在手术后恢复得都还不错，但有小部分猫咪还是会有一小段肠道有便秘的形成。

1　**与便秘的治疗方式相同。**

2　**外科手术**：将扩张无收缩能力的结肠以手术方式切除，但仍会余留一小段结肠，因此还是有可能复发。有些猫咪手术后反而会下痢一段时间，术后还是建议配合饮食来控制。

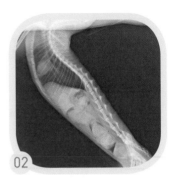

▶ 01／肛门会有黏性粪水产生

02／X线片下，有异常坚实且大量堆积的粪石

F 肾脏及泌尿道疾病

　　肾脏可以调节体内的水分和电解质、酸碱平衡，以及调节血压，也与造血功能有关；在骨头的代谢中也扮演内分泌的功能，这些都是肾脏为了维持身体的恒定状态而起的重要作用。

　　猫咪的肾脏跟人一样有两个，会持续地产生尿液，尿液通过输尿管运送到膀胱；当膀胱中的尿液蓄积到一定量时，膀胱内的神经会传达讯息给大脑，告诉猫咪要排尿了，再由连接膀胱的尿道将尿液排出体外。肾脏和输尿管组成上部泌尿系统；膀胱和尿道组成下部泌尿系统，一般是根据疾病发生部位来区别是上部泌尿系统还是下部泌尿系统疾病。

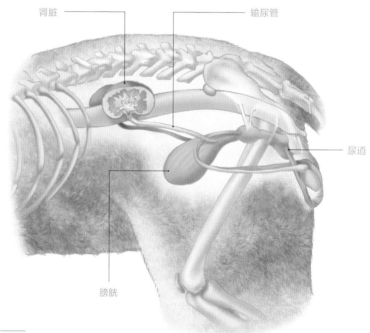

肾脏　　　　　　　　　　　　　　　输尿管

尿道

膀胱

急性肾衰竭

　　急性肾衰竭通常是突发性的，且在几天之内发生，对肾脏产生不利的影响，造成肾功能变差。造成急性肾衰竭的原因包括一些毒素（药物、化学药品）、植物（百合）、创伤（导致血液供应减少或丧失）、肾盂肾炎、麻醉期间的低血压和尿道阻塞。在疾病发生的早期了解病史、发病时间、猫咪居住环境状况，以及可能接触到的有毒植物、药物或化学药品是很重要的，因为早期发现及治疗可以提高猫咪的存活率，且肾脏的损伤是可能恢复的。

诊断

急性肾衰竭的临床症状相当多变，可能包括厌食、嗜睡、肾脏疼痛或呕吐。

1　**触诊**：诊断时可通过触诊得知肾脏是正常大小还是肿大，或者有无疼痛反应；如果是尿道阻塞，则可以触摸到胀大的膀胱。

2　**血液检查**：检查结果包括血中尿素氮（BUN）和肌酐（CRSC）升高和电解质异常，急性肾衰竭的红细胞数量通常是正常的，除非有急性失血，可能导致贫血；总蛋白浓度可能正常或过高，要看猫咪脱水的程度而定；如果肾脏发炎，白细胞的数量可能会增加。

3　**尿液检查**：包括尿比重、尿蛋白、尿沉渣和尿液培养。

4　**影像学检查**：X光片和超声波的检查，可以确定是否是结石造成肾脏或输尿管的阻塞。

5　**组织病理切片检查**：肾脏疾病一般并不建议进行组织采样病理学检查，因为可能造成的伤害较大，除非通过超声波扫描发现了团块或脓肿样病灶，或持续出现严重的蛋白尿时才建议进行。

治疗

治疗上有很大程度取决于引起急性肾衰竭的原因，治疗方式分别有以下几种。

1　静脉输液治疗，可以缓解脱水和利尿。
2　给予抗生素或药物以减少呕吐。
3　若是下泌尿道阻塞，就必须以手术缓解阻塞。
4　必要时，可进行腹膜透析和血液透析。

预后

　　预后取决于患病原因，以及是否已快速地接受治疗。如果能早期发现，及时地进行积极性治疗有可能治愈；但成功治疗的猫往往有肾脏功能不足的状况，需要长期治疗。

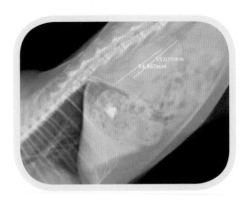

▲ X线片中白线的长度为肿大肾的大小

慢性肾衰竭

慢性肾衰竭常常是多种疾病或多年肾脏损伤造成的结果，这些疾病和损伤包括肾盂肾炎、接触毒物、正常老化或外伤，确切的原因还未能确定。当因疾病造成肾脏伤害时，肾脏状况不可逆地缓慢恶化，这些破坏会使得肾脏无法有效地移除血液中的废物，而发展成肾功能不全，最后导致慢性肾衰竭的形成。

症状

初期，猫奴通常会注意到猫咪排尿量增加，或是清理的猫砂块增加，从而注意到猫咪多喝水的变化。因为猫不爱喝水，所以当猫多喝水时，很多猫奴会误以为这是好的，就不会特别注意，多猫饲养的家庭也很难通过喝水量和尿量来察觉到猫咪的改变。

到了中期，猫咪的体重和食欲会逐渐下降，有些猫咪也可能出现被毛无光泽、呕吐及口臭的症状。

末期，很多猫咪会出现嗜睡、脱水现象，口腔黏膜也会变得苍白。

慢性肾脏疾病分期

从猫咪出生之后，肾脏就开始接触各种毒素，所以随着时间的流逝，肾脏的功能一定会逐渐丧失。但我们也知道，其实肾脏只要有 1/4 以上的功能就足以维持身体的正常运转，所以如何在早期发现肾脏疾病，以及如何避免肾脏功能受到损害，就是治疗猫慢性肾脏疾病的重要课题。慢性肾脏疾病根据国际肾脏健康协会（IRIS）的标准可以分为四期，这样的分期可以让我们知道肾脏疾病的严重程度。（请参照下页图 F-1。）

● **第一期**：肌酐（Crea/CRSC/Creatinine）小于1.6mg/dL（140μmol/L），或对称二甲基精氨酸（Idexx SDMA）低于18mcg/dL，且猫咪并未呈现肾性氮质血症（肾性氮质血症指的就是BUN超出正常值，且排除肾前性及肾后性等因素），但存在某些肾脏异常，例如尿液的浓缩能力不佳，也就是尿比重偏低（猫正常尿比重会大于1.035），但已经排除其他可能因素（如输液、肾上腺皮质部功能亢进、高血钙、肝脏疾病、尿崩症、药物作用或甲状腺功能亢进），或者肾脏触诊呈现异常，影像学检查呈现异常（X线及超声波扫描），肾脏来源的持续性蛋白尿（排除输尿管、膀胱及尿道发炎造成的蛋白尿），肾脏生检结果异常（对肾脏组织进行病理切片检查），肌酐数值持续上升时。

- **第二期**：肌酐介于1.6～2.8mg/dL（140～249μmol/L）之间，且呈现轻微肾性氮质血症或正常。

- **第三期**：肌酐介于2.9～5.0mg/dL（250～439μmol/L）之间，或对称二甲基精氨酸介于25～38mcg/dL之间，且呈现中度肾性氮质血症，可能已经呈现全身性的临床症状（多喝、多尿、体重减轻、食欲下降、呕吐等）。

- **第四期**：肌酐大于5.0mg/dL（439μmol/L），或对称二甲基精氨酸大于38mcg/dL，且呈现严重肾性氮质血症，通常已经呈现全身性症状了。

··· 图F-1慢性肾脏疾病分期

残存肾脏功能	对称二甲基精氨酸（Idexx SDMA）	血浆肌酐浓度 μmol/L mg/dL	
100% 第一期	<18 mcg/dL	<140 <1.6	猫咪并未呈现肾性氮血症，但存在某些肾脏异常，如尿比重偏低、肾脏触诊或影像有异常等，则必须给猫咪做一些检查，排除其他可能性。
33% 第二期	18～25 mcg/dL	140～249 1.6～2.8	猫咪出现轻微肾性氮血症或正常。
25% 第三期	26～38 mcg/dL	250～439 2.9～5.0	猫咪呈现中度肾性氮血症，可能已经出现全身性的临床症状（多喝、多尿、体重减轻、食欲下降、呕吐等）。
<10% 第四期	>38 mcg/dL	>439 >5.0	猫咪呈现严重肾性氮血症，通常已经出现全身性症状了。

　　除了上述初级的慢性肾脏疾病分期，通过尿液中蛋白质与肌酐的比值（UPC）及血压来进行慢性肾脏疾病的次级性分期，让我们能够更加了解猫慢性肾脏疾病的严重程度、预后及治疗选项。猫慢性肾脏疾病从某一期到下一期可能需要数周、数个月或数年的时间，而有些因素则可以用来评判病程演进的快慢，如蛋白尿和高血压。

诊断

1 **血液检查**：当肾脏还有25％以上的功能时，BUN和CRSC的数值并不会有明显上升，因此氮质血症（BUN和CRSC值增加）出现时，猫咪血液的CRSC值高于正常值，甚至高于6.0mg/dL。此外，有可能出现非再生性贫血、高血磷症、低血钾和酸血症。

现在已经有最新的对称二甲基精氨酸检验可供使用，在猫咪肾脏功能流失超过30％以上时，对称二甲基精氨酸就会上升，可以提早4年发现猫慢性肾脏疾病的存在，该检验是现今诊断猫慢性肾脏疾病的利器。

2 **触诊**：触诊时会发现肾脏较正常小，有些肾脏是不平整的。

3 **影像学检查**：异常的肾脏大小也可以通过超声波和X线片测量。

4 **尿液检查**：尿液也是早期发现慢性肾脏疾病的检验利器，尿液检查主要包括尿蛋白、尿比重、尿渣的检查，细菌培养及对尿中蛋白质与肌酐比值的检测。

5 **血压测量**：患慢性肾脏疾病的猫也可能会有全身性高血压，高血压严重时，甚至会造成猫视网膜脱落而目盲或眼前房积血。

治疗

1 **改善脱水状态**：慢性肾脏疾病就诊病例大多需要住院进行输液来改善脱水状态，而过多地输液虽然可能会让检验数据变得漂亮，但其实对身体反而是有害的，容易造成致命性的肺水肿，所以输液的量主要是在补充水分，并且调整身体内离子及酸碱的不平衡状态。一旦猫咪状况稳定，就可以出院自行居家皮下输液来改善脱水状态，但必须定期复诊，进行相关检查并与医师讨论输液量是否适当。

2 **磷结合剂**：如果猫咪不愿进食肾脏处方食品，或食用肾脏处方食品后仍无法很好地控制血磷浓度，就建议给予磷结合剂来将食物中的磷结合掉，使

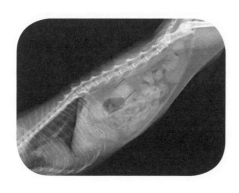

◀ 肾脏大小异常的X线片　　◀ 给猫咪测量血压

217

其不被身体吸收磷结合剂是必须配合食物给予的，一般希望将血磷浓度控制在4.5mg/dL以下。

3 **红细胞生成素（EPO）**：猫科动物的红细胞平均寿命为68天，在这之后它们会被破坏，且必须有新的红细胞产生。肾脏产生红细胞生成素，刺激骨髓产生红细胞，但当猫咪出现非再生性贫血时，表示EPO可能已经受损或停止生产；此时给予合成形式的EPO有助于改善贫血状态。一些严重贫血的猫咪可能需要输血治疗。

4 **降血压药**：如果通过血压测量确定猫咪有高血压或显著蛋白尿（UPC检验），可以给予降血压药来控制血压或蛋白尿，有助于防止身体的器官受高血压的伤害，以及减缓慢性肾脏疾病的恶化。

5 **刺激食欲**：慢性肾脏疾病会导致胃酸过度分泌而引发恶心、呕吐及食欲下降，因此给予一些可以抑制胃酸的药物及食欲促进剂可以减少猫咪呕吐症状及增加食欲。

6 **肾脏饮食**：高蛋白食物并不会造成肾脏功能的损伤及负担，而低蛋白低磷的肾脏处方食品也不会对肾功能有所帮助，只是减少了身体含氮废物的产生量，所以只能有助于减少尿毒素的量，可以缓解尿毒症状，而第一、二期的慢性肾脏疾病大多未出现尿毒症状，所以并不需要给予肾脏处方食品。如果太早给予，反而会因蛋白质的摄取不足而影响身体健康，所以肾脏处方食品建议用于已经出现尿毒症状的第三、四期慢性肾脏疾病。

7 **居家照顾**：如果患有慢性肾脏疾病的猫咪在增加喝水量后，仍持续呈现脱水状态，就必须考虑居家进行输液。（请参照P304"输液"的内容。）

8 **水分补充**：水分的补充对患有慢性肾脏疾病的猫咪而言是非常重要的，很多饲主会给猫咪灌水，虽然这样的确可以补充水分，但猫咪就不太会自己喝水了，所以反而得不偿失，而且这样的强灌动作也会造成猫咪的心理压力，还可能造成猫咪呛到或呕吐。因此要找到一个猫咪可以接受的方式，增加猫咪的喝水量。（请参考P288"如何增加猫咪喝水量"的内容。）

9 **肾脏保护剂**：目前已有少数上市的肾脏保护剂被认为可以提升患有慢性肾脏疾病猫咪的生活质量及减缓恶化的速度，例如日本东丽公司生产的Rapros，适用于7千克以下的第二及第三期慢性肾脏疾病，可惜目前尚未合法进口；而德国百灵佳殷格翰所生产的肾比达（Semintra）除了可以有效控制高血压及蛋白尿，也具有肾脏抗发炎及抗纤维化的作用，但这些都属于药物等级的肾脏保护剂，必须在兽医师的指导下才能使用。

预后

一旦发现慢性肾脏疾病，治疗大都是在维持猫咪的生活质量，减缓疾病的恶化。预后一般取决于还剩下多少功能性肾组织，应定期复诊，调整对病畜的治疗方案，加上猫奴密切地实行治疗计划，多数情况下，猫咪对治疗反应良好，并能有良好的生活质量，在肾衰竭发病前，通常可存活 1~3 年。

多囊肾

多囊肾是一种遗传性疾病，指整个肾脏形成囊肿，这些囊肿内充满液体，囊肿的数量和大小会随着时间而增加，会发生在人、猫、狗和老鼠身上，而猫咪当中又以幼猫、老年猫、波斯猫和长毛种的猫最常发生。在针对波斯猫的研

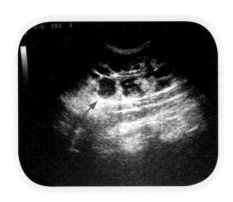

▲ 多囊肾，肾脏内有大小不一的黑色囊泡

究中，已证实这种疾病属于显性性状。

诊断

患多囊肾的猫咪初期并不会有明显的症状，随着囊肿变多、变大，破坏原有的肾脏功能，最后出现与慢性肾衰竭相同的症状。

1 **影像学检查**：多囊肾可能发生在一侧或双侧肾脏，可通过触诊或X线片确定，超声波下可以发现整个肾脏充满多个囊肿。

2 **血液学和尿液检查**：同慢性肾衰竭。

治疗

多囊肾最后导致肾衰竭的形成，因此治疗方式与慢性肾衰竭相同。囊肿可能会有二次性细菌感染，需要进行适当的抗生素治疗，但是没有一种治疗可以完全消除肾脏的囊肿。

预后

肾衰竭发病的平均年龄是 7 岁，但仍有许多猫病发于 3 岁以下。预后取决于猫的年龄、肾衰竭的严重程度、猫咪对于治疗的反应，以及肾脏疾病的进展。有些猫在诊断后几周死亡，但也有些猫正常生活好几年。有多囊肾的猫应该定期进行超声波追踪，早期检测可以早期治疗，以支持肾功能。另外，由于多囊肾是遗传性疾病，因此诊断出有多囊肾的猫咪，最好不要繁殖后代。

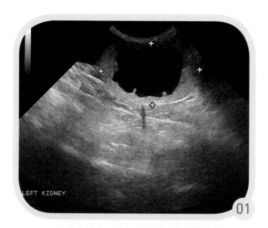

尿路结石症

尿路结石症指的是泌尿系统中形成结石，结石会造成排尿受阻或排尿困难。肾脏、输尿管、膀胱及尿道中都可能会有结石形成，一旦结石形成并造成泌尿系统阻塞时，猫咪无法正常排尿，容易患上尿毒症。

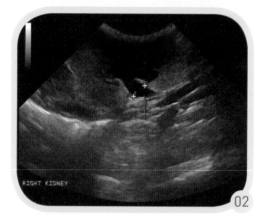

水肾

水肾是因为肾脏产生的尿液因阻塞无法排出，造成尿液蓄积在肾盂或肾盂憩室（Diverticula），随着蓄积的尿液增加，肾盂逐渐扩张而造成肾皮质部的压迫及缺血性坏死。单侧性的水肾代表阻塞是发生在单侧的输尿管或肾脏，而双侧性水肾则可能代表阻塞是发生在尿道、膀胱或双侧输尿管。单侧性水肾患者的另一个正常肾脏可能仍会维持正常功能，直到水肾大到极致时才会发生代偿性肥大；当发生双侧性输尿管阻塞时，猫咪可能会在水肾尚未明显形成之前，就因为急性尿毒症而死亡。水肾的可能病因包括先天畸形、输尿管结石、肿瘤、肾盂团块等，其中以输尿管结石最为常见。

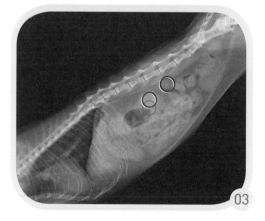

◀ 01／超声波下，皮质部变薄
01／超声波下，肾盂部扩张
03／X线片中，可以在输尿管的位置发现结石的影像及肿大的肾脏

诊断

单侧的慢性阻塞通常不易察觉，常常是在健康检查触诊时发现一大一小的肾脏，进一步 X 线摄影才会发现输尿管结石的存在，而双侧性的阻塞则会呈现明显的肾衰竭症状，包括厌食、呕吐、嗜睡、消瘦。通过超声波扫描，也可以发现肾盂扩张的影像，里面充满无回音性的液体影像，随着阻塞的程度，肾脏皮质部会越来越薄。

治疗

治疗水肾的关键在于阻塞病因的诊断及排除，但除了结石能在非侵入式的检查下得到确诊，其他病因大多需要通过手术才能确诊及治疗。输尿管结石所造成的阻塞如果在一周内得到缓解，即输尿管结石顺利进入膀胱（或者更顺利地从尿道排出），或是实行输尿管结石手术改善阻塞状况，则该肾脏的功能可望恢复；而若阻塞超过 15 天以上，肾脏不可逆的伤害就开始逐渐扩大，超过 45 天的阻塞会导致肾功能恢复无望。当公猫的输尿管结石顺利地进入膀胱时，就必须考虑到结石可能会卡在尿道内，造成更严重的排尿全面阻塞，此时，就必须考虑以膀胱切开术取出结石。对于猫输尿管结石造成的水肾，以往的外科手术治疗方式的效果往往令人失望，而现今已经发展出来的人工输尿管绕道手术，则因为手术简单、快速、成功率高，已广为猫科医师所用。

预后

如果能及早发现水肾，在肾脏功能还能恢复时立即进行人工输尿管绕道手术，其效果是非常良好的，但如果水肾已经产生太久而造成永久性肾脏功能丧失，那也没有做手术的必要了。

膀胱结石和尿道结石

膀胱结石是指在膀胱中形成结石且结石存在于膀胱内，当结石进入狭窄的尿道中造成阻塞时，就是所谓的尿道结石。最常见的两种结石是磷酸铵镁和草酸钙结石，其他类型的结石还有磷酸钙和尿酸结石。结石可能是混合型，可能是单一一颗或是多颗，大小也非常多变。不论公猫还是母猫都有可能会发生。

膀胱结石形成的原因还不明，在某些情况下，饮食可能会促进其形成，如尿液中常含有可以形成结石的材料，例如，钙、镁和磷酸盐等成分。另外，尿液 pH 值在尿结石形成中也发挥作用，例如尿液 pH 值偏酸性，容易形成草酸钙结石；而尿液 pH 值偏碱性，容易形成磷酸铵镁结石。

221

尿道结石位置

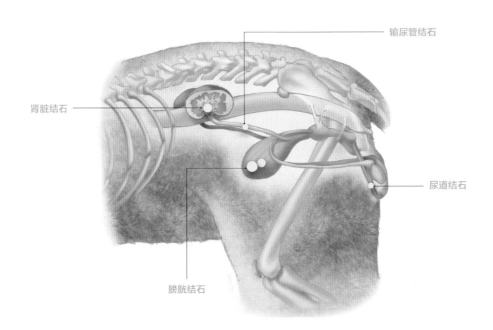

输尿管结石

肾脏结石

尿道结石

膀胱结石

症状

　　临床症状一般包括血尿和排尿困难，排尿困难是由于结石部分或完全阻塞尿道所造成；当膀胱的表面因结石的刺激造成出血时，则会出现血尿。

诊断

　　要触诊到膀胱内的结石是不太可能的，因为结石通常是比较小的，因此，X线片和超声波是比较可行的方法。此外，公猫因尿道较细、较窄，小颗的膀胱结石进入尿道中，会造成尿道阻塞，这样的状况在X线片下可以确诊。

治疗

　　如果尿道中有结石，必须先将结石冲回膀胱，再实行膀胱切开术，将结石取出。如果结石无法冲回膀胱，则可能要做尿道造口术。取出来的结石应送到实验室分析成分，根据尿结石的分析结果，给予特殊饮食或药物来调节尿液pH值。但并不是所有的猫都能接受处方食物，所以多喝水和给予湿性食物还是最有效的预防方法。

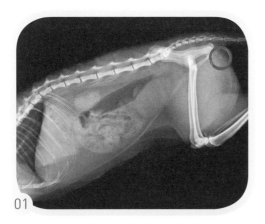

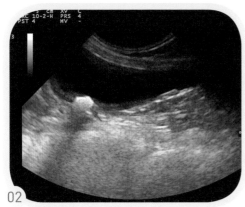

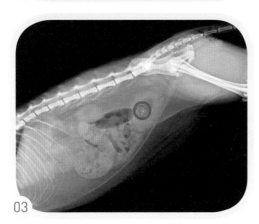

▲ 01／红色圈内有三颗尿道结石
　　02／红色箭头处为膀胱结石
　　03／红色圈内为膀胱结石

下泌尿道症候群

　　主要是指下部泌尿道器官，例如阴茎、尿道和膀胱发生疾病。大部分都发生于 1 岁以上的成年猫，有些会发生于小猫或老年猫。下泌尿道症候群在10 岁以下的年轻猫身上出现时，常见原因是自发性膀胱炎，其次可能的原因是尿结石和尿道栓塞。而在 10 岁以上的老年猫身上出现时，主要原因则是泌尿道感染和／或尿结石。下泌尿道症候群一般可以分为膀胱炎、膀胱结石、尿道阻塞、自发性膀胱炎及不明原因的泌尿道疾病，以下分别叙述。

1　**膀胱炎**：大部分都是由膀胱内细菌感染引起的。

2　**膀胱结石**：因膀胱内有结石，而引起膀胱和尿道的损伤和发炎。

3　**尿道阻塞**：膀胱发炎造成膀胱内组织剥落而塞住尿道，临床上也常发现剥落组织与结晶共同形成尿道栓子，或发炎物质与结晶及剥落组织形成尿道栓子，如果尿道栓子完全阻塞尿道超过2天，就可能导致猫咪因急性尿毒症而死亡。因此尿道阻塞是严重的紧急情况，需立即治疗。

223

4　**自发性膀胱炎**：在以往的认知中，总认为猫咪出现血尿、排尿频繁（Pollakiuria）及排尿困难（Dysuria）就表示发生结石阻塞了，其实近来的研究发现，50%~60%的病例是属于自发性膀胱炎，但其病因不明，通常认为与紧迫有相关性。自发性膀胱炎并无品种好发性及性别好发性，做了绝育手术的猫咪似乎会有较高的发病风险。

泌尿道疾病发生的其他原因，包括猫粮中含高量灰分（矿物质）、产生高pH值的猫粮和紧张，但最主要的还是喝水量的多少。性别的不同和季节的改变也可能会影响泌尿道疾病发生的概率。

1　**性别**：公猫的尿道较母猫细长，当膀胱内有发炎剥落的组织或栓子形成时，很容易造成尿道阻塞；而母猫因为尿道短且较宽，因此较细小的结石容易排出体外，不易造成尿道阻塞，但是相对地也较容易有细菌性感染引发的膀胱炎。

2　**季节**：猫的下泌尿道疾病在冬天发生的比例比其他季节要高。冬天时，猫咪会因为天气冷而变得不爱动，相对地喝水的意愿也降低，因此上厕所的次数变少，导致细菌感染的概率增加，尿液中的结石也容易形成。

症状

1　非常频繁地跑猫砂盆，一天会跑十几次。

2　蹲猫砂盆的时间会很久，却不见排尿，有时会被误认为便秘。

3　上厕所时会低鸣。

4　排尿量减少（猫砂块变小，且猫砂块变多）。

5　尿中带血（可以发现猫砂块上带有血丝）。

6　会在猫砂盆以外的地方尿尿。

7　变得不喜欢触摸肚子，甚至在触摸腹部时会感到疼痛。

8　会比较频繁地舔生殖器等。

诊断

1　**触诊**：触诊时会发现膀胱可能很小，也可能胀大且坚硬，胀大的膀胱随时有破裂的可能，因此务必小心。

2　**血液学检查**：尿道阻塞有可能造成急性肾衰竭，要了解肾脏是否受到损害或评估电解质状态，可进行血液学检查。尿道阻塞大都会导致BUN和Creatinine值升高，这些血液数值会在阻塞缓解48~72小时后恢复正常。

3　**尿液检查**：在尿液检查中，下泌尿道疾病的尿检可能是正常的，但pH值、血液含量和结晶含量通常有异常变化，大部分患病猫的pH值高且尿液中有磷酸铵镁结晶。

4　**尿液细菌培养**：10岁以上的猫咪、艾滋猫或患有无法浓缩尿液的慢性肾脏疾病的猫咪才较容易发生细菌感染，建议进行尿液细菌培养，以选择适当的抗生素进行治疗。

5　**影像学检查**：如果是膀胱炎或自发性膀胱炎，超声波下会看到膀胱壁变厚；如果是尿道阻塞，超声波下会看到大且圆的膀胱。

治疗

1　非阻塞性下泌尿道疾病引起的典型膀胱炎已经有许多治疗方式，大部分都可以治愈。使用抗发炎药或解痉剂是最常用的方法。

2　阻塞型的下泌尿道疾病是因黏液和结晶栓子阻塞尿道造成的，要及时处理，因为尿道阻塞会危及生命。放置导尿管可以让尿液顺利地流出膀胱，但导尿管放置的时间建议不超过三天。在导尿管放置期间，猫咪可能需要静脉输液治疗，除了补充脱水，还有利尿作用，将膀胱内的物质排干净。如果猫咪一直反复发生尿道阻塞，或是兽医师无法缓解阻塞时，可能会建议施行尿道造口术。

预后

如果有适当的治疗，其预后是良好的。患有尿道阻塞的猫咪拆除导尿管后，猫奴居家照顾时应当密切监视猫咪的排尿状况，因为有可能会在短时间内复发。

▼ 超声波及X线下，皆可看到胀大的膀胱

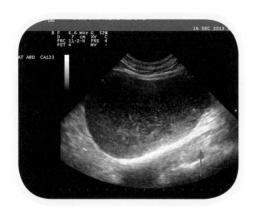
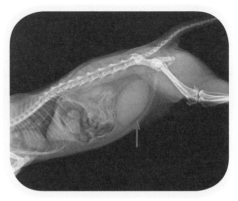

此外，如果肾脏已经受到损伤，请遵守以下注意事项，以预防下泌尿道疾病复发：

1　增加猫咪的喝水量。可依据猫咪喜欢的喝水方式来调整水盆放置的位置或给水方式。冬天可以给予温水。

2　减少容易形成尿结石的零食。例如小鱼干和柴鱼片，因为含有大量的矿物质，因此长期且大量给予容易形成尿结石。

3　保持猫砂盆的清洁及猫砂盆放置的位置。猫咪对于猫砂盆放的位置及排泄环境非常敏感，猫砂盆的大小、深浅，猫砂的颗粒大小和材质，猫砂盆周围的声音和味道，都会影响猫咪愿不愿意到猫砂盆排泄。如果猫咪不愿意到猫砂盆排泄，可能容易引起膀胱发炎。

4　冬天时，保持室内温暖，以增加猫咪的活动量。

5　注意猫咪之间的相处，减少猫咪的紧张。

6　给予处方饲料，以减少泌尿道疾病发生的概率。

7　定期去医院作膀胱超声波及尿液检查。

Ⓖ 内分泌器官疾病

　　内分泌器官是调节生物体内各种器官功能的结构。内分泌器官分泌的物质称为荷尔蒙，可以调节各种器官的各种功能，而且内分泌器官疾病不只影响内分泌器官本身，还会影响全身的调控机制。猫咪最常见的内分泌器官疾病是甲状腺功能亢进症和糖尿病。

▶ 甲状腺功能亢进症大多数发生于
8岁以上的老猫

甲状腺功能亢进症

　　甲状腺功能亢进症是猫咪最常患的内分泌疾病，主要是因为身体产生过量的甲状腺素。甲状腺素在体内主要的工作是活化身体细胞的新陈代谢，当甲状腺素正常分泌时，身体的细胞是正常代谢的；但如果甲状腺素分泌过多，身体细胞的新陈代谢会过度旺盛，造成很多不利于身体的影响，这就是甲状腺功能亢进症。甲状腺功能亢进症会使猫咪的活动力旺盛，食欲也会异常增加，却一直很消瘦。如果甲状腺功能亢进症没有得到治疗，身体为了让细胞有足够的氧气，会导致过度换气、心脏过度工作，最终将导致心脏衰竭及高血压。

　　甲状腺功能亢进症一般发生在 4~22 岁（平均年龄是 13 岁）的猫咪身上，不过大部分猫咪好发于 10 岁以上，没有特定品种或性别。此疾病大多数是由甲状腺结节的自体性功能亢进或甲状腺瘤所引起的。如今确切的发病原因还不是很明了。甲状腺功能亢进没有预防的方法，只有在早期发现猫咪有异常症状时，通过血液检查来发现疾病。

症状

1　猫咪的食欲会异常地增加许多。

2　猫咪的活动力会变得旺盛。

3　猫咪虽然很能吃，但体重却一直减轻。

4　喝水量和尿量增加。

5　猫咪因为吃得又快又多，所以容易呕吐。

6　猫咪可能会拉肚子。

7　猫咪的毛变得粗糙、杂乱。

227

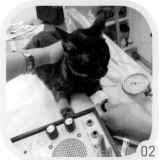

▲ 01／患甲状腺功能亢进症的猫咪会吃得很多，但体重却在减轻

02／血压测量对于有内分泌疾病的猫咪来说是很重要的检查

03／患糖尿病的猫咪喝水量会异常增加很多

诊断

1　**理学检查**：甲状腺位于近喉头下方两侧的位置，如果甲状腺肿大可以触摸得到。

2　**胸腔听诊**：可以发现猫咪的心跳过快，有些猫咪会有心杂音。

3　**血液检查**：大部分有甲状腺功能亢进症的猫，肝脏指数ALT或ALKP的数值会上升，但不代表是肝病，在治疗甲状腺后数值会恢复正常。一些猫咪可能会有氮质血症（BUN上升）。在临床上，有快速筛检的甲状腺试剂，只要20~30分钟结果就会出来。

4　**影像学检查**：腹腔超声波可以发现猫咪是否有潜在性的肾脏疾病。甲状腺功能亢进症不只会影响身体的代谢，甚至会造成心脏和肾脏功能的衰竭，因此发现有甲状腺功能亢进症的猫咪，还必须检查其心脏和肾脏。

5　**血压测量**：以往认为甲状腺功能亢进会导致高血压，但近来的研究发现，甲状腺功能亢进反而会掩盖高血压存在的状况，所以在开始治疗后应定期检测血压，如果出现高血压，应立即给予降血压药物控制。

治疗

　　甲状腺功能亢进症常见的治疗方式是内科口服药物治疗及甲状腺切除以放射性碘治疗。一般口服药物治疗是在初期，如果能配合饮食治疗，病情能得到较好的控制。而甲状腺切除手术则较少选择，主要还是因为这种疾病大部分发生在老年猫身上，还有其他并发症的发生（如肾脏病、高血压、心律不齐等），因此相对来说麻醉风险较高。在治疗患甲状腺功能亢进症的猫咪时，需要注意下面几点：

1　根据医嘱服用药物，并且定期复诊测量甲状腺素，依据甲状腺素的数值来调整药物剂量。

2　复诊时测量血压和心跳，确定血压和心跳在服用药物后是否有改善。

3　慢慢将猫咪的食物转换成处方食物，可以更有效地控制甲状腺功能亢进症。

4　猫咪在治疗过程中，食欲会慢慢恢复到生病前的状态，体重也会上升。

糖尿病

　　糖尿病也是一种常见的内分泌疾病，正常情况下，胰腺的 β 细胞会产生胰岛素，让身体细胞可以利用血液中的葡萄糖，作为能量的来源；缺乏胰岛素时，身体细胞无法使用这些葡萄糖，导致血糖浓度过高，进而造成体内持续性高血糖及尿糖的状况，导致疾病发生。糖尿病一般分成两种类型：Ⅰ型糖尿病是胰岛素依赖型，β 细胞被破坏，无法产生胰岛素；Ⅱ型糖尿病是非胰岛素依赖型，是胰岛素抵抗性，指的是即使产生的胰岛素的量足够，但无法正常工作，无法将血糖控制在正常范围内。猫咪所患的大多数属于Ⅱ型糖尿病。

　　此外，糖尿病平均发病年龄为10~13岁，其中以去势公猫较容易发生，而肥胖和有皮质醇增多症的猫咪也有较高的发病率。

症状

1　喝水量及排尿量异常增加。

2　猫咪容易变得很饿，会一直讨食。

3　猫咪会因为多喝和多尿造成严重脱水。

4　当高血糖状态持续存在，接着出现酮酸中毒的代谢障碍时，猫咪会变得不吃、嗜睡、体重减轻及出现呕吐症状，严重的甚至会造成死亡。

▶ 尿液检查机

诊断

1　**完整血液检查**：猫咪在空腹后血液中葡萄糖值超过250mg/dL。猫咪容易紧张，紧张或压力也会使血糖值增加，不过跟糖尿病不同的是，这种情况下血糖会在几小时内回到正常值。此外，血液检查也要排除肾脏疾病或甲状腺功能亢进症的可能性。

2　**果糖胺**：猫咪在非常紧张时，会出现"紧张性高血糖"，会造成血糖暂时性上升，这不是真的糖尿病。因此可以通过测量果糖胺来区别真性高血糖和紧张性高血糖。此外，果糖胺反映的是1~2周内的平均血糖值，对于确认糖尿病也比较准确。

3　**电解质异常**：如果糖尿病并发酮酸中毒或其他疾病时，会造成钾、钠、磷等离子的异常。

4　**尿液检查**：肾脏不会过滤葡萄糖，当血糖值过高时（大于250mg/dL），尿液中会发现葡萄糖。此外，也要做尿液培养，许多患糖尿病的猫会有泌尿道感染，而且若有酮酸中毒症，尿液中也会出现酮体。

5　**胰腺炎的血液检测**：约50%新诊断为糖尿病的猫咪都会有合并胰腺炎的发生，因此最好能排除患胰腺炎的可能性。

6　**影像学检查**：排除患其他并发症的可能性。

治疗

　　如今猫咪糖尿病被认为是可以治愈的疾病，只要及早控制、定期复诊、切实监测血糖浓度，有机会可以脱离糖尿病的"魔掌"，治疗方式如下。

1　**皮下胰岛素的给予**：临床上的胰岛素大多数是中效型或长效型胰岛素，都可以有效地控制血糖。一般会一天验多次血糖值，确定最高及最低的血糖值和时间点，找出血糖曲线图，以了解胰岛素治疗的状况及效果，并能帮助调整胰岛素的剂量。胰岛素一天注射两次，通常是在给食物时一起注射。

▲ 皮下注射胰岛素

2　**输液治疗**：如果糖尿病合并了其他疾病（如酮酸中毒），可能会需要静脉输液治疗。因为猫咪可能会严重脱水及出现电解质异常，这些异常必须在短时间内矫正，否则猫咪的状况会更为恶化，甚至死亡。

3　**并发症治疗**：如果糖尿病合并其他疾病一起发生，会使胰岛素治疗的效果变差。这些疾病包括高肾上腺皮质功能症、胰腺炎、感染和肥胖等，所以在治疗糖尿病的时候，也必须同时治疗其他并发症。

4　**饮食治疗**：饮食治疗在糖尿病猫咪的治疗中是一个重要的环节，因此除了给予皮下胰岛素治疗，还须配合饮食治疗，才能将糖尿病状况控制好。此外，当猫咪不自己进食时，必须强迫灌食，直到猫咪开始自己进食，因为若长时间不吃，有可能会并发肝脏、肠胃道疾病或营养不良。

5 **居家照顾**：当糖尿病猫咪的身体状况得到稳定控制后，接下来的居家照顾更重要。除了一天两次的胰岛素注射，饮食也必须选择处方饲料或低碳水化合物（如无谷物）饲料。而定时定量喂食对血糖的控制也是有帮助的，通常建议猫咪在注射胰岛素的时候喂食。

6 **定期复诊监控**：定期复诊，将在家中记录的食欲、体重及喝水状况等与医师讨论，并决定后续的治疗方式。

糖尿病动物的饮食治疗目的及注意事项

1 提供足够热量，以保持理想的体重，矫正肥胖或消瘦。体重的控制可以改善糖尿病状况。

2 尽量减少餐后高血糖，并通过定时给食同时配合给予胰岛素，促进血糖吸收。

3 肥胖会引起可逆性胰岛素抵抗性，因此肥胖的糖尿病猫如果能控制体重，也可有效控制血糖。

4 猫咪是肉食性动物，因此身体会以氨基酸和脂肪作为能量的来源，而不是碳水化合物；饮食中过多的碳水化合物会导致餐后性血糖浓度较高。

5 高蛋白、高纤维及低碳水化合物是最适合糖尿病猫的饮食。但高蛋白的食物对于有肾脏病及肝脏病的猫咪来说是不适合的，必须特别注意。

在家中监控的注意事项

1 注意猫咪的食欲，是否还是会过度讨食，或是吃不饱。

2 多喝和多尿的症状是否比高血糖时减少许多。

3 定期给猫咪测量体重，观察猫咪的体重是维持、轻微增加，还是持续降低。

4 精神状况是良好，还是呈现发呆状态，或是一直昏睡。

5 通过尿液试纸的颜色观察，是否出现尿糖或酮体反应。（建议早上测量。）

注意是否出现低血糖的症状

在治疗糖尿病的过程中，有些猫咪可能会出现紧张、流涎、呕吐、瞳孔变大、瘫软症状，严重的甚至会昏迷或抽搐。如果出现以上低血糖症状时，以针筒喂食猫咪糖水或50%的葡萄糖液，然后紧急送往医院治疗。

H 呼吸系统疾病

呼吸系统最重要的功能是：提供氧气给身体所有的细胞，移除身体细胞产生的二氧化碳。当猫咪呼吸时，空气分子通过鼻孔进入鼻腔内，过滤掉一些小分子异物，接着进入气管到达肺部，在肺部通过血液进行氧气及二氧化碳的交换。氧气由血液运送到全身细胞，而二氧化碳则排出体外。

正常猫咪的呼吸（腹部起伏）是有规律的，通常是每分钟 30~40 次。所以当猫咪张口呼吸或腹部的起伏变快、变用力时，有可能是猫咪有呼吸道疾病发生了；而咳嗽是猫咪少见的症状，因此发现猫咪咳嗽时，最好也带到医院检查一下。

猫哮喘

▼ 猫哮喘症状

猫呼吸道疾病中最常见的种类之一，是一种对环境中过敏原的过敏反应。这种猫科动物的急性呼吸道疾病与人的支气管哮喘类似，猫哮喘会出现咳嗽、喘气、运动不耐、呼吸困难等症状。气管持续地发炎会造成气管肿胀，导致分泌物过多，且狭窄的气管可能会因为分泌物形成的黏液栓子导致阻塞。

当猫咪暴露在有病原的环境中时，猫咪会将病原吸入气管中，而导致气管平滑肌突然收缩及发炎。症状持续出现时，延迟治疗会使病情加重，以及导致不可恢复的气管阻塞，造成猫咪无法吐气，导致呼气障碍，接着会有肺气肿和支气管扩张形成。此外，和人及狗的呼吸道比较起来，猫呼吸道中的嗜酸性球数量非常多，这也是猫咪容易有哮喘症状的原因之一。

气管过敏的原因来自呼吸道黏膜病变和过敏反应。常见的引起哮喘的病原包括草和花粉、香烟、飞沫（毛发、皮屑、跳蚤）、不干净的猫砂盆、污浊的空气、芳香剂和除臭剂、线香、室外的冷空气等。哮喘在猫任何年龄都会发生，但较常发生在 2~8 岁。

症状

80% 的猫哮喘症状为咳嗽、打喷嚏、呼吸有喘鸣声，猫咪呈母鸡蹲坐姿，颈部往前伸直，症状严重的猫咪甚至会呼吸困难。

诊断

1 **影像学检查**：从胸部X线中可以看到肺部有毛玻璃样的阴影，伴有支气管壁增厚。

2 **细胞学检查**：支气管肺泡冲洗液中会发现大量的嗜酸性球（有20%哮喘猫的末梢血液中嗜酸性球数量会增加）。将气管冲洗液做细菌培养及抗生素敏感试验，以确定是否有感染。

3 **心丝虫检验盒筛检**：有咳嗽症状的猫建议做此检查，以排除心丝虫感染的可能性。

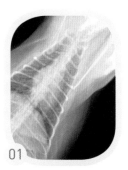

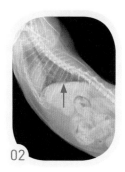

▶ 01／开胸腔X线下，肺原本是较黑的颜色
02／长期哮喘的猫咪，肺部会变白、不透明

治疗

1 **氧气治疗**：给予呼吸困难的猫咪氧气，可以缓解呼吸困难症状。

2 **给予类固醇和支气管扩张剂**：减少炎症反应、缓解症状及预防呼吸窘迫的发生。这些药物可能需要长期给予。

3 **抗生素**：如果发生肺部感染，需要抗生素的介入。

4 **给予吸入性药物**：吸入性的类固醇药物可通过定量喷雾剂、间隔器和面罩来给予，可用于替代口服类固醇的治疗。长期使用吸入性类固醇也不会出现类固醇的副作用。

预防

1 **体重控制**：过胖的猫咪容易有呼吸困难的症状，减重可以减轻这种症状。

2 **过敏原控制**：应避免使用易产生灰尘的猫砂、屋内禁烟、定期使用医疗级的空气过滤器，但效果有限。

　　哮喘猫的治疗必须根据医师的判断来调整药物剂量及药物使用频率，才能达到良好的治疗效果。

233

哮喘喷剂的使用

　　猫哮喘的控制跟人类哮喘一样，也可以使用吸入性喷剂来控制症状。不过，猫咪必须使用特殊器具才能顺利吸入喷剂。吸入性喷剂可以使用人医的药品，包括类固醇吸入剂（Flixotide®）和支气管扩张剂（Servent®）。

1　猫咪在第一次使用呼吸器时，可能会屏住呼吸，且会变得很紧张，因此用面罩罩住脸时，可以轻轻安抚猫咪，让猫咪放松。

2　吸入剂在第一次使用，或超过一周未使用时，请移除吸口盖并对着空气试喷一次，确定可以使用。

3　每次使用前，应轻摇吸入剂，并立刻使用。

4　注意吸入剂可喷用的次数，一般可用的喷剂次数为60次，所以要记录使用次数，在快使用完之前，就要提前准备新的药剂。

5　一般是先使用支气管扩张剂让支气管扩张，15分钟后再使用类固醇吸入剂，让药物可以进入更小的气道来产生作用。

▲ 吸入性药物治疗的工具（包括面罩、塑料吸入器及药物）

哮喘呼吸器的使用方式

Step1

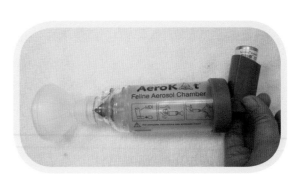

　　将面罩连接在分离器的一端，另一端则接上喷雾药剂。

 Step2　　将面罩轻轻罩住猫咪的口鼻。 ·············· Step3　　用手指压一下喷剂。

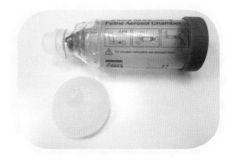

Step4　　让猫咪持续呼吸 7~10 次，再将面罩取下。·············

Step5　　使用完呼吸器后，拆除金属药罐，并将面罩及塑料部分拆开，以清水洗干净。晾干后，再重新组装使用。

胸腔积液

胸腔积液指的是各种疾病导致液体异常地蓄积在胸膜腔内。胸腔积液会压迫肺，使肺无法完全膨胀，造成猫咪呼吸困难。许多会导致血管发炎、血管内压力增加或血液中白蛋白减少的疾病，都有可能导致胸腔积液的形成。因此，郁血性心衰竭、慢性肝病、蛋白质流失性肾病、蛋白质流失性肠炎、恶性肿瘤、胸腔内肿瘤、猫冠状病毒感染、胰腺炎、外伤等都可能会引起胸腔积液。大量的淋巴管漏出称为乳糜胸，化脓性渗出液积存在胸腔内称为脓胸，末梢血液有 25% 以上的血液成分积存在胸腔内称为血胸。可通过胸腔穿刺术来采集胸腔积液，以区分胸腔积液是漏出液、修饰性漏出液、渗出液、乳糜液、脓水还是血水，并进行治疗。

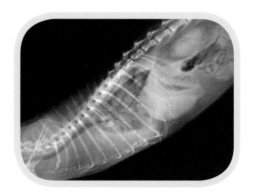

▲ X线片下，心脏轮廓消失，呈白雾状

▲ 猫咪会用力呼吸，或是张口呼吸

症状

　　没有年龄、品种和性别的特异性。胸腔积液并不会在一夕之间就大量产生，而且猫咪会减少活动来克服这样的状况，一旦超过身体所能负担的限度，才会出现症状让猫奴发现，所以胸腔积液很难在早期被发现。

　　猫咪早期只会出现嗜睡、厌食或体重减轻等症状。而大部分有胸腔积液的猫咪会呼吸急促或张口呼吸、发绀、发烧、脱水，以及出现端坐呼吸姿势。仔细观察猫咪腹部，当呼吸时腹部出现明显凹陷，就表示有呼吸困难的可能。

诊断

1　**听诊**：心脏的声音会很小。

2　**血液学检查**：全血计数、血液生化及病毒筛检有助于了解全身性的状况。

3　**胸腔X线片**：与正常的X线片比较，看不到猫咪心脏的轮廓，原本黑色的肺有约一半变成白色均质的影像。

4　**胸腔超声波扫描**：胸腔积液存在，可以借此发现小团块的状况。

5　**心电图**：有助于心脏类疾病的诊断及排除。

6　**胸腔积液的分析**：一旦确定猫咪有胸腔积液，就必须尝试抽取胸腔积液，这样除了可以缓解呼吸困难的状况，还可以根据采集到的胸腔积液来区分其种类。胸腔积液颜色、总蛋白、比重、细胞学的检查都可以提供诊断线索。

7　**细菌培养**：如果在细胞学检查中发现细菌，胸腔积液的细菌培养和抗生素敏感试验是必要的。

治疗

1　**给予氧气**：当猫咪呼吸困难或发绀时，必须先给予氧气，缓解猫咪的紧张状况，让呼吸困难的症状得以缓解。给予方式可以用氧气笼，因为氧气面罩会让猫咪很反抗，反而会使病情恶化。

2　**胸腔穿刺**：如果猫咪有呼吸困难的状况，可以先实行胸腔穿刺术，将胸腔积液抽出大部分，这会让猫咪呼吸困难的症状暂时缓解。但是猫咪如果非常抗拒医疗行为，可能必须轻微麻醉，因为猫咪在挣扎的过程中引起猝死的概率非常大。

而抽取出来的胸腔积液则须送交检验。

3　**放置胸导管**：如果胸腔积液持续形成，放置胸导管可以改善因胸腔积液压迫肺部引起的呼吸困难。某些胸腔积液是可以通过胸导管来治疗的，如自发性脓胸，必须每日进行1~2次的胸腔灌洗，持续两周时间。若能确认胸腔积液形成的病因，就必须针对病因加以治疗。

4　如果是乳糜胸，给予低脂肪的食物可以有效地减少胸腔积液形成。此外，乳糜胸也可以进行外科手术治疗。

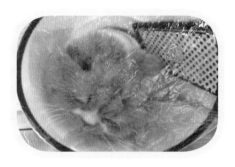

预后

　　该病的恢复会因胸腔积液的种类和呼吸困难改善状况而有所不同，如果及时找出造成胸腔积液的原因并进行相应治疗，大部分猫咪都能有良好的预后。

Ⅰ 循环系统疾病

　　心脏是一个重要的器官，它通过血液将营养和氧气运送到身体的各个部位。心脏有两个主要功能：第一是将身体器官使用氧后的低氧血送到肺部，再将充氧血送回身体器官；第二是收集来自胃肠道的营养物质，将这些营养物质送到肝脏进一步处理，再送到身体其他器官。如果心脏功能变差，导致这些功能受损，猫咪将会无法维持生命。

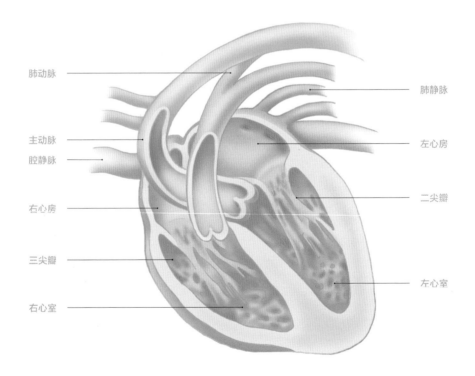

肺动脉
肺静脉
主动脉
左心房
腔静脉
二尖瓣
右心房
三尖瓣
左心室
右心室

　　猫的心血管疾病中最常见的是心脏疾病。高血压偶尔会发生，但大多伴随其他疾病而来，例如甲状腺功能亢进症或肾脏衰竭等。人类的高血压大多与血管疾病（如动脉硬化症）、肥胖、高脂血症、糖尿病等有关。但猫咪不同，肥胖、高脂血症和糖尿病会增加患高血压的风险，却少有因血管疾病引起的高血压。

肥大性心肌病

猫的心肌病主要分成三种：肥大性心肌病、扩张性心肌病和限制性心肌病。肥大性心肌病是猫最常见的心脏疾病，它的特点是原因不明及明显的左心室肥厚；而甲状腺功能亢进症、全身性高血压和主动脉狭窄等疾病也会继发左心室肌肉肥大。

肥大性心肌病的发生年龄为从8个月到16岁，患猫中约75%是公猫；波斯猫、英短和美短、缅因猫及布偶猫都被认为是与家族性疾病有关的品种。

症状

患轻度肥大性心肌病的猫通常不会出现临床症状，只是有些猫咪活动力下降，或是稍微运动后便容易喘。猫奴们可能会发现猫咪的精神和食欲变差，但大部分猫奴都是在猫咪呼吸变快、变得虚弱，甚至是张口呼吸或舌头变紫时，才会紧急地将其送到医院治疗。而这些严重症状的发生大多数是由胸腔积液、肺水肿或动脉栓塞症所引起的，猫咪随时都有可能发生猝死的状况，因此在移动的过程中必须特别小心，减轻猫咪的紧张感。

诊断

1. **听诊**：通过听诊可能会发现心脏有杂音（也就是异常的心跳声）或心跳速率异常，但也可能不会发现。

2. **血液检查**：除了常规的血液检查，6岁以上的猫咪还必须排除患甲状腺功能亢进症的可能性。

3. **X光检查**：心电图和胸腔X线片可以为诊断肥大性心肌病提供有用的线索，在典型的肥大性心肌病X线片下，侧躺照心脏变大，正照心脏变成钝型。

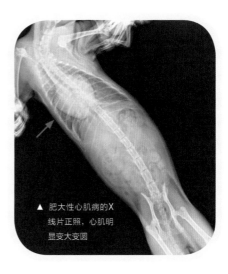

▲ 肥大性心肌病的X线片侧躺照，扩大的心肌

▲ 肥大性心肌病的X线片正照，心肌明显变大变圆

4 **超声波检查**：这是必要的诊断方式，通过超声波可直接测试心脏肌肉的厚度、心脏腔室的直径及心脏功能。

5 **血压检查**：猫咪的收缩压高于180mmHg时，必须给予高血压药物进行治疗。

治疗

由于心脏肌肉发生的变化是不可逆的，因此药物的治疗大都是为了改善心脏肌肉的功能及缓解临床症状，而不是治愈肥大性心肌病。一般会给予心脏病药物以延缓心脏的恶化，若并发肺水肿，还要同时进行利尿剂治疗。如果猫咪有合并高血压或甲状腺功能亢进症，则必须给予药物治疗。

预后

预后与猫咪疾病的严重程度有关，轻度至中度的肥大性心肌病在药物的治疗下，猫咪可以维持正常的生活，严重的也可能在几个月内就恶化。除了长期进行心脏病的药物治疗，也必须定期复诊检查，并根据检查结果和医师讨论剂量上的调整。此外，也尽量减少让猫咪紧张的外在因素，例如洗澡或是外出。

动脉血栓症

动脉血栓症是肥大性心肌病常见的并发症，且会造成猫咪生命危险。肥大性心肌病会导致血液滞留在心脏内，加大血栓形成的概率。血栓随着血液循环到身体各处的血管形成栓塞，导致局部缺血及坏死。

症状

在临床上最常发生在后肢动脉，因为后脚的血流受到阻碍，导致后脚冰冷，肉垫变成紫黑色，且摸不到大腿内侧的脉搏。栓塞会造成后脚突然麻痹，甚至瘫痪无法行走，猫咪会非常痛苦。

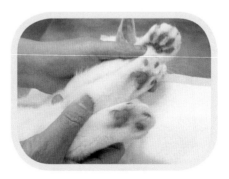

▲ 肉垫变成紫黑色

诊断

与肥大性心肌病相同，胸腔听诊、常规血液检查、心电图和胸腔X线片、血压测量及心脏超声波检查，对于由心脏疾病引起的动脉栓塞症都是必要的检查。

治疗

　　一般是给予溶解血栓的药物来进行治疗，并不建议通过外科手术移除，其预后通常很差。约有一半的猫咪会因为全身性血栓栓塞症及心衰竭的急症，在6~36小时内死亡。而存活下来的猫咪大多是在24~72小时内症状开始缓解，肢体功能开始改善，但之后还是可能会因为心脏疾病而死亡。

猫心丝虫

　　传染猫心丝虫的媒介为蚊子，蚊子叮咬猫咪后，通过血液将心丝虫传染给猫咪。感染的平均年龄为3~6岁。

▲ 猫心丝虫检验套组

症状

　　大部分感染猫并不会有明显临床症状，但可能会显现一些慢性化的临床症状，包括间歇性呕吐、咳嗽、气喘（间歇性呼吸困难、喘息、张口呼吸）、反胃、呼吸过速、嗜睡、厌食或体重减轻；当然有些猫也可能显现急性的临床症状，就看成虫对哪些器官产生了伤害，急性临床症状如衰弱、呼吸困难、痉挛、下痢、呕吐、目盲、心跳过速、晕厥或突然死亡。

诊断

1　**心丝虫检验套组**：有猫专用的心丝虫检验套组，只需几滴全血，就可以在十几分钟内确认有无心丝虫的感染。

2　**胸腔X线片**：胸腔X线片也是必要的检查，除了可以排除肺部的问题，如果X线片下有肺动脉扩张的影像，就怀疑有心丝虫的可能。

3　**心脏超声波**：这样的检查花费较昂贵，且必须由专业的动物心脏专科医师来进行。

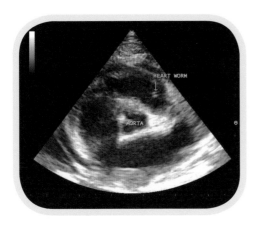

▲ 超声波可发现心丝虫（剑桥
动物医院翁伯源医师提供）

治疗

　　狗狗的心丝虫治疗已有相当安全的药物可供使用，但这些药物并不适用于猫咪，因为会产生严重的毒性，所幸大多数感染猫并不会有明显的临床症状，并不需要特别的药物治疗，可以静待心丝虫在 2~3 年内自行老化死亡，若有相关肺部临床症状出现，大多会采用类固醇来加以控制；若有严重的心肺症状，就必须进一步提供支持疗法，如输液治疗、氧气治疗，使用气管扩张剂、心血管药物、抗生素，限制运动及良好的护理照顾等。

预防

　　因为猫心丝虫在治疗上无法直接杀灭成虫，只能消极地对症治疗及采取支持疗法，所以预防就显得相当重要。

1　**居家防蚊**：蚊子叮咬是猫咪感染心丝虫的途径，所以在蚊子活跃期间，应做好居家环境的防蚊工作，只要猫咪暴露在有蚊子出没的环境中，或者社区内有许多放养的狗或流浪狗，都应该接受心丝虫的预防。

2　**口服预防药/局部滴剂**：猫咪应在超过6月龄后先进行血液筛检，确认有无心丝虫感染，然后再决定采用哪一种预防方式，目前有口服预防药及局部滴剂两种，口服预防药为猫心宝和倍脉心，每月服用一次；局部的体外滴剂则有宠爱、心疥爽和全能猫，也是每月滴用于颈背部皮肤一次。

J 生殖系统疾病

　　母猫生殖系统疾病大多发生于中老年且未绝育的母猫身上，相关的疾病包括子宫蓄脓症、乳腺肿瘤、乳腺炎和卵巢肿瘤，这些疾病的发生大多与性费洛蒙有关，而这些疾病的治疗方式大多需要外科切除合并化学治疗。

母猫生殖器官

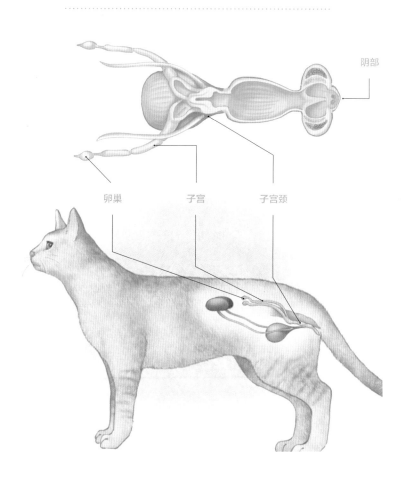

卵巢　　　　子宫　　　　子宫颈　　　　阴部

子宫蓄脓症 ▬▬▬▬

母猫发情时，子宫会做好怀孕的准备，此时细菌也很容易进入子宫内。如果细菌在子宫内过度增殖，造成大量脓液形成，并蓄留在子宫内，就可能引起子宫蓄脓症。子宫蓄脓症大多发生在发情结束后，其中以中老年未绝育的母猫发生率最高。

▲ 开放性子宫蓄脓症，阴部会有带脓血的分泌物产生

症状

临床症状为腹部膨大、厌食、嗜睡。患开放性子宫蓄脓症时，母猫的阴部会有脓样分泌物排出，而发烧及多喝、多尿的症状则是比较少见的；如果母猫反复发情但不繁殖，很容易导致子宫内膜增生，因此，更容易导致子宫蓄脓症。

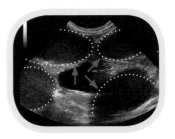

▲ 超声波下可以看到四个灰色的囊状物，为蓄脓的子宫

诊断

大部分猫会有明显的白细胞增加与白细胞的核左转，小部分猫会贫血；而在疾病末期则会有高球蛋白血症及低白蛋白血症。如果严重子宫蓄脓，X 线片下可以发现扩张的子宫。

治疗

治疗方式包括初期的对症及支持疗法，进行输液及给予抗生素，并对阴道流出的分泌物进行细菌培养及做抗生素敏感实验。接着就是以外科手术方式来切除卵巢及子宫，但如果猫咪还需要生育，也可以单纯给予药物治疗来保留日后的生育能力。

▲ 从子宫内抽出的脓状分泌物，用作细菌培养

乳腺肿瘤

　　乳腺肿瘤占母猫所有肿瘤的 17%。乳腺肿瘤大多发生在平均年龄 10~12 岁的母猫身上，较少在公猫身上发现。6个月前绝育的母猫只有低于 9% 形成恶性乳腺肿瘤的概率，因此大都建议在猫咪年轻时先绝育。

　　此外，猫的乳腺肿瘤有可能侵犯淋巴和血管，且容易转移，有 80% 的肿瘤确定转移时，可能会造成猫咪死亡。转移常会涉及淋巴结、肺、胸膜或肝脏，许多猫会因肿瘤转移到胸腔而形成胸腔积液，导致呼吸困难。

▲ 乳腺肿瘤

诊断

1　**触诊**：以手触摸乳头周围可以发现小肿块物。如果是单一肿块，可以通过手术完全切除，并做组织病理切片，通过切片报告可以知道肿块的细胞来源及区别恶性或良性的病变，对于日后的化学治疗会有帮助。

2　**影像学检查**：胸腔X线片可以辅助诊断肿瘤是否转移到了胸腔，若有胸腔积液形成，采集胸腔积液，并做细胞学检查。

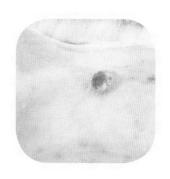

▲ 乳腺肿瘤

治疗

　　确诊为恶性乳腺肿瘤后，全乳腺外科切除是首选的治疗方式，但乳腺肿瘤在手术切除后仍有转移的可能。因此，建议术后同时以化学疗法作为辅助，并定期追踪胸腔 X 线片。

预后

　　从确定恶性乳腺肿瘤到死亡约一年。会影响生存时间的因素包括肿瘤的大小（最重要）、手术范围及肿瘤的组织学分级。母猫的肿瘤直径如果大于 3 厘米，平均生存时间为 4~12 个月；若肿瘤直径为 2~3 厘米，平均生存时间约 2 年；如果肿瘤细胞侵犯到淋巴管，预后则非常差。因此，在猫咪 6 个月大时进行绝育手术，可以降低乳腺肿瘤的发生率。此外，最好定期帮老年猫做乳房触诊，如果发现小肿块，赶紧带到医院请医师检查，别让猫咪在年纪大时还得受这些治疗之苦。

乳腺炎

乳腺炎比较容易出现在猫咪产后，一般是与乳汁长期分泌过度或猫咪生活环境的卫生条件差有关。

乳腺炎大多是因细菌感染引起的，部分猫咪的乳头周围会红肿、疼痛。此外，猫咪会明显地发热、厌食；严重时，还可能会有脓肿的发生，且有脓与血液混杂的分泌物由乳头分泌出来。

根据临床症状，可通过血液学和细胞学检查来诊断，同时也可采乳头分泌物来进行细菌培养和抗生素敏感试验，以选择适当的抗生素治疗。如果母猫还在哺乳小猫，则由人工哺育小猫，减少对乳腺的刺激。

卵巢肿瘤

卵巢肿瘤主要是因为荷尔蒙分泌过多而引起的，平均发病年龄为 7 岁。在猫较少见，主要也是因为现在的猫奴们都有帮猫咪做早期绝育手术的观念。高动情素血症的特征包括持续性发情、过度激动的行为、脱毛和囊性或腺瘤性子宫内膜增生；猫也会有呕吐、体重减轻、腹水和腹部膨大的状况发生，并且可能会造成肿瘤破裂和腹腔内出血。可以触诊，也可通过超声波、X 线片等方式诊断，再以外科手术切除。

▲ 卵巢肿瘤

公猫的生殖系统疾病较母猫来得少见，如果又不出门，那么到底需不需要做绝育呢？这大概是很多猫奴心里的疑问。在临床上最常碰到的公猫未绝育的问题有：猫咪到处乱尿尿，或猫咪对布娃娃、棉被或猫奴的手、脚有交配动作。此外，未绝育的猫咪会想往外跑，如果不小心跑出去，除了容易感染疾病或寄生虫，也容易跟流浪猫打架受伤或是发生交通意外。所以建议还是尽早帮猫咪进行绝育手术吧！

公猫生殖器官结构图

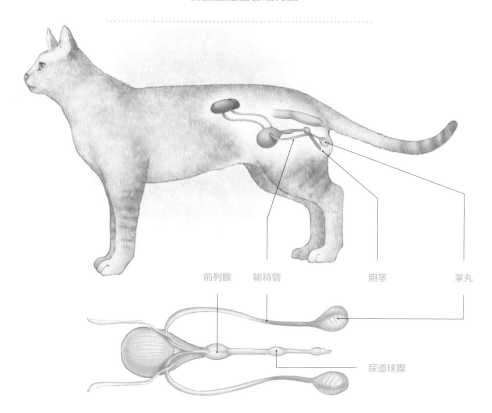

前列腺　输精管　　　　　阴茎　　　睾丸

尿道球腺

隐睾及睾丸肿瘤

公猫在幼年时期睾丸是在腹腔内的，到了2~3个月大时，睾丸才会由腹腔内下降到阴囊内。这时从外观上才能看到明显的公猫生殖器官。但有些猫咪的睾丸没有完全下降，如果睾丸仍然存在于腹腔内，称为腹腔隐睾；睾丸存在于鼠蹊部的皮下内，称为皮下隐睾。睾丸停留在腹腔内或皮下会有患睾丸肿瘤的可能性。隐睾一般在纯种猫身上发现得较多。

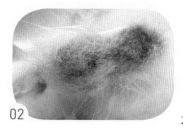

▶ 01／左边为肿大的睾丸肿瘤，右边为正常大小的睾丸
02／隐睾

247

K 皮肤疾病

　　皮肤是重要的身体器官，覆盖在身体表面，不但可以防止水分和营养流失，还可以防止微生物侵入或其他外界的刺激性伤害。此外，皮肤也连接了许多附属器官，如汗腺、皮脂腺、毛发、指甲等。因此，当皮肤发生疾病时，会对身体造成许多影响。

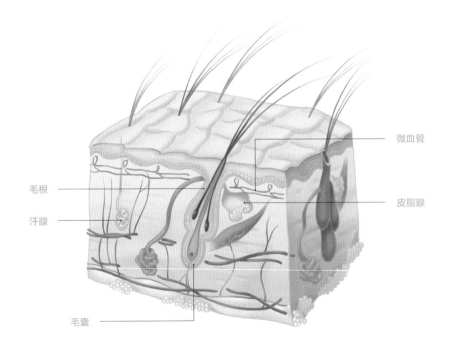

毛根
汗腺
毛囊
微血管
皮脂腺

　　近年来，皮肤疾病发病率有增加的倾向，可能与空气污染、紫外线影响、环境改变、营养不良、药物过度给予有关。造成皮肤疾病的原因很多，下面只提几个在猫身上比较常见的原因。

猫咪发生皮肤疾病的原因主要可分为以下几种。

1　**感染**：寄生虫、霉菌、细菌等。

2　**过敏性**：食物性、接触性、吸入性等。

3　**内分泌性**：副肾上腺皮质功能症等。

4　**营养不良**：缺乏某些营养物质。

5　**免疫功能异常**。

6　**心因性过度舔毛**。

猫粉刺

猫粉刺通常发生于成年猫或老年猫，幼猫较少发生。患猫粉刺时，猫咪下巴部位会有黑色分泌物堆积，就像人类的黑头粉刺一样，如果有合并感染，就会形成毛囊炎或疖病（Furunculosis），此时就可能使得下巴肿大。猫粉刺的确切成因不明，大多与猫咪本身的毛发清理工作不到位有关，当然也可能继发于毛囊虫、皮霉菌病或马拉色氏霉菌属（Malassezia）感染。换个角度而言，原发性的粉刺问题也可能会继发细菌、霉菌或马拉色氏霉菌属感染。而近年来的研究发现，猫粉刺与使用塑料食盆有相关性，因此可以使用其他材质的食盆，降低猫粉刺发生率。

诊断

1. **外观**：外观是最明确的诊断依据，如猫咪的下巴总是脏脏的，且若有继发感染时，就可能会出现下巴肿胀、结节、红疹、痂皮。

2. **实验室诊断**：对于这样的病例也不应轻视而骤下诊断，最好能先进行拔毛镜检，观察是否有霉菌孢子，若有皮肤渗出液出现，应以玻片直接加压于病灶，风干后染色镜检。

3. **细菌培养**：当怀疑有继发感染时，必须做细菌及霉菌培养。

4. **切片检查**：如果初步治疗后并无改善，就应考虑进行皮肤生检。

▲ 猫粉刺，在下巴处会有很多黑色小颗粒堆积

治疗

大部分猫粉刺无须治疗，仅是美观上的问题而已，若是有继发感染或猫奴坚持时才需要医疗的介入，且只能对症处理，无法根除。

1. 初步治疗时，局部的剃毛会有助于药物的涂敷，可以局部涂敷抗生素软膏，每日1~2次。在涂敷抗生素软膏之前，可以先用棉花或卸妆棉沾温水，覆盖在下巴上30~60秒，让毛孔打开，使药物更容易渗透进去。

2. 下巴也可以视状况定期清洗，每周1~2次，清洗前先热敷几分钟，让毛细孔扩张，再以药用洗毛剂局部轻柔按摩清洗，但对有些猫咪而言可能会产生皮肤刺激作用，可以改用其他温和的洗剂。

3. 如果局部的治疗效果不佳或施行不易，或许可以考虑其他口服药物治疗，但必须考量这些药物的副作用。

249

种马尾

猫尾巴根部的背侧面富含皮脂腺，会分泌油脂来作为气味标识之用，而种马尾指的是这些皮脂腺分泌过多的油脂，使得尾巴根部及臀部背侧有大量的油脂堆积，会让这些区域的毛发黏附成一束一束的。大部分猫咪并不会因为种马尾而不适，但如果有继发二次性的细菌、霉菌或皮屑芽孢菌感染，可能就会引发不同程度的痒觉及其他可能的病灶。种马尾好发于未绝育的公猫，但不论公猫还是母猫，不论绝育还是未绝育，都可能发生，好发的品种为喜马拉雅猫、波斯猫、暹罗猫及雷克斯猫（Rex）。患猫的后躯背部皮脂漏若有继发感染，可能会出现毛囊炎、黑头粉刺及疖。

症状

临床症状为靠近肛门的尾巴背面会肿胀脱毛，发炎引起的疼痛及瘙痒感使得猫咪会一直舔舐和咬尾巴，造成病变部位扩大。

▲ 靠近肛门的尾巴根部的毛会油油的

诊断

可以拔毛镜检及进行霉菌培养、皮肤刮搔物的新甲基蓝染色，以确定有无继发感染。

治疗

1 **剃毛**：可以让局部洗剂效果更佳。
2 **药用洗毛精**：定期采用皮脂漏专用洗毛精清洗患部，轻轻按摩患部，一周洗2~3次。
3 **绝育手术**：有些公猫的确会因为绝育而改善，但该方法并非对所有病例都有效。
4 **继发感染**：针对继发感染的病原给予药物。

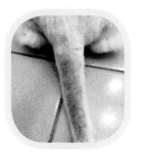

▲ 将尾巴毛剃除，再使用外用药，效果较好

霉菌

最常见的是犬小牙胞菌感染。一般是通过直接接触感染，例如接触到感染的动物或环境。此外，健康的皮肤是一个保护屏障（如角质层的保护），因此较不容易感染霉菌。当免疫力降低，或湿气让皮肤的保护力变弱时，就容易感染霉菌。

症状	诊断
受到霉菌感染的部位会呈现圆形脱毛，脱毛的部位有时会有大量的皮屑，大部分猫咪不会有太明显的瘙痒症状。	可以通过伍氏灯、霉菌培养皿、显微镜协助诊断。

▼ 01／霉菌感染的照片
　02／左边的培养基没有霉菌生长，右边的有霉菌生长
　03／人的霉菌感染会造成皮肤红斑及痒感

治疗

一般是给予口服抗霉菌药治疗大约一个月，治疗期间也可以合并抗霉菌的药浴，以达到更好的治疗效果。药浴时的泡沫最好在猫咪身上停留 5~10 分钟，一方面是让药渗入，一方面是让身上的皮屑软化，在冲洗时可以将皮屑及脱落的毛洗干净。擦拭猫咪身体的毛巾，最好选择抛弃式的，以免重复感染，甚至可以使用餐厅纸巾，用过就丢弃。当停用口服药后，还是可以持续药浴 2~4 周，确保霉菌完全好了。疗程结束后，还必须做霉菌培养，确定没有霉菌孢子才能停药。

预防

平日预防最好以吸尘器去除环境中的霉菌孢子，也可将漂白剂和水以 1:30~1:10 的比例进行稀释，用稀释液来消毒用品及毛巾。最好能将感染霉菌的猫隔离，以免传染给其他健康的猫咪。而人如果常抱着或是抚摸被霉菌感染的猫咪，也容易因此感染霉菌，且女性和小孩子较容易感染。皮肤会有圆形红斑，会扩大且会有瘙痒感。在直接接触的部位较常见，如手臂和脖子。如果感染到头部，会有圆形掉发。

251

疥癣

猫咪的疥癣是由耳螨（Notoedres Cati）的疥癣虫感染所造成的，疥癣虫会躲藏在皮肤组织内，若直接接触感染疥癣的猫，会导致感染。

症状

感染疥癣的猫的皮肤会极度瘙痒，甚至造成皮肤出血。受到感染的皮肤会变厚及脱毛，也会出现皮屑。而皮肤的病变通常是从耳朵边缘开始的，之后是头部、脸部和脚。

诊断

以皮肤搔刮，采取毛发样本，在显微镜下观察毛发样本，可以发现疥癣虫。

治疗

确诊后可以用外用洗剂治疗 4~8 周，合并使用外用除虫滴剂会让治疗效果更好；同时也有针剂治疗，但对猫咪的副作用较大。

预防

避免健康猫咪直接接触感染猫咪，并且定期滴体外除虫滴剂，可以预防疥癣虫的感染。

▲ 猫咪因感染疥癣而皮肤极度瘙痒，头上有秃毛现象

▲ 在显微镜下观察毛发样本，可发现疥癣虫

过敏性皮炎

　　过敏的概念基于免疫系统对物质过度、异常的反应，但这种物质通常不会在体内发现。只有小部分猫是先天性过敏。相反地，接触到异物几周到几个月，甚至几年后，可能会形成过敏。因此，过敏在小于 1 岁的猫身上并不常见。而猫的过敏途径可分为三种：食物、跳蚤及吸入。接触性过敏是另一种形式的过敏，在猫身上较少见。与人类不同，猫咪的过敏性皮炎主要且一般的过敏表现是搔抓。呼吸道的症状（打喷嚏、哮喘）并不是猫过敏最常见的症状。

　　猫食物性过敏性皮炎，是食物或食物添加物引起的过敏反应，如果反复给予过敏性食物，会加重皮炎的症状。这类过敏性皮炎可能发生在任何年龄；不过，猫咪的过敏性皮炎以跳蚤性的发生频率最高，其次才是食物性的。

▲ 01／过敏性皮炎造成面部严重发炎
　　02／过敏性皮炎造成耳后搔抓

症状

　　猫的食物性过敏性皮炎的特征是非季节性瘙痒，对类固醇的治疗反应不好。瘙痒的部位可能局限在头部和颈部，但也有可能在躯干和四肢；皮肤可能会出现脱毛、红斑、粟粒状皮炎、痂皮、皮屑等，也可能会发生外耳炎。

　　临床症状为第一次进食该食物后有明显的脸部和颈部瘙痒症状。如果反复给予同样的食物，该症状会扩展到全身，脱毛的部位和皮屑都会增加，严重时甚至会出现伤口。

诊断

　　可以用显微镜检查，以排除霉菌、寄生虫（如疥癣）和跳蚤所造成的皮肤病，并搭配过敏原检测。

治疗

1　**抗生素治疗**：以防止二次性细菌感染造成的脓皮症或外耳炎。

2　**给予止痒剂**：皮肤瘙痒可给予止痒剂，以及补充必需脂肪酸（皮肤营养剂）。

3　**食物简单化**：可给予低过敏原的饲料（例如水解蛋白食物），或单一配方的饲料（例如单一种肉类、无谷物饲料），以减少接触到过敏原的概率。

嗜酸性球性肉芽肿复征

这样的病名就连兽医师念起来都有点拗口，一般饲主听到这样的病名也不得不肃然起敬，其实如果把这样的名词一一拆解，大家或许就比较容易懂了。嗜酸性球是白细胞的一种，在血液中占极少的分量，它的增多与过敏、免疫反应及寄生虫感染有关；而肉芽肿则是由肉芽组织构成的肿块，当肉芽组织内存在大量嗜酸性球时，就称为嗜酸性球性肉芽肿；当这样的肉芽肿有很多样化的呈现方式时，我们就会把它们集合起来统称为嗜酸性球性肉芽肿复征。猫的嗜酸性球性肉芽肿有以下三种主要的呈现方式。

1　嗜酸性球性斑

是一种过敏反应，最常发生于昆虫叮咬后，如被跳蚤及蚊子叮咬。其他过敏如食物过敏、环境中的过敏原或异位性皮炎，则较少见。病灶呈现界限分明的隆起脱毛区或溃疡，通常出现在腹部的腹侧及大腿内侧，病灶会非常痒，所以会被猫咪舔得湿湿的。

2　无痛性溃疡

病灶界限明显，位于上唇，有时单侧发生，有时双侧发生，病灶呈现湿湿的溃疡状，外观看起来像火山口一般。可能与跳蚤过敏、食物性过敏及基因有关，有极少数病例会演进成鳞状上皮细胞癌。

3　线状肉芽肿

典型的病灶位于大腿后侧，呈现界限明显、脱毛、细绳状的组织隆起，也可能发生于猫咪脚的肉垫、咽头及舌头上，有些猫咪则会呈现下唇或下巴的肿大外翻，就是俗称的"肥下巴"。通常也可能会并发周边的淋巴结病，但引发瘙痒的程度则不一致。

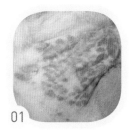

▲ 01／嗜酸性球性肉芽肿　02／下巴肿大，俗称"肥下巴"　03／无痛性溃疡是发生在上唇的溃疡

诊断

1 **细胞抹片**：若病灶呈现溃疡或有渗出物时，可以用玻片直接加压于病灶上并往一个方向移动，就可以得到组织抹片，于染色后进行显微镜检查，可以看见发炎的细胞以嗜酸性球为主。

2 **组织采样**：任何怀疑的肿块应先进行组织生检采样，并由病理兽医师进行切片检查，如此才能确诊。

3 **血液检查**：通知血液检查或许可以发现血液中的嗜酸性球增多，但并非绝对，尤其是无痛性溃疡。

治疗

1 **移除过敏原**：详细的问诊及细心的分析或许可以发现某些可能的过敏原，如跳蚤、蚊子或食物，将这些可能的过敏原移除后，或许猫咪就可以痊愈。

2 **类固醇**：这是最常被用来治疗嗜酸性球性肉芽肿复征的药物，而且猫咪身体内糖皮质醇的接收器比狗少得多，所以高剂量下也很少引发副作用。

3 **免疫调节剂**：已被用于处理一些难以控制的病例，可能会有副作用，且效果不一定，但免疫调节剂对某些病例的确有控制效果。

4 **添加脂肪酸**：可能成功地消除或缓解某些病例的症状。

虽然可能需要持续、重复地治疗，但对大部分病例而言效果是良好的，如果能将潜在的可能过敏原消除，当然就更为理想了。

L 体内外寄生虫

　　寄生虫感染是新进小猫常见的疾病，尤其在流浪猫身上最常见。因此，如果没将新进小猫做好隔离或驱虫，很容易就会让家中的猫咪感染寄生虫。寄生虫一般分成体内寄生虫（蛔虫、球虫、绦虫、梨形鞭毛虫及心丝虫等）和体外寄生虫（跳蚤、疥癣虫等）。如果猫咪处于半放养状态，常常有机会接触外界或其他流浪猫，可能就需要特别注意寄生虫感染的问题。寄生虫不但会感染猫咪，也会传染给人，属于人畜共通的传染病。定期帮猫咪驱虫，可以有效防止猫咪感染寄生虫，也可以防止其传染给人。

蛔虫

　　猫体内寄生虫最常见的是蛔虫，主要寄生在消化道，是体长 3~12 厘米的线状寄生虫。

感染途径

　　大多数是经口吃入虫卵而感染，例如接触到被污染的粪便，或是体内有蛔虫的母猫通过乳汁将其传染给小猫。

症状

1　感染蛔虫会造成小猫呕吐、下痢，有时甚至会在呕吐物或粪便中发现虫体。
2　感染的幼猫可能会腹部胀大、体重减轻和发育不良。
3　成猫感染后通常无症状，有些猫咪可能会直接拉出或吐出虫体。

治疗

　　确诊后，给予口服驱虫药，隔两周再驱一次。第二次驱虫主要是要杀死从卵孵化出来的成虫。

预防

　　平日预防可给予口服驱虫药来预防，也可用体外驱虫滴剂，一个月使用一次。有新进小猫时，除了常规性驱虫，还必须将其隔离一个月。

人类的症状

　　人也会感染蛔虫，特别是免疫力弱的老人和小孩；蛔虫卵会在肠道中孵化成幼虫，在肝脏、眼睛、神经等身体器官中移行，幼虫在人的内脏中时，会造成食欲不振和腹痛的症状；若幼虫移行到神经，会造成运动障碍和脑炎；若移行到眼睛，则会发生视力障碍。

绦虫

瓜实绦虫也就是所谓的绦虫，一般为 50 厘米长的体内寄生虫，主要寄生在猫咪的小肠之中。

感染途径

绦虫不像蛔虫那样是通过虫卵感染的，一般是跳蚤食入绦虫的虫卵后，跳蚤的体内有绦虫的幼虫寄生，如果猫咪在舔毛的过程中将跳蚤食入，也会造成猫咪感染绦虫；而若跳蚤跳入人的口中，人也会因此感染绦虫。此外，接触到被污染的粪便也有可能感染绦虫。

症状

成猫大多没有症状，有些猫咪会因为痒而有磨屁股的动作。但小猫可能会有下痢症状，严重下痢甚至可能导致脱水，但较少见。

在猫咪的粪便中或肛门口周围可以发现白色、像米粒大小的虫体，会伸缩移动。干后的绦虫会变成芝麻大小的颗粒，可在猫咪周围发现。

治疗

可给猫咪口服驱虫药，隔两周再驱一次，也可用体外驱虫滴剂（滴及乐）。

预防

平日预防可给予口服驱虫药，也可用体外驱虫滴剂，一个月使用一次。预防跳蚤感染可以降低食入绦虫的概率，有新进小猫时，除了常规性驱虫，还必须隔离一个月。

人类的症状

大多数人也没有症状，但是小孩感染的话，可能会有腹痛及下痢的发生。

▼ 01／在下痢便中可以发现白色、像面条的蛔虫在动
01／吐出的食物中掺杂蛔虫
03／粪便显微镜：在显微镜下检查会发现蛔虫虫卵

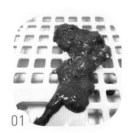

▲ 01／喂小猫吃驱虫药　02／绦虫　03／排出体外的绦虫片节会干掉，像芝麻大小

球虫

球虫是具有专一性的细胞内寄生虫，一般是在小肠中。对抵抗力差的幼猫会造成严重的下痢症状，如果没有治疗甚至可能造成死亡。球虫能在体外环境中生存几个月之久。

感染途径

球虫的感染是通过猫咪吃入被球虫污染的食物或水直接感染，或是猫咪吃入带有球虫的宿主（啮齿类动物）而间接感染。之后球虫会在小肠中发育而增殖，再通过粪便排出，继续感染下一只猫咪。1个月大的幼猫如果处于紧迫或拥挤而且卫生条件差的环境中，会造成免疫功能降低，球虫感染也容易因此发生。

症状

感染的小猫会有下痢症状及黏液性血便，下痢会导致小猫体重变轻、发育不良及脱水；症状严重的小猫甚至会死亡。而成猫若感染球虫通常没有症状。

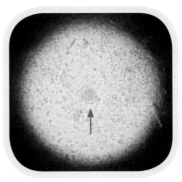

▲ 球虫虫卵

诊断

一般临床上，可以通过显微镜检查发现球虫的卵囊。

治疗

症状轻微的小猫可以使用两周的口服药来治疗。如果是有脱水、电解质不平衡或贫血症状的小猫，则需要输液或输血治疗，也需要额外地补充营养。

预防

平时，猫咪排泄后的粪便处理要格外当心，要保持适当的环境卫生并进行害虫防治，避免过度拥挤和小猫紧张。此外，母猫在怀孕前如果感染球虫，也必须先治疗。

梨形鞭毛虫

寄生在猫咪的肠道中，它们被包在囊内，会通过肠道随着粪便排出。

感染途径

多为猫咪接触到被感染的粪便、被污染的水和食物而感染，免疫力差或是高密度饲养环境中的猫发生率较高。

症状

症状为下痢、体重减轻，严重的甚至会食欲降低、脱水及精神变差。

诊断

临床上有梨形鞭毛虫的快速筛检试剂，准确率高，且直接采取新鲜的粪便就可以马上做检查。也可以通过粪便显微镜检查，在显微镜下有可能看到囊胞。

治疗

若确诊，则口服杀虫药 1~2 周。

预防

由于梨形鞭毛虫是人畜共通传染病，加上梨形鞭毛虫的囊胞可以长期存在于环境中，所以猫咪容易反复感染，因此要格外注意家庭环境卫生。若猫咪平时会往户外活动，则很难做到完全控制感染源。

毛滴虫

是一种寄生于大肠的单细胞原虫，会引发猫慢性软便、黏液便。

感染途径

毛滴虫在潮湿的环境下可以存活一周，大部分是通过粪便经口感染的，但也可通过其他病媒传播，如苍蝇。

症状

恶臭的膏状或半固体状大肠性下痢，也常伴随血液及黏液的出现，常常会有腹鸣及里急后重。

诊断

可通过对新鲜的粪便进行检查来发现虫体，但不一定能发现。

治疗

口服专用药物两周。

跳蚤感染

跳蚤最常引起的症状是瘙痒、脱毛，较严重的会造成过敏性皮炎。皮炎的发生主要是因为跳蚤在吸血时会分泌唾液使血液无法凝固，而这个唾液会使猫咪的皮肤出现过敏反应，皮肤上会出现小红疹，颈部和背上会有脱毛现象。如果幼猫身上感染了非常多的跳蚤，容易造成贫血。此外，跳蚤也会带原绦虫，造成猫咪感染绦虫症。

诊断

用蚤梳梳毛，可发现跳蚤的排泄物或跳蚤，如果猫咪身上的跳蚤数量很多，甚至拨开颈背部的毛就可以直接发现。

治疗

体外寄生虫除虫滴剂可将猫咪身上的跳蚤杀灭，而对于跳蚤引起的过敏性皮炎，则必须靠口服抗生素及止痒药来缓解瘙痒和发炎的症状。

预防

平时可以一个月点一次体外寄生虫除虫剂，以预防跳蚤传染。此外，家中的环境必须定期清扫消毒，避免跳蚤及卵残留在环境中。

人类的症状

人被跳蚤叮咬的部位主要是在膝下，会起红疹、有瘙痒感，而且会起水泡，甚至会肿起来。

跳蚤小档案

- 跳蚤是黑褐色、细长的小虫，在猫的表皮毛发间爬行，且跑的速度很快（但跳蚤平时是跳的）。
- 在猫的皮肤表面产卵，一天可产4~20个卵。有时在猫的身上可以看到很多黑色的小颗粒，那是跳蚤的排泄物而非卵。
- 最适合跳蚤生存的温度为18~27℃，湿度为75%~85%。
- 跳蚤是瓜实绦虫的中间宿主。
- 虫卵1~10日会孵化，而幼虫在9~10日内会有三次脱皮，蛹会在5~10日内变成成虫。
- 成虫可以存活3~4周。

▲ 跳蚤为黑色、细长的小虫，
会在猫咪的毛发间爬行

▲ 01／过敏性皮炎造成的后躯脱毛　02／用蚤梳梳毛可以发现跳蚤及其排泄物
　　03／翻开猫咪的毛，可以发现很多黑色的跳蚤排泄物

体外除虫滴剂的使用

Step1

根据猫咪体重，
选择适合的除虫滴剂。

Step2

滴剂使用的部位
最好是猫咪舔不到的
地方，如颈部。

Step3

将毛拨开，将滴
剂滴在皮肤上。

Step4

等待毛干即可。

Ⓜ 传染性疾病

　　猫咪所患的传染性疾病大都具高度传染性，猫咪得传染性疾病时几乎都会有严重症状甚至导致死亡。而这些传染性疾病都是猫咪接触到感染源，或是没有施打疫苗的状况下所造成的感染。因此，猫咪应该定期接种这些疾病的疫苗，将新进猫咪完全隔离，尽量室内饲养，降低其与外面猫咪打架的概率，这样才能有效降低猫咪感染传染病的概率。

猫鼻气管炎（疱疹病毒）

　　猫鼻气管炎会造成传染性结膜炎及上部气管发炎，特别是当幼猫感染时，症状往往容易恶化，严重的甚至有可能丧失视力。

感染途径

　　大部分猫咪感染疱疹病毒痊愈后，会终身带原，因为病毒会躲在神经组织内，当健康状态变差时，免疫力降低，病毒就会从神经组织中出现，导致疾病再发生；而当疾病恶化，变成肺炎及脓胸时，甚至有可能造成猫咪死亡。所有年龄的猫咪都会感染疱疹病毒，但幼猫最易感染，因此早期接种疫苗，使幼猫产生免疫力是很重要的。

　　其主要传染途径是接触到感染猫的口鼻或眼睛分泌物而感染，飞沫也是传染途径之一。另外，多猫饲养、环境变化、母猫分娩时精神紧张、使用免疫抑制剂等，也会造成免疫力降低而使猫咪间歇性排毒，增加感染的概率。

▲ 感染疱疹病毒的猫咪会有严重的结膜炎和鼻脓分泌物

症状

　　感染的猫咪可能会发烧、精神变差、食欲降低，且鼻子周围有明显的鼻分泌物，由清澈鼻涕转为鼻脓，甚至会有鼻镜溃疡；也常常可以看到猫咪患上结膜炎、眼睛畏光及有分泌物，严重的甚至会有角膜溃疡。如果继发二次性细菌感染，会造成严重的支气管肺炎，该疾病的幼猫死亡率非常高。

诊断

1 **临床症状及病史**：当幼猫持续打喷嚏超过48小时便需注意，尤其是未施打过疫苗的幼猫。

2 **病毒分离**：可以采集口腔、咽喉或结膜的分泌物来做病毒分离。

3 聚合酶链反应（PCR）检测。

治疗

1 **抗疱疹病毒药物**：包括口服抗病毒药及抗病毒眼药水。

2 **抗生素治疗**：预防二次性细菌感染造成更严重的呼吸道症状。

3 **补充脱水**：症状严重的猫咪会因为鼻腔发炎造成嗅觉变差，以及口腔溃疡造成不吃不喝，因此需要通过静脉输液来缓解脱水的状况。如果药物没办法经口，也可以经由静脉输液来给予。

4 **营养补充**：症状严重的猫咪会不吃不喝，但营养补充对病猫是非常重要的。因为呼吸困难，有时强迫灌食反而容易造成猫咪紧张，甚至有些猫咪会因为排斥进食，而造成吸入性肺炎；此时，鼻胃管或食道胃管或许会是不错的选择，可以在短时间内提供给猫咪足够的营养。

5 **清理眼鼻及点眼药**：病毒感染会造成脓样的眼鼻分泌物，必须每天清理并点眼药，防止更严重的眼睛疾病（如角膜溃疡）。

6 **干扰素和离氨酸**：以往常使用的离氨酸，目前在疗效上存在争议。

7 **雾化治疗**：可以补充上呼吸道内的水分，减少鼻分泌物，让猫咪较舒服。

预防

1 母源抗体在幼猫7~9周龄时会开始下降，在感染前接种疫苗是最有效的预防方式。成年后也应定期接种疫苗，保持良好的抵抗力。

2 将感染猫隔离，降低其他猫咪被感染的概率。

3 彻底消毒。取次氯酸钠（漂白水），以1∶32的比例稀释成消毒液，给环境及器具消毒。但要注意的是，次氯酸钠的效果只能持续到稀释后的24小时。

猫杯状病毒

　　猫杯状病毒主要是会导致口腔溃疡，这些病毒具有传染性，在多猫饲养的环境下可能会有带原的情况产生，而母源抗体减弱一般是在幼猫5~7周龄时，所以在这些环境中的幼猫，打疫苗之前可能就已经感染病毒了。

感染途径

主要是因接触到感染猫或其分泌物，以及飞沫传播而感染，病毒会侵入结膜、舌头、口腔、呼吸道黏膜，造成发炎。

症状

感染初期主要症状为发烧、精神变差、食欲降低、打喷嚏、鼻塞、流鼻涕及流眼泪，并在舌头和口腔内形成水疱及溃疡，又因为口腔内溃疡造成的疼痛，使得猫咪容易流口水；如果呼吸道的症状持续，会引起肺炎。

而近期发现"全身性严重性猫杯状病毒"会造成感染猫咪发烧、脸部和爪子水肿、溃疡、脱毛、黄疸、鼻腔和粪便出血，以及产生呼吸道症状，对成猫的影响较大，死亡率超过 60%，现在认为猫的慢性口炎是因为猫杯状病毒的慢性感染所致。

诊断

此病毒感染的诊断需仰赖临床症状、病史分析、病毒分离及聚合酶链反应（PCR）检测。

治疗

感染杯状病毒后的治疗方式与感染疱疹病毒的治疗方式相同，但卡西里病毒并没有专用的抗病毒药物，通过静脉输液补充营养，以及清理口鼻分泌物都很重要。此外，若因为口腔溃疡、发烧和鼻塞造成猫咪不进食，可以给予消炎止痛药来缓解。

预防

预防方式也和疱疹病毒预防也相同。杯状病毒会在环境中持续存在一个月，而一般的消毒药很难消灭此病毒，氯系的消毒药才较有效，因此可以用 5% 的漂白水，以 1:32 稀释来消毒环境。

▲ 被严重杯状病毒感染的猫咪，必须通过输液来改善脱水状况

▼ 01／每日清理感染的眼睛　02／雾化治疗
03／杯状病毒会造成小猫口腔溃疡

01

02

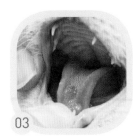
03

猫衣原体

衣原体是一种细菌，主要会引起猫的眼睛感染，且会与疱疹病毒及卡西里病毒合并感染，造成猫咪上呼吸道感染。

感染途径

5周龄至9月龄的幼猫最容易感染衣原体，且该感染较常于多猫饲养的环境中发生，因为衣原体无法在体外生存，所以是通过猫咪之间的密切接触而传染的，其中，眼睛分泌物可能是最重要的感染源。

症状

该感染通常会造成猫咪的结膜炎，症状一般是由其中一只眼睛开始，5~7天后另一只眼睛也会开始有症状。感染的眼睛会频繁眨动和泪汪汪的，随后出现黏液或脓样的分泌物。大部分感染猫的精神和食欲仍维持得很好，小部分可能会发烧、食欲不振和体重减轻。在慢性感染的猫眼中可以发现眼结膜充血、黏液性眼分泌物，症状可能持续两个月以上。

诊断

衣原体的诊断可以采取眼脓分泌物做聚合酶链反应检测、细菌分离，或通过血清学诊断检验抗体。

治疗

一旦确定感染，必须口服抗生素治疗至少4周，并且点眼药膏或眼药水，缓解眼睛症状。

预防

此病毒可以施打疫苗预防，但因为这种疾病并不严重，因此相应的疫苗不列为核心疫苗。但在高感染的环境中（如多猫的环境）就必须施打该疫苗。

猫艾滋病

猫免疫缺陷病毒（FIV）与人的艾滋病病毒有密切关系，但人与猫的艾滋病并不会互相感染。猫艾滋病是所有年龄的猫都可能会被感染的，其中以未绝育的公猫感染比例较高，因为未绝育的公猫较容易与外面的猫咪打架争地盘。

感染途径

1　会到屋外活动的猫咪，或是未绝育的公猫，容易和外面的猫咪打架，如果被带有艾滋病病毒的猫咪咬伤，便会通过伤口感染病毒。

2　怀孕母猫如果感染艾滋病病毒，也会通过子宫、胎盘或唾液将病毒传染给小猫。

3　虽然病毒是通过唾液传染的，但经由猫咪理毛、食物、水盆感染的概率并不大，因为病毒在环境中无法长时间生存，且病毒可以被消毒剂杀灭。

症状

发病的猫咪会发烧、慢性消瘦、口腔发炎、下痢，以及患上结膜炎、鼻炎和慢性皮炎。50% 的艾滋病带原猫会有慢性口炎和齿龈炎。但有些带原猫咪没有任何症状，这样的状况会长达6~10 年，之后会因免疫功能下降，感染其他疾病而造成死亡。

诊断

猫艾滋病／猫白血病的检验盒检测，可以很快速地诊断。但是在早期感染阶段（2~4 周），抗体通常不存在于血液中，大部分猫咪在感染 60 天后才会检测到阳性结果，小部分则到 6 个月才检测出来。因此如果猫咪在感染后验出阴性反应，建议 60 天后再重复检测一次，或是以 PCR 同时确认。此外，通过母体传染给幼猫的概率是比较小的，因此当幼猫验出艾滋病阳性时，建议在 6 个月大时再复检一次。

治疗

若猫咪不幸发病，目前尚没有有效的治疗方式，只能用对症疗法缓解猫咪的疼痛和不适。对于脱水、贫血的猫咪，则给予支持疗法，如输液、输血或给予抗生素。

一旦确认猫咪感染此病，就终身无法治愈，不过临床上遇到的案例多是有口龈炎症状的艾滋猫，在本书的口腔疾病章节中，介绍了详细的治疗及照顾方式。

预防

国内目前没有相应的疫苗来预防猫艾滋病的发生，因此还是着重在预防猫与猫之间的感染。尽量将猫咪绝育并且养在室内，以减少其与外面的猫咪争地盘、打架，新进猫咪也务必切实做好艾滋病／白血病的筛检及隔离。

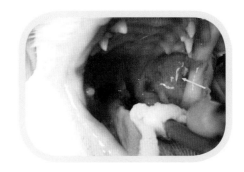

▲ 被艾滋病病毒感染的猫咪大多数会有严重的慢性口炎（黄色箭头指向之处）

猫白血病

猫白血病是一种反转录病毒感染造成的传染病，从感染到发病可能会持续数个月到数年的时间。

感染途径

该病毒主要经口传染。带原猫咪的唾液中含有高量的病毒，咬伤和舔毛、共享食盘，以及接触带原猫咪的分泌物和排泄物是最常见的感染途径。小猫也可能通过带原母猫的胎盘或乳汁而感染。

症状

感染的猫咪可能会贫血、发烧、呼吸困难、体重和食欲降低、患齿龈炎／口炎、嗜睡，以及免疫力降低，因而感染多种疾病造成死亡，有些猫咪甚至可能会形成肿瘤。

诊断

诊断方式除了艾滋病／白血病的快速筛检，还有全血计数（CBC）检测，通过该检测会发现猫咪的红细胞减少（贫血）、白细胞和血小板减少。肝脏和肾脏指数也可能会上升。而猫白血病病毒的抗原检测（如 ELISA 抗原检测）、骨髓采样、肿瘤物采样等也都可以作为诊断依据。

治疗

一旦猫咪确诊，应先将感染猫与健康猫完全隔离，并给予健康猫良好的营养，增强免疫力，定期做身体健康检查。目前并没有有效的治疗方式，只能针对猫咪的症状来对症治疗。脱水严重的猫咪进行输液和抗生素治疗；如果猫咪不吃，可能就得通过鼻胃管或食道胃管灌食；贫血严重的猫咪则可能需要输血（可找已接种过白血病疫苗的猫）；有淋巴瘤的猫咪也可考虑化学疗法。

预防

为降低猫咪感染风险，目前有猫五联疫苗及三年一次的猫白血病疫苗可以使用。此外，应确实做好新进猫咪的艾滋病／白血病筛检及隔离，并且尽量降低猫咪到外面接触其他猫咪的概率。如果猫奴本身在喂养流浪猫，回到家一定得换下被污染的衣物，清洗干净后再抱家里的猫。此外，在体外干燥的表面病毒无法生存太长时间，而且可以用一般的消毒剂杀死病毒。

▶ 猫艾滋病/猫白血病的筛检检验盒

猫泛白细胞减少症

又称为猫瘟，会造成猫咪急性病毒性肠炎。这种病毒也会造成猫咪的骨髓抑制，让白细胞减少，免疫力降低。

感染途径

猫瘟的传染力非常强，直接接触到感染的猫或其唾液和排泄物都可能感染。人也是一个传染的媒介，如果人接触到带原猫咪，回家后没有先清洗消毒就摸家里的猫咪，也会造成家猫感染。

症状

幼猫感染后会发烧、食欲降低、精神变差，接着会频繁地呕吐和严重脱水。有些猫咪可能还会腹痛和下痢，甚至出现像番茄汁的血痢便。病毒性肠炎若发生在未施打疫苗的幼猫身上，致死率是非常高的（高达 90% 以上）。当白细胞降至 500/dL 以下时，容易并发二次性感染，造成猫咪死亡。若怀孕母猫感染猫瘟，腹中的胎儿出生后可能会有小脑形成不全症及运动失调的症状。

诊断

除了猫瘟病毒快筛检测，当幼猫出现发烧、胃肠道症状，且白细胞总数低于正常值时，便会怀疑是感染猫瘟了。

治疗

病毒性肠炎目前没有比较有效的治疗方法，一般还是以支持疗法（输液）及对症治疗为主。

1 **输液**：幼猫因为呕吐和下痢的胃肠道症状，而造成脱水及电解质异常，通过输液可以改善；呕吐让猫咪无法进食及吃药，可以通过输液来止吐及给予药物。
2 **给予已有抗体的全血**：如果病毒造成严重的血便，可能会导致幼猫贫血，而严重的贫血会引起休克症状，因此也可视情况给予已有抗体的全血来治疗贫血。
3 **给予抗生素**：防止二次感染。

预防

1 新进小猫或感染猫必须做到确实隔离。
2 幼猫定期施打疫苗，以得到良好抗体的保护。
3 以氯系消毒水彻底消毒感染猫咪用过的器具及环境。

传染性腹膜炎

传染性腹膜炎是由一种猫肠道型冠状病毒突变而来的病毒所引起的。肠道型冠状病毒造成的肠胃炎大多是轻微且短暂的下痢，并不会危及生命，除非变异成猫传染性腹膜炎病毒。小于1岁的猫发病率比成猫高，有可能是因为免疫力的降低和病毒的快速复制，但突变原因尚不清楚。

感染途径

很多猫咪体内都有肠道型冠状病毒存在，平时病毒能与身体和平共存，但遇到紧急状况时，病毒会大量复制，这时就可能突变成传染性腹膜炎病毒，所以严格来说，大部分病例都不是被传染的。但根据研究显示，仍有可能发生猫与猫之间的传染，因此一旦确诊，应立即将病猫进行隔离，特别是多猫饲养的环境，会有较高的发病率。

症状

感染初期会发烧、嗜睡、食欲降低、呕吐、下痢及体重降低。一般分成湿式和干式传染性腹膜炎。传染性腹膜炎造成的体重降低，会让猫咪的背脊变得明显，如果是湿式腹膜炎，会产生腹水、腹部胀大，导致猫咪呼吸困难；而干式腹膜炎会出现眼部病变和神经症状，甚至会在许多脏器形成化脓性肉芽肿，导致器官衰竭。

诊断

临床上要做到完全确诊是困难的，因为没有一个单一、简单的检验可以诊断传染性腹膜炎，因此必须综合以下各种因素进行诊断：

1　来自收容所或猫舍的年轻猫。

2　有葡萄膜炎或中枢神经症状。

3　有60%的感染猫的血清球蛋白会增加、白蛋白会减少，导致A/G比<0.8。

4　间歇性发烧。

5　白细胞减少，肝脏指数正常或轻微上升。

6　湿式传染性腹膜炎的胸腔积液或腹水呈现稻草黄色、黏稠。

7　腹水或胸腔积液膜片可发现炎症细胞。腹水或胸腔积液的蛋白含量高。

8　组织病理学：采取肝肾等淋巴结组织做诊断。

9　影像学检查：以X线或超声波检查是否有胸腹水的形成，或是否有异常腹腔团块影像。

▲ 猫咪腹部膨大，但背脊消瘦

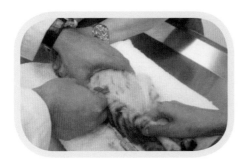

▲ 采集腹水

治疗

　　虽然学界已经发现 GC376 对湿式传染性腹膜炎有三成的治愈率，而 GS441524 更有高达八成以上的疗效，但仍属实验治疗阶段，所以目前并没有较有效的治疗方法，一般还是进行输液及抗生素的支持性治疗，或者给予免疫抑制剂、干扰素和保健品来延长生命。

预防

　　传染性腹膜炎的疫苗目前仍有许多争议，最有效的预防方式仍是尽量避免多猫饲养的环境、确保新进猫严格隔离、经常清洗并消毒猫砂盆以减少粪口传播的途径等。

N 人畜共通传染病

很多猫奴常会问："我的感冒是不是会传染给我家的猫咪呢？"答案当然是不会，因为猫咪的感冒病毒和人的感冒病毒是不同的，所以不会相互感染。猫咪与人之间的共通传染病种类并不多，而各种疾病对人体造成的影响都不同。大部分感染途径是咬伤、抓伤及接触猫咪的分泌物。不过只要有正确的卫生观念及照顾方式，就可以有效预防疾病的发生。此外，老人、小孩及免疫力差的人，较容易在感染疾病后出现症状。本节主要介绍全身性疾病：弓形虫病及猫抓热。

▼ 人畜共通传染病大多数是通过接触或是抓咬伤而感染

常见的人畜共通传染病：

1　**寄生虫病**：由蛔虫、绦虫等体内寄生虫引起（详见P256"体内外寄生虫"的内容）。

2　**皮肤疾病**：如霉菌、疥癣等（详见P248"皮肤疾病"的内容）。

3　**全身性疾病**：弓形虫病、猫抓热。

弓形虫病

弓形虫是一种原虫类寄生虫，在世界上分布非常广泛，有200种以上的哺乳类及鸟类都会被感染。人类也会被感染，孕妇感染弓形虫后会导致死胎或流产，而弓形虫病也是艾滋病患者的主要死因之一。因此，弓形虫病是重要的人畜共通传染病。

感染途径

猫和其他温血动物会因为吃入囊胞或含有囊胞的肉类而被弓形虫感染。此外，也可能通过结膜、呼吸道和皮肤感染。牛奶和鸡蛋也可能被感染。当猫咪吃入囊胞后，弓形虫在三天至三周可以完成生活史。

猫咪最常见的感染途径是吃入带有囊胞的老鼠和鸟类后而感染弓形虫。人类最常见的弓形虫感染途径是吃入未煮熟的肉或蔬菜（被囊胞感染）；经由猫咪直接感染给人类则较少见。

症状

1　弓形虫病的临床症状是个别器官被影响。最常被影响的器官是肺、肝、肠和眼睛。

2　成猫和人一样，就算感染了弓形虫，多半也不会出现临床症状，且会自行恢复并形成抗体。

3　幼猫的感受性比成猫强，因此可能会因为急性感染而死亡。

4　厌食、发烧、嗜睡、腹泻、呼吸困难（由于肺炎）、痉挛、眼睛异状及黄疸是最常见的临床症状。

5　怀孕母猫和孕妇感染弓形虫后，弓形虫会经由胎盘移行，导致胎儿先天性感染而造成流产或死胎。

▲ 猫咪并不是让孕妇感染弓形虫的唯一途径

诊断

　　通过血清抗体试验，测量免疫球蛋白 IgG 和 IgM 的抗体。

治疗

　　猫咪可以口服抗生素 4 周来治疗弓形虫感染。

预防

　　很多人会因为怀孕而担心被猫咪感染弓形虫，但猫咪并不是唯一的弓形虫感染来源。因此别再因为怀孕而将猫咪送人或弃养，这对猫咪来说不公平，也是不正确的观念。孕妇做好自身的卫生工作是预防弓形虫感染的治本方法。

1　**肉类处理**：餐具和接触到生肉的表面应该用肥皂水清洗。肉要以70℃以上的高温煮10分钟以上，或是在煮食前24小时，将生肉冷冻在-30℃的环境。食用未煮熟的猪肉是人类感染弓形虫最常见的原因。

2　**孕妇**：避免和猫咪共食，也必须小心处理猫咪的粪便和猫砂盆，特别是幼猫的下痢便。每天清理猫砂盆内的排泄物，因为卵囊（Oocysts）至少需要24小时形成囊体，因此这时的卵囊不具有感染力。

3　**环境卫生**：彻底驱除作为卵囊媒介的苍蝇及蟑螂。如果家中有种植植物盆栽，在处理盆栽时最好戴手套，以防感染土壤中的弓形虫。

4　**猫咪的预防**：除了给猫咪检测弓形虫，饲养猫咪时不要给予生的肝脏或来源不明的肉。

猫抓热

猫抓热是一种亚急性、通常为自愈性的细菌性疾病，病征包括倦怠、肉芽肿性淋巴腺炎及发烧。

症状

患者常因先前遭受猫抓、舔或咬伤，形成红色丘疹病灶，通常在两周内侵犯淋巴结节，可能形成脓疱，50%~90%的个案于抓伤部位出现丘疹；对于免疫力较弱的人，可能会引发菌血症、紫斑状肝及血管瘤症等。本病的病原体为巴东氏菌属（Bartonella spp.）的多形性革兰氏阴性短杆菌，会通过跳蚤在猫咪间传播，目前认为对猫咪并无致病性，甚至在慢性菌血症期也无症状出现。台湾在 1998 年首次有病例报告，之后每年有 15~30 个病例。

诊断

1　**以PCR诊断**：由患者血液分离出细菌，再以聚合酶链式反应（PCR）鉴定为巴尔通体（Bartonella henselae）。

2　**以IFA诊断**：用间接免疫荧光抗体法，出现抗体力价上升64倍或以上者，虽然高的抗体力价经常与菌血症有关，但猫咪可能会呈现血清阳性却培养阴性，所以不能以血清学的检验来预测猫咪是否具有传染性。

3　**血液细菌培养及抗生素敏感试验**：细菌培养是最准确的诊断，但菌血症可能是间歇性的，所以不代表每次的血液样本中都含有可供培养的病原菌，应多次采血培养。

治疗

免疫力正常的人类须口服药治疗两周，而免疫抑制的病患则至少需要治疗 6 周。而猫的治疗部分，有报告指出，给予抗生素或许能有助于病原菌的清除。自然感染状况下的感染猫并不会有任何明显的症状，所以预后良好，而人类的感染也大多会自行缓解，或通过抗生素治疗后也大多呈现良好效果，而免疫抑制的人也大多在较长的疗程下痊愈。

人与猫共同预防疾病守则

　　人与猫咪之间的人畜共通传染病并没有想象中那么可怕,大都是通过接触传染,只要有正确的卫生观念,定期给猫咪做健康检查,并做到以下几点,便不足为患。

1　**经常清洗双手**:清理完猫砂或是与猫咪互动完后记得洗手。

2　**被猫咪抓伤或咬伤后,记得去看医师**:很多猫奴不小心被猫咪抓伤或咬伤后,总是会觉得小伤口应该没关系,但几天后可能会造成皮肤严重发炎和细菌感染。因此,被猫咪抓伤或咬伤后还是去看下医师,以免更严重的感染!

3　**免疫力较差的人或是小孩、老人要特别注意与猫咪的接触**:免疫力较差的人特别容易感染病原菌。特别是当猫咪有霉菌或寄生虫病时,应尽量减少与猫咪接触,并且接触猫咪后要洗手,以减少被病原菌感染的概率。

4　**居家环境的清洁**:定期打扫居家环境,以减少病原菌及跳蚤的存在,以免造成家人感染。

5　**跳蚤的预防**:当环境温暖潮湿时,跳蚤在冬天还会出现。所以家中的宠物要定期滴除蚤剂,以防止宠物将跳蚤带回家中,造成疾病的传播。

6　**减少与猫咪亲吻的动作**:猫咪经常用嘴巴清理身体的毛发及肛门,因此也很容易有病原附着在嘴巴上。与猫咪亲吻的动作会造成病原菌通过嘴巴进入人体。

7　**减少让猫咪出去玩的机会**:在城市里,猫咪大部分都饲养在室内;而在郊区,大多属于半放养状态,猫咪可以自由进出家中。自由进出的猫咪也容易将病原菌带回家中,造成疾病感染。

8　**定期给猫咪驱虫及检查**:定期给猫咪驱除体内外寄生虫及带到医院做检查,除了可以减少寄生虫带原的疾病感染,还可以了解猫咪的健康状态。

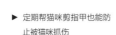
▶ 定期帮猫咪剪指甲也能防止被猫咪抓伤

O 其他

肥胖

肥胖指的是身体因为摄取过多的热量，并且热量消耗不足，而引发过多的体脂肪堆积。猫咪肥胖的原因通常是摄食过量，常常跟饲主过量喂饲或采取任食制有关。此外，肥胖可能会并发某些症状或疾病，如呼吸困难、心血管疾病、高血压、糖尿病及肌肉骨骼系统问题，也可能会增加麻醉的风险、降低繁殖力，导致脂肪肝患病风险高、热耐受性差等。因此，为了猫咪的健康着想，必须控制猫咪的体重，避免形成肥胖。

猫咪肥胖的主要原因

1. **没有确认猫咪所需的热量：** 猫咪一天所需的热量会因为年龄或运动量等因素有所变化，饲料包装上都会有标示，可以根据参考值调整分量。但这些毕竟只是参考值，猫咪的每日进食量还是需要定期依身体状况来调整。

2. **没有依据不同的成长阶段替换适合的食物：** 每个成长阶段的猫咪需要的营养成分不同，适合的饲料也不同。例如1~7岁的成年猫应给予成猫饲料，7岁以上则应给予老猫饲料。如果给成猫喂食幼猫饲料，容易造成猫咪肥胖。

3. **绝育后依然给予同分量食物：** 绝育手术后，猫咪的一日所需热量与绝育前相比应减少大约30%，这是由于手术会使荷尔蒙平衡改变，造成代谢率下降所致；因为代谢率下降，就算不增加猫食，或是维持相同的分量，猫咪还是会因此而变胖。

4. **幼猫时期给予过多食物：** 每只猫脂肪细胞的数量都不同，若每个脂肪细胞都膨大，最终等于脂肪量的增加。幼猫时期如果摄取过量食物，其脂肪细胞数量便会增加，使得猫咪成年后变成易胖的体质。

诊断

1. **病史：** 诊断时，应该询问饲主所给予的饲料种类、喂食的方式（任食或定时定量）、是否有给予其他零食或人类食物，以及活动的状况。

2. **身体检查：** 应注意观察是否有肥胖的迹象，如平坦的后臀背部、无法触摸到肋骨、鼠蹊部有过多的脂肪堆积或腹腔触诊到过多的脂肪。

3. **X线检查：** 如果肚子过度胀大，且触诊无法确认时，可以照腹部X线来区别肥胖、器官肿大、腹水或肿瘤等。

以下有两个简易的评估方法，可以确认猫咪是否有肥胖倾向。如果通过这两个评估发现猫咪有过胖倾向，建议你开始与医师讨论猫咪的减肥计划。

方法1：体态评量法

依照猫咪的外观及触摸的方式将瘦到肥胖分成以下五类。

体态分类	猫咪外观	体形特征
过瘦		· 在远处可以看见肋骨、腰椎和盆骨。 · 在尾巴、脊椎和肋骨处摸不到脂肪。 · 肌肉量减少。 · 从侧面看腹部凹陷。 · 从猫咪的上方看，背部呈现明显的沙漏状。
稍瘦		· 可能可以看到肋骨。 · 肋骨、脊椎和尾根部可以摸到些许脂肪。 · 从侧面观察，腹部稍微凹陷。 · 从猫的上方看，背部到腰呈现沙漏状。 · 腹部没什么脂肪。
适中		· 外观上无法清楚看到肋骨和脊椎，但可以很容易摸到。 · 明显的腰线和腹部线条。 · 腹部有些许脂肪。
稍胖		· 肋骨、脊椎不容易触摸到。 · 没有腰线和腹部线条。 · 腹部变大。
过胖		· 胸腔、脊椎及腹部有很多脂肪。 · 腹部变大、变圆。

方法2：体脂肪评估法

　　通过测量腰围和小腿的长度来得知猫咪的体脂肪率。首先，测量猫咪的腰围和小腿的长度。在下方的表格中找到相应数字，并找出两个数字的交叉点，便是猫咪正确的体脂肪率。当体脂肪率超过30%时，就算是过高。

▲ 01／测量腰围：将猫固定好，从背部找到一根肋骨，在肋骨后方测量猫咪的腰围

02／测量小腿的长度：让猫咪站着，把皮尺的头固定在膝盖骨位置，再测量膝盖骨到脚后跟的长度。

体脂肪率百分比表（%）

Ⓐ 腰围（cm）	10	11	12	13	14	15	16	17	18	19	20	21	22	23	24	25
60	68	66	65	63	62	60	58	57	55	54	52	51	49	47	46	44
58	65	63	62	60	59	57	55	54	52	51	49	47	46	44	43	41
56	62	60	59	57	55	54	52	51	49	48	46	44	43	41	40	38
54	59	57	56	54	52	51	49	48	46	44	43	41	40	38	37	35
52	56	54	52	51	49	48	46	45	43	41	40	38	37	35	33	32
50	53	51	49	48	46	45	43	41	40	38	37	35	34	32	30	29
48	49	48	46	45	43	42	40	38	37	35	34	32	30	29	27	26
46	46	45	43	42	40	38	37	35	34	32	31	29	27	26	24	23
44	43	42	40	39	37	35	34	32	31	29	27	26	24	23	21	20
42	40	39	37	35	34	32	31	29	28	26	24	23	21	20	18	17
40	37	36	34	32	31	29	28	26	24	23	21	20	18	17	15	13
38	34	32	31	29	28	26	25	23	21	20	18	17	15	14	12	10
36	31	29	28	26	25	23	21	20	18	17	15	14	12	10	9	7
34	28	26	25	23	22	20	18	17	15	14	12	11	9	7	6	4
32	25	23	22	20	19	17	15	14	12	11	9	8	6	4	3	1
30	22	20	19	17	15	14	12	11	9	8	6	4	3	1		
28	19	17	15	14	12	11	9	8	6	4	3	1				
26	16	14	12	11	9	8	6	5	3	1						
24	12	11	9	8	6	5	3	1								
22	9	8	6	5	3	2										
20	6	5	3	2												
	10	11	12	13	14	15	16	17	18	19	20	21	22	23	24	25

Ⓑ 小腿的长度（cm）

表格说明：黑色区块属于体脂肪正常／红色区块属于体脂肪过多（肥胖）／绿色区块属于体脂肪过少（过瘦）

治疗

猫咪是非常难减肥的动物，当它们摄取热量不足时，就会通过降低身体的代谢速率及减少运动来克服，但只要饲主下定决心，大多还是能得到良好效果的。

食物治疗

1　建议采用减重处方饲料，如果只是将一般饲料减量喂食，可能会造成某些营养素缺乏，而减重专用饲料是将食物中纤维的含量增加，并将一天的热量减少，因此较不会造成营养不均衡。

2　喂食减重处方饲料时，应该按照饲料袋上所标明的喂食量给予，并定期测量体重，以调整喂食分量。

3　如果猫咪正常的喂食量是按照现在体重（而不是计算出的理想体重）的热量计算的，减重时应该将给予的食物量减少30%。

4　将一日的量分多次喂食，可以减少猫咪讨食次数，让食物慢慢地消化，并且防止脂肪蓄积。一天只喂两餐的猫咪反而容易在其他时间讨食。减重治疗过程中切忌给予零食或其他食物，这些食物含有过多的热量，会造成猫咪肥胖。

运动

1　通过游戏来增加猫咪的活动量。

但运动时间不要太久，一次运动约15分钟就好（高龄肥胖的猫咪在游戏时，必须特别注意关节炎的问题）。

2　猫咪本来就是狩猎后才将猎物吃掉的动物，因此让猫咪游戏后再进食比较接近它的习性，且能增加用餐的满足感。

3　用餐时将食物藏在室内的各处，也可以让猫咪为了寻找食物，增加运动量，对减重也有好的影响。

定期监控

1　与医师讨论后，给猫咪设定一个理想的体重。在减重过程中，不建议快速地让猫咪的体重降低，因为这样容易造成脂肪肝。一般来说，体重在一周内降低约1%较为适当。

2　在减重过程中，为了解体重变化，定期帮猫咪测体重很重要。体重测量约两周一次，可以带猫咪到医院称体重，再记录每次的体重值。如果猫咪外出会很紧张或激动，为了减少猫咪的情绪问题，可以试着在家抱着猫咪称体重，再扣除自己的体重。

3　详细记录猫咪体重的变化、给予的食物种类及给予量，并且定期与医师讨论，适时地调整减重计划，这样才能比较有效地将猫咪的体重控制在理想范围内。

肛门囊填塞及感染

肛门囊的开口位于肛门开口处的4点钟及8点钟方位，从外观上是看不见的。肛门囊会分泌一些味道难闻的分泌物，跟臭鼬的臭腺是同源器官，所以当猫咪紧张时有可能会让肛门囊内的分泌物喷出，或许也代表着某种防卫的功能。当猫咪被豢养在安逸的室内空间，无任何紧迫的状况时，肛门囊内的分泌物就会积存，并且变得越来越干、越来越浓稠，这就是所谓的肛门囊填塞。

症状

肛门囊填塞会引发排便时的疼痛，猫咪会因此舔舐或轻咬尾巴基部。若有并发感染，疼痛便会加剧；若引发激烈的皮下发炎，会使得包在肛门囊外的皮肤破裂、脓液流出来。大部分猫咪不需要任何的刺激或协助，就能将正常的分泌物排出肛门囊，所以这样的病例不像狗那么常见，大多发生于生活安逸的老猫或胖猫身上。

治疗

1. 如果肛门囊尚未破出，可以用手指将积存在肛门囊中的分泌物挤出（不过如果已经发炎，猫咪可能会因为疼痛，不愿意让人碰肛门附近）。
2. 将猫咪轻微镇静，以稀释的清毒溶液进行肛门囊灌洗，可以将残存的脏污冲洗出来。

3. 选择可以对抗金黄色葡萄球菌及大肠杆菌的抗生素，将其灌入肛门囊内。
4. 口服抗生素7~10天（选择可以对抗金黄色葡萄球菌及大肠杆菌的抗生素）。
5. 若肛门囊破裂并已形成皮肤瘘管，就必须进行肛门囊腺的完全摘除手术了。
6. 如果是反复发生的肛门囊填塞及发炎，建议手术摘除肛门囊。

手术

肛门囊的摘除手术必须在全身麻醉的状况下进行，若肛门囊是完整的，可以填充商品化的蜡油或填入浓稠的抗生素软膏，使得肛门囊膨大而容易分辨出来。如果是在肛门囊破裂的状况下进行手术，周围组织的坏死发炎会让人无法分辨出肛门囊，应进行大范围的组织切除，任何疑似或坏死的组织都应加以切除，若未切除干净，猫咪会于数月之后再度发生皮肤瘘管及脓液积存。

▲严重肛门囊填塞会造成肛门腺破裂

279

P 正确面对肿瘤疾病

肿瘤

　　简单来讲，肿瘤就是组织细胞发生异常生长。肿瘤有可能发生在任何组织或器官，也会以不同的形式显现。例如，可能出现一个团块，也可能在正常的组织结构下进行生长，所以肿瘤的诊断必须依靠组织病理学的检查。当医师发现猫咪有异常的组织团块或组织变化时，就必须采取团块样本，以判

▲ 猫咪鼻腔肿瘤

断是否为肿瘤，再进一步判断是良性肿瘤还是恶性肿瘤。组织样本一般会送至病理室检验，病理兽医师会给予临床兽医师正确的检验报告，这样的报告准确且具公信力。所以，当发现猫咪身上有异常团块时，是不能骤下肿瘤的诊断的。

良性或恶性肿瘤的处理

　　很多饲主在医师怀疑猫咪有肿瘤时，总是会问："这是良性的还是恶性的肿瘤？"而专业的医师一定会回答："这是必须进行检验才能确认的！"饲主接着会问："那以您的经验而言，这是良性的还是恶性的？"但是，说实在的，越有经验的医师越不敢随便猜测，因为病理报告总是会给我们很多意外，心里觉得应该是良性的，报告却显示是恶性的。生命是非常奇妙的，岂能容我们任意猜测，只有细胞学检查及病理切片才能确认结果。良性肿瘤一般是指这个肿瘤不会转移到其他组织或器官，就是自顾自地长大；而恶性肿瘤是指这个肿瘤会通过血液或淋巴系统转移至其他器官。但就算是良性肿瘤，要是它长的位置对生命有严重危害，且无法切除，也应视为恶

▼ 猫咪后脚的团块

▼ 猫咪舌下的团块

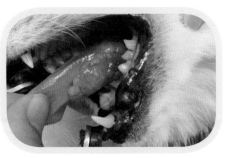

性肿瘤，如脑瘤。很多良性肿瘤若放任不管，在日后还是有可能转化成恶性肿瘤的，所以现阶段的组织病理切片检查若是呈现良性，也并不保证这个良性肿瘤日后不会转化成恶性肿瘤。

当身上发现异常团块时

　　猫是非常容易长肿瘤的动物，很多饲主常会抱着猫咪东摸摸西摸摸，一摸到团块就会急着找兽医师诊治。医师通常会请饲主注意观察团块是否有持续增大，在当下并不会进行任何诊断及治疗。不过，如果您担心多一天观察，会让这个团块又长大一些，那么可以跟医师讨论并及早处理，避免错失最佳的治疗时机。

　　首先，医师会进行团块的触诊，感受其坚实度及温度，观察猫咪是否会因触诊而感到疼痛，再进行超声波扫描，确认团块内的组成。如果超声波扫描下发现团块内是液态的，就会进行穿刺抽取，将抽出物做抹片染色检查；如果团块在超声波扫描下呈现实质组织的影像，就应先利用细针抽取来进行细胞学的检查，从而做出初步的诊断，并根据初步诊断建议饲主进行组织采样或团块切除，并将采取的组织送至病理检验单位进行切片检查。

当体腔内发现异常团块时

　　腹腔的肿瘤都是通过医师的腹部触诊、超声波扫描，或X线摄影发现的，并非饲主随便摸摸就可以发现。对于这些体腔内的异常团块，医师会以超声波扫描来探知团块可能的起源器官，如肝、肾、胰、脾、胃肠等。接下来，就必须讨论可能的采样方式，包括在超声波的引导下，进行采样针的采样，或细针抽取、内视镜采样、探测性剖腹术采样。

▼ 猫咪肩部的团块

▼ 细针穿刺

▼ 开腹检查（肠系膜上的肿块）

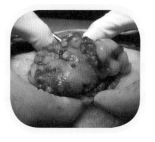

▼ 对细针穿刺采集到的组织，做细胞学检查

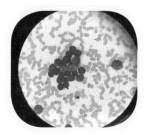

何谓探测性剖腹术

当影像学检查（超声波扫描、X 线或断层扫描）无法确认腹腔内的问题时，就必须将腹腔打开来直接检查，因为任何影像学检查，都无法取代直接的视诊及触诊。遇到某些不明原因的腹腔疾病，例如无法以内科方法控制的腹腔出血、腹膜炎、肿瘤等，探测性剖腹术或许是救命的唯一良方。因此，当猫咪的状况需要进行探测性剖腹时，就要和医师详谈，不要到了猫咪病危时，才愿意接受这样的诊断方式，而延误了最佳的治疗时机。

比较探测性剖腹术、超声波引导采样与内视镜采样

对肿瘤疾病而言，探测性剖腹术可以让医师直接看到并接触肿瘤，直接判定切除的可能性或源起的器官，若无法切除时，也可以直接进行采样和止血。超声波引导采样不用切开腹腔，但无法确认出血状况及进行止血，也可能误伤其他器官。而内视镜采样则可以直接进行止血，但视野有限且仪器昂贵，需要的手术时间或许会比探测性剖腹术来得长。这三者的优劣很难判定，必须考虑医院的设备、医师的经验及猫咪的状况。

化学治疗

犬猫也是有化学治疗的，当恶性肿瘤无法切除、有转移的高风险性，或已经转移时，就必须考虑进行化学治疗，而化学治疗的药剂会破坏那些快速增殖的细胞，如肿瘤细胞、骨髓细胞、毛发细胞等，所以大多化学治疗药剂都会引起掉毛、骨髓抑制（贫血、白细胞减少、血小板减少）等副作用。很多饲主会因为听闻这类副作用，就拒绝让宠物进行化学治疗，但其实每种药物都有其副作用，而这些可能的副作用医师都会事先告知。如果您看了一般感冒药可能造成的副作用，一定会吓得一身冷汗，因为所有的可能性都会标示出来，但这并不代表会出现列出的所有副作用，化学治疗药剂也是如此。当然，在开始化学治疗前，医师与饲主必须详细讨论，包括疗程、费用、预后状况、存活率等。

放射线治疗

目前台湾的动物医院并无此设备，但有些兽医教学医院会与人的医院合作来进行这类治疗。另外，中台科技大学已于 2016 年 4 月成立台湾第一个动物专用的放射

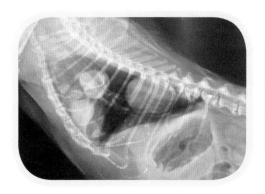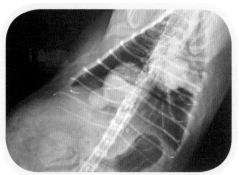

▲ 胸腔X线片下，肺部有几个明显的团块影像

线治疗研究中心，目前疗程为每隔三天一次，共计五次的放射线治疗，费用约为15万台币，但还是会依据肿瘤及部位的困难度来调整疗程与费用，对于以往难以用传统方式治疗的口腔、鼻腔肿瘤等，无疑是增加猫咪福利的新选择。

安宁治疗

如果猫咪已经被确诊是患了恶性肿瘤，且无法以外科手术进行切除，化学治疗的效果也不好时，就必须面对积极性治疗对猫咪已无太大帮助的事实。饲主需要了解猫咪的状况不好，就快要离开了，这时是否还要选择侵入性治疗，还是选择安宁治疗？在安宁治疗上，医师可以给予对症治疗，或者给予类固醇类药物、止痛药、食欲促进剂等，只要能让它缓解症状的药都应列入考虑，还包括一些综合维生素、营养素，或能抑制肿瘤生长的营养品。在食物的选择方面，可以挑选气味较重的罐头食品来提高猫咪的食欲，或者饲主也可以精心调配一些新鲜的水煮肉类，让猫咪以快乐满足的心情走完最后一程。

安乐死

猫咪在疾病末期时，很多饲主总是会问："什么时候该让猫咪走？"如果在安宁治疗期间，猫咪已经不吃不喝、瘫痪、严重脱水或消瘦，饲主无法再为它提供好的生活品质时，是否该考虑让它安乐死？要做出安乐死的决定，对每一个饲主来说都不是件容易的事。饲主总是会告诉自己："猫咪还在呼吸""猫咪还是很有神地看着我"！但是，对于猫咪来说，处于这样不舒服的状态，是否是它们想要的？大部分恶性肿瘤疾病都会拖很久，会一点一滴侵蚀身体，让猫咪连仅剩的尊严都没有，这样的折磨对猫咪而言是非常残忍的。不过，安乐死的决定也不可太过草率，如果猫咪已经确认是严重的恶性肿瘤，但它仍能正常活动及饮食，我个人觉得应该让它过完这段快乐的日子。

一定要切片检查吗

有少数饲主会想省下这笔检验费用，或者不想因为知道真相而伤心，但是如果没送检，等到日后再病发或转诊时，医师一定会询问："之前切除的肿瘤有送检吗？结果是什么？"这时可能因为没有报告而延误治疗。因为肿瘤的组织病理切片检查可以提供确切的诊断，医师会根据这样的诊断来决定治疗的方向及预后的评估。如果没有切片的确诊，饲主及医师心中都会有一大堆问号："这样的肿瘤会再长吗？""猫咪还有多久的寿命？""它必须要化学治疗吗？""治疗的效果如何？""可以再延长它多久的寿命？"……如果没有进行切片检查，这些排山倒海的问题都是无解的。

肿瘤会传染吗

在理论上，肿瘤不会传染给其他动物和人，但会有遗传上的因素，另外环境的因素也是不可忽略的。如果同一个家族的宠物已有许多肿瘤病例，那些年轻的宠物就必须经常检查身体，看是否有异常团块出现，一发现就应立即切除并进行病理切片检查确诊。环境因素指的是，当宠物处在相同的环境中，接受相同的饲养管理方式，也接触相同的化学或物理性物质时，如果环境中存在某些致癌因子，这些宠物就有可能会陆陆续续发生肿瘤，当然这也包括饲主在内，可能的致癌因子如辐射屋、电磁波等。

能不做外科手术直接化学治疗吗

当然是可以的，只是在医学逻辑上很难讲得通。如果恶性肿瘤有机会可以完全切除，应该尽量将肿瘤切除，接下来的化学治疗就只需要去杀灭那些零散的肿瘤细胞，这样的化学治疗效果当然是比较好的。除非肿瘤本身无法切除，此时就只能先考虑化学治疗，一旦肿瘤缩小至可以切除的状态，还是建议切除。

居家治疗与照护

　　许多猫奴都有过以下经历：发现猫咪突然不吃饭或是鼻头干干的，担心"猫咪是不是生病了"；发觉猫咪耳朵热热的，焦急地以为猫咪发烧了，却不知道猫咪紧张时，耳朵容易发热……为了让大家更了解猫咪的身体状况，并且能在家先初步确定是否需要将猫咪带到医院检查，本章针对猫咪的日常照护与居家治疗有详细的介绍。

A　如何给猫咪量体温

肛温测量

▲ 测量肛温前可先在温度计前端沾些润滑剂，以免猫咪不舒服。且量温度的同时可由另一个人负责安抚并保定猫咪

▲ 将温度计的水银头插进肛门2厘米左右，20~30秒即可判读

　　正常猫咪的体温为38~39.5℃，当体温超过40℃时，猫咪有可能是发烧了。发烧的猫咪除了体温过热，有时连呼吸也会变得较浅且快速；猫咪的精神和食欲也会明显地变差，有些猫咪甚至会不吃、睡觉时间变长。不过在夏天，若室内温度过高，或猫咪剧烈运动后，体温也可能会高于40℃。

耳温测量

▲ 以手指轻轻抓着耳朵，将耳温枪放入耳内，按压测量钮，待数据显示即可

　　大部分的猫咪在量肛温时都会挣扎且很生气，所以也可以测量耳温，但要注意，耳温会比肛温稍微偏低。猫咪的正常体温比人类高一些，给猫咪测量肛温时，一般是使用人用的温度计，不过测量耳温时，务必使用动物专用耳温枪，因为猫咪的外耳道是弯曲的，人用耳温枪无法准确测量猫咪耳温。

Ⓑ 如何测量猫咪心跳及呼吸数

　　正常猫咪的心跳数为每分钟 120~180 次，呼吸数为每分钟 30~40 次。当猫咪在放松的情况下，呼吸次数超过每分钟 50 次，甚至出现明显的腹式呼吸或张口呼吸时，就必须怀疑有疾病的存在。呼吸过快或用力呼吸大部分都与上呼吸道（鼻腔至气管部分）、肺和胸腔的疾病有关。

　　猫奴看到猫咪肚子的起伏通常会以为是心跳，其实那是呼吸造成的起伏，猫咪的心跳是不容易用肉眼观察出来的。计算呼吸或心跳数，最好是在猫咪安静休息的时候，因为玩耍后或生气时，呼吸或心跳数都会增加，结果比较不准确。此外，夏天时，如果室内闷热且没有开电扇或空调时，猫咪的呼吸及心跳数也容易增加。

呼吸测量

▶ 猫咪休息时，肚子上下起伏一次算一次呼吸。可以测量15秒的呼吸次数，再乘以4，就是一分钟的呼吸次数

◀ 在猫咪睡觉或休息时，触摸其肘部内侧的肋骨处，可以感受到它的心跳。同样地，测量15秒的心跳次数，再乘以4，就是一分钟的心跳次数

心跳测量

Ⓒ 如何增加猫咪喝水量

　　猫咪每天需要的喝水量为 40~60mL／kg，但猫咪本身就是不爱喝水的动物，所以要它们喝这么多的水几乎是不可能的任务。但猫咪容易罹患肾脏疾病和泌尿道疾病，多喝水可以预防这些疾病的发生。猫咪喝水的问题往往让猫奴们很伤脑筋。建议可以在家中多放几个水碗，让猫咪走到哪里都有水可以喝，或者参考以下几种让猫咪多喝水的方式。

▲ 流动式饮水机

▲ 自制饮水机

▲ 开水龙头的水给猫咪喝

▲ 给猫咪大一点的水盆

▲ 猫咪爱喝杯子里的水

▲ 用手捧水给猫咪喝（较不建议）

▲ 用针筒喂水给猫咪喝（较不建议）

▲ 在罐头里多加点水

▲ 冬天时给温水

让猫咪多喝水的一些小诀窍：

1 在食物中加水，无论是罐头还是干粮。从少量的水开始，随着猫咪的接受度逐渐增加。

2 将水盆置于食物旁，并在猫咪可及之处多放几个水盆，例如在楼上、阳台、楼下、户外各放一个水盆。

3 水盆里的水保持新鲜，定期换水。

4 有些猫咪喜欢浅水盆，有些喜欢深水盆。试试看您的猫咪喜欢哪一种。

5 提供过滤水、蒸馏水或瓶装水。

6 试试宠物自动饮水器，猫咪会被流动的水吸引。

7 留一些水在水槽、浴缸或淋浴间底部。

8 在滴水的水龙头下放一个碗，让猫咪随时有新鲜的水喝。确保碗不会挡住排水孔，以免淹水！

9 制作加味冰块！加些水到少量的处方食品中，以平底锅微火炖约十分钟，再用筛子过滤，将滤过的"肉汁"倒入制冰模型中冰冻起来。将一个肉汁冰块放入水盆中可增添水的风味。

10 若将一些牛奶或鲔鱼罐头中的汁液加入自动饮水机中，也可能让猫咪增加饮水量。

D 如何在家给猫咪采尿

　　尿液检查在猫咪的疾病诊断上是很重要的，常常能提供有帮助的诊断线索。但给猫咪采集尿液是很困难的事，当猫咪上厕所被打扰时，有可能就会停止排尿。尿液的保存也很重要，如果可以采集到新鲜的尿液，请尽量在一小时内送到医院检查，若尿液在常温下放久了，容易造成诊断上的误判。

　　很多猫奴都只知道验尿，但不知道尿液检查的项目有哪些、分别代表什么意思。因此下面简略介绍基本尿液检查项目及其意义。

1　**尿蛋白**：当有肾脏病或膀胱发炎时，尿液中会出现蛋白质。

2　**尿比重**：尿比重代表肾脏浓缩尿液能力。猫咪如果吃干粮，正常尿比重＞1.035；如果吃湿粮，正常尿比重＞1.025。如果肾脏功能不好，尿比重会＜1.012。

3　**尿液pH值**：正常尿液pH值为6~7。过酸或过碱都不好，容易形成酸性或碱性结石。公猫的尿路结石症容易造成泌尿道阻塞的问题，必须特别注意。

4　**尿糖**：正常尿液中不会出现葡萄糖，当猫咪有糖尿病时，其尿液会出现尿糖反应。

5　**酮体**：有糖尿病的猫咪若长期不进食，会造成脂肪代谢上的异常，因此产生酮体等有毒物质，这些物质会从尿中排出，而酮体的出现会导致猫咪有生命危险。

6　**尿胆红素和尿胆素原**：当猫咪有肝脏疾病时，本来会由肝脏处理的尿胆红素和尿胆素原，大多会从尿中排出。

7　**潜血**：当猫咪的膀胱发炎、患泌尿道结石症或有肾脏损伤时，都有可能造成尿液中有血液或尿液颜色变成红色。

8　**尿液显微镜检查**：可以检查尿液中是否有结石存在，是哪一种类型的结石，有无血细胞或细胞，都可以由显微镜检查，作为诊断依据。

▲ 01／尿检机　02／尿比重检测　03／显微镜下的磷酸铵镁结晶

采尿的方法

　　给猫咪采尿是很困难的事，因为不知道猫咪什么时候会上猫砂盆，或是来不及去采尿猫咪就尿完了，或是正要采尿时，猫咪受到打扰就转身离开不尿了等，太多因素造成采集尿液的困难。此外，患膀胱炎的猫咪也会因为膀胱疼痛，只尿一点点，因此采尿也会比较困难。下面提供几种方法，希望能帮助猫奴们简单地采集尿液。在采集尿液前，收集容器一定要清洗干净，不要残留任何清洁剂，而且要将猫砂盆完全擦干。

方法1 单层猫砂盆，加入少许猫砂

优点： 采集方便。

缺点： 单层猫砂盆大多使用矿砂，因此容易造成猫砂污染尿液样本的状况。

▶ 01／放入少许猫砂
　　02／猫咪排尿后，采集下层猫砂中的尿液

方法2 双层猫砂盆，加入少许猫砂

优点： 采集容易，直接采集下层猫砂盆中的尿液，不会影响猫咪排尿。

缺点： 少许尿液可能会被猫砂污染，因此尽量采集没被污染的尿液。

▶ 01／在猫砂盆内放入少量猫砂
　　02／猫咪排尿后采集没被猫砂污染的尿液

▲ 01／当猫咪在排尿时，将采集的容器放在排尿的地方
　　02／以小汤匙采集尿液

方法3 使用小碟子或小汤匙采尿

优点： 采集到的尿液通常没有被污染。

缺点： 较敏感的猫咪会因为你的动作而停止排尿。因此，采集时动作要快，不然猫咪很快就尿完了。此外，猫咪蹲的姿势很低，采集的容器不容易放在排尿处。

方法4 留在医院采尿

　　如果真的还是没办法采到猫咪的尿液，那么只好留在医院采尿了，留院时间可能需要半天至一天左右。

优点： 可以采集到干净的尿液，并马上做检查。

缺点： 在医院比较容易造成猫咪紧张。

方式5 使用防水性猫砂来采集尿液

　　防水性猫砂不会造成猫砂凝结，尿液会浮在猫砂上。猫咪排尿后可直接用干净的滴管采集尿液。

优点： 采集容易，猫砂可以重复使用，而且采集到的尿液样本较不会被污染。

缺点： 费用较昂贵。

尿液采集量及保存

　　无法立即将采集到的尿液样本送到医院时，也不建议将尿液样本放到冰箱冷藏，因为这样会造成尿液变化。但别担心，就算无法采集到尿液样本，兽医师还可以通过膀胱挤尿、膀胱穿刺或麻醉导尿来获取更准确的尿液样本。

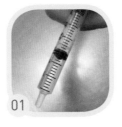

▲ 01／用干净的针筒或吸管抽取尿液，尿液采集量为2~3mL
　　02／将采集到的尿液放在干净的容器内，送到医院检查

Ⓔ 喂药方法与技巧

古人说"良药苦口"，一点都没错，偏偏猫咪们天生最怕吃苦，兽医师及猫奴们都挖空心思想让猫咪乖乖吃药，毕竟就算医师有再好的医术，如果猫咪拒绝吃药或猫奴无法喂药，到头来都是白忙一场，或许你会想："不能吃药？那就住院打针啊！"但天天打针不但花费惊人，也让猫咪深受皮肉之苦，而且不是所有的治疗药都有针剂，所以你还是得学会如何让猫咪乖乖吃药。

帮猫咪找到好吃的药

大部分口服药都很苦，猫专科医师必须找到一些好吃的常用药，才能让猫咪顺利接受完整治疗。国外很多动物药厂都会针对猫咪推出很多好吃的药，但因为这样的药成本较高，没有厂商愿意进口，所以医师就必须学习神农氏尝百草的精神，不断地挑选及亲身尝试，找到猫咪能接受的口服药，以最简单方便的药粉或药水的方式喂食。但必须提醒的是，必须是原本就好吃的药才能如此，因为苦的药就算加入再甜的糖浆，或者混入再好吃的罐头内，一定还是苦不堪言，尤其对猫咪这样的美食家而言，下场一定是拒食这样的罐头，或者是不断口吐白沫，就像螃蟹一般。

第一次喂药最重要

经验对猫咪而言是相当重要的，如果你曾经喂猫咪吃过不好吃的药水，造成猫咪严重排斥及口吐白沫后，它这辈子或许就很难再接受这类液体的药物，就算再美味可口也一样；有的猫咪甚至看到喂药用的空针筒就开始抓狂反抗，光看到空针筒就口吐白沫，所以第一次喂药水的经验是相当重要的，不熟悉猫科治疗的医师就可能犯这样的错误，让以后的治疗变得困难重重。

药粉和药水 ▃▃▃

一般可以直接喂食的药粉或药水，都是适口性好或药物味道不重的，不然就算是再爱吃化毛膏或罐头的猫咪，都宁可将最爱吃的东西放一旁，看都不愿意看一眼。不过也有些猫咪只要闻到一点点药味，就没办法接受，因此药粉或药水的给予，还是得看猫咪赏不赏脸了。

喂食药水

Step1　将液状药物充分摇匀。

Step2　左手扶着猫咪的头，向上倾斜约45度，并以拇指和食指固定猫咪的头部。

Step3　右手拿着已抽取好药物的针筒，食指及中指夹住针筒，轻压针杆，药物就会流出。

Step4　将针筒放在猫咪嘴角的齿缝位置（大约是在犬齿后方），配合猫咪舔舐的动作，缓慢地将药水挤入。若猫咪无口吐白沫的症状出现，则可以持续缓慢地将剩余药水挤入嘴角齿缝。

Step5　若猫咪出现口吐白沫的症状并顽强抵抗，应停止喂药，并与医师联系讨论。

请避免！常见的喂药水错误：

1　未将头部上仰，有些猫咪会拒绝舔舐而让药水流出嘴外。

2　硬将猫咪嘴巴打开，直接将药水射入咽喉，可能会造成呛伤或吸入性肺炎。

3　药水注射过快，猫咪会因为来不及舔舐而让药水流出嘴外，或因惊恐而顽强抵抗。

4　猫咪口吐白沫仍强灌药水，其实这样吃进去的药量恐怕为零。

5　药水未摇匀就抽取，可能造成剂量不足或高剂量中毒。

药片和胶囊

前面已经提过，大多数药物都是苦不堪言的，如果猫咪必须要服用这样的药物，你就必须学习如何喂食猫咪服用胶囊和药片，而且猫咪终其一生一定会有这样的时候，最好趁它还年幼可欺时让它习惯。

喂食药片和胶囊 ·················· **Step1**

将胶囊或药片安置于喂药器的匣子内，并将推进杆后抽，试着发射一次，看药物是否能顺利射出。

Step2

取一个3mL的空针筒，抽取2~3mL饮用水。

Step3

一手握持猫咪头部使其后仰，让鼻子、颈部和胸部都在同一平面上。这样的动作会使得颈部肌肉呈现高度紧张状态，猫咪的嘴巴就容易张开。

Step4

另一手的食指及中指夹住喂药器，拇指轻压喂药器推进杆底部。

Step5

迅速地将喂药器伸入口腔，并将药物射在舌背根部。

Step6

立即将猫咪的嘴闭合，并往鼻头吹气或以手指来回碰触鼻头，然后松开嘴巴。这样的动作会让猫咪的舌头伸出来舔舐鼻头，药物就会顺利地滑入食道内。

Step7

紧接着以针筒喂饮用水，可以让药物更确实地被猫吞咽下去，并可避免胶囊黏附在咽喉或食道内。

POINT

所有过程越快越好，把握快、狠、准三要诀。

295

请避免！常见的错误喂药法：

1　喂药器未先试射，使得推进杆推到尽头后，仍无法让药物脱离喂药器前端的药匣。

2　头部握持过度用力造成猫咪疼痛反抗，或者尝试以手指用力按压口颊部来让猫咪张口。

3　未将药物射在舌头的背根部。

4　未及时将猫咪嘴巴合紧。

5　未喂食饮用水润喉，让胶囊黏附在咽喉处并逐渐溶解，胶囊内的苦药就会渗入口腔，造成猫咪口吐白沫。

个性好的猫咪可尝试徒手喂药

Step1　左手食指和拇指扣住猫咪的颧骨，轻轻将头抬高，让它的下巴和颈部呈一直线，并用右手把猫咪的嘴巴打开。

Step2　右手的拇指和食指拿着药片。

Step3　把药片丢在舌根部，如果药放的位置不够里面，猫咪的舌头很容易将药顶出来。

Step4　喂完药后，马上将猫咪的嘴巴合紧，并用针筒喂一些水给猫咪，猫咪会因为有水，而将药物吞下。也可以对着猫咪的鼻子轻轻吹气，猫咪也会将药吞下。

个性好的猫咪可尝试零食喂药

将药片用零食
或化毛膏包覆。

Step2

直接拿给猫咪
喂吃。

点药

除了喂猫吃药是猫奴的噩梦，点眼药和耳药也是猫奴们最头痛的事。猫咪不会乖乖地被点药，而猫奴们也不知道怎么做，常常会弄得猫咪满脸是药，好不容易点完后，药水也只剩下半瓶了。

眼药水	Step1	眼药膏

将猫咪抱在怀里或放在椅子上，以左手稍微将头往上抬，左手食指将猫咪上眼皮往上撑开，露出眼白部分。

将猫咪抱在怀里或放在椅子上，以左手稍微将猫咪的头往上抬，左手的食指将猫咪的上眼皮往上撑开。

 Step2

右手拿眼药水，由猫咪视线的后方过来，因为有些猫咪看到眼药水会更害怕和挣扎。在眼白处滴一滴眼药水。

右手拿眼药膏，轻轻挤出约0.5厘米长，药膏接触眼球后，由眼角往眼尾方向移动。

Step3

滴完眼药水后，猫咪会眨眼，让多余的眼药水流出，再拿干净的卫生纸擦掉多余的眼药水即可。

以手指将猫咪的上下眼皮轻轻闭起，让药膏充分地布满整个眼球。

点耳药

Step1

发炎的耳朵会有许多耳垢分泌，可以先用清耳液清洁。

Step2

以一手固定耳朵，另一只手拿耳药。

Step3

确定外耳道位置，使耳药的头伸入外耳道。因为猫咪的外耳道是L形的，所以不会伤害到耳内。如果没有深入点药，猫咪可能会很快将耳药甩出。

Step4

轻轻按摩猫咪的耳根，然后让猫咪将多余的耳药及耳垢甩出。

Step5

以卫生纸将耳郭上的耳药及耳垢擦拭干净，但不要用棉签伸入外耳道内清理；否则除了会将耳垢往耳内推，还会因猫咪挣扎抵抗造成外耳道或耳膜受伤。

F 如何用喂食管喂食

　　猫咪在生病的时候，食欲会逐渐降低，主要是因为疾病本身造成的不舒服，使得猫咪进食状况变差，或是疾病造成猫咪无法进食。在治疗的过程中，猫咪还是必须补充营养，如果营养不足，会造成身体缺乏能量，导致继发脂肪肝的形成，疾病的治疗就会变得更复杂。此外，猫咪对于强迫进食很容易形成排斥感，甚至看到猫奴拿着装着食物的针管就逃跑，所以喂食管的放置对于讨厌灌食的猫咪来说就很重要。喂食管的给食方式不会强迫猫咪，也不会造成猫咪紧张及厌恶，猫奴们也不需要花很长的时间与猫咪奋战，双方都能更轻松、更没压力地面对疾病。

　　猫奴们不要把放置喂食管看成是很严重或很困难的手术，持续不进食只会让疾病恶化，让身体的恢复变得困难；所以必要时，还是听从医师的建议放置喂食管，让猫咪的身体能更快复原并将它带回家照顾。

鼻饲管

　　鼻饲管的放置比较简单，不需要将猫咪全身麻醉就可以实行，只需先将局部麻醉剂滴入鼻腔内，减少鼻腔的刺激，再将鼻饲管放入鼻腔内即可。缺点是受到鼻腔宽度的限制，只能选择管径较小的鼻饲管，也因此只能选择流质食物，如果食糜的颗粒较大，就容易造成管子阻塞。一旦管子塞住，不易疏通时，就只能换另一边的鼻孔放鼻饲管了。此外，鼻饲管一边只能放置 4~7 天，无法长时间留置。

▲ 强迫灌食会造成猫咪对进食的抗拒

◀ 鼻饲管需稍微固定在鼻子上，并进行
　简易的包扎

鼻饲管的喂食方式

Step1

准备流质食物、水及针筒。鼻饲管比较细，因此以喂食流质食物为主，避免造成鼻饲管阻塞。

Step2

右手拿装有水的针筒，左手将鼻饲管的塞头固定住。将鼻饲管的盖子打开前，左手的拇指和食指要先将靠近盖子的管子压紧，以免空气进入胃里。

Step3

先接上装有3~5mL水的针筒，冲洗鼻饲管。确认管子通畅，没有阻塞。

Step4

将装有食物的针筒接到鼻饲管上，并缓慢地将食物灌入鼻饲管中。灌食时左手要扶住鼻饲管，因为灌食时的压力大，容易造成针筒与鼻饲管连接处分开、食物喷出。此外，若灌食过快，易造成猫咪呕吐。

Step5

灌食完后，再用装水的针管将鼻饲管冲洗干净。食物如果残留在管内，容易造成阻塞，下次灌食时会很难疏通。

Step6

灌食完后一定要将鼻饲管盖紧，并将鼻饲管的头再放回包扎的绷带内，以免猫咪将管子抓开，造成空气进入胃内。

食道喂食管

　　食道喂食管与鼻饲管并不相同，食道喂食管的管子较粗，就算是带有一些细颗粒的食糜，也较不容易阻塞。此外，管子放置的时间也可以长达好几个月，但需特别注意管子插入处皮肤伤口的感染状况。另外，猫咪需要在短时间麻醉的情况下才能放食道喂食管，因此状况稳定的猫咪比较适合。

▲ 食道喂食管

用食道喂食管来喂食药片和胶囊

Step1

　　将猫咪每日进食的饲料量称好，倒入磨豆机内。分量可以参考饲料袋上的表格建议量，或请医师帮你计算好每日需求量。

Step2

　　饲料颗粒尽量磨成较细的粉末，这样针筒抽取时较不容易造成阻塞。

Step3

　　饲料粉末加水搅拌均匀。饲料粉末加水后可能会膨胀，饲料泥放久后会吸收水分而变得较干，造成针筒不易抽取。

Step4

　　制成以针筒能抽取状态的饲料泥。（或直接使用肉糜状罐头。）

用食道喂食管来喂食药片和胶囊

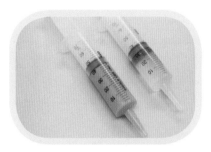

Step5

准备一管饲料泥和一管水。

Step6

将喂食管上的盖子打开，手指要稍微盖住，以免过多的空气进入胃里。

Step7

先以约5mL水冲洗喂食管，确定管子通畅。

Step8

将饲料泥缓慢灌入喂食管中。

Step9

接着灌入5~10mL水，将管内残留的食物冲洗干净。

Step10

将喂食管的盖子塞回去，并且放回包扎的绷带内，以免猫咪把盖子拆开。

喂食管放置的注意事项

1　放置时机：猫咪超过两天未进食，或是体重在短时间内减轻很多（体重减轻10%）。

2　喂食前，先将食物加热至接近体温，这样可以降低呕吐的发生概率。

3　当喂食管阻塞时，可将可乐灌入管内疏通。从灌入可乐至管子疏通可能需要几小时的时间，如果还是阻塞，就直接带猫咪去医院。

4　喂食管的放置并不会影响猫咪自己进食，因此在猫咪自己能够吃到足够的量之后，就可考虑拆除管子。

5　每日喂食量、喂食次数及喂食的食物种类都请根据医师的建议做调整。

G 皮下注射

　　一般患糖尿病或肾脏病的猫咪都需要皮下注射的居家治疗，且由猫奴自行注射。猫咪对于疼痛的承受力远比想象的大，皮下注射的疼痛感对它们来说并不是很大，只不过猫奴需要先克服对针的恐惧及对猫咪的心疼。猫咪就像小孩子，没有小孩会喜欢医疗，猫咪也是，但为了它们着想，该做的医疗还是得做！其实，皮下注射并不难，只要抓住要领就会变得很容易，不过还得看猫咪愿不愿意配合了！尤其是输液或皮下注射会花一些时间，猫咪可能会没耐性打完，或许可以将它放在提篮内，直到打完再放出来，也是另一种变通的方式。

皮下注射胰岛素

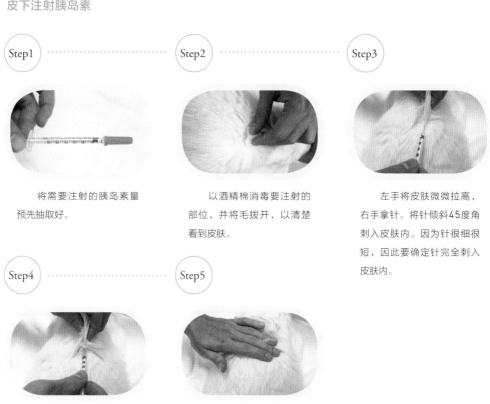

Step1 将需要注射的胰岛素量预先抽取好。

Step2 以酒精棉消毒要注射的部位，并将毛拨开，以清楚看到皮肤。

Step3 左手将皮肤微微拉高，右手拿针。将针倾斜45度角刺入皮肤内。因为针很细很短，因此要确定针完全刺入皮肤内。

Step4 针筒回抽，确定针筒内是负压后，再将胰岛素注入皮下。

Step5 拔除针后，用手轻轻按摩注射部位。

输液

输液主要是在帮猫咪补充脱水，或是对患肾脏病的猫咪产生利尿作用，以减缓肾脏功能的恶化，输液的量则根据猫咪持续脱水的量而定。

肾脏疾病给予输液治疗的注意事项：

1 初期可以保守地每周给予2～3次输液，每次100～200mL。

2 如果天气寒冷，最好将待输液体以温水加热至35～40℃再进行输液，这样比较不会造成刺激，让猫咪愿意乖乖进行输液。

3 最初阶段最好还是每周复诊一次，让兽医师评判脱水状况及肾脏数值的变化。兽医师会根据检查结果来建议调整输液的量及频率。

4 所输液体的选择方面，建议采用等渗的乳酸林格氏液，因为这样的输液可能必须长期进行，所以不建议采用含糖的液体，避免增加细菌感染的风险。

5 饲主也必须在猫咪进行输液前先检查猫咪的皮肤状况，若呈现红、肿、热、痛，应停止输液，并尽快复诊检查。

Step1

输液时，需要输液管、23G针头或23G蝴蝶针、一瓶液体及酒精棉。

Step2

打开输液瓶的瓶盖（蓝色）及输液管的塑料头盖，将输液管插入输液瓶。

Step3

将白色滚轮锁紧（往箭头方向），输液瓶倒吊，挤压滴管处让液体流出。

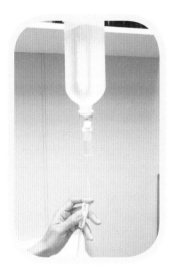

 Step4

再将白色滚轮打开，让液体充满输液管和针头，之后再将滚轮锁紧。

Step5

用酒精棉擦拭要打针部位的毛发，将毛拨开到可以清楚看到皮肤。

Step6

右手拿针，左手将皮肤稍微往上拉，针以45度角倾斜刺入。确定针插入皮肤后，打开滚轮，让液体注入。

Step7

如果猫会乱动，可以用纸胶带暂时固定位置，并且将猫咪暂时放入猫包，或用毛巾裹住，安抚猫咪。

POINT

输液时，要随时注意液体进入体内的量，以免打过量。打完后将滚轮锁紧，并把针拔出即可。

305 |

皮下导管输液

　　皮下导管主要用于患慢性肾脏病的猫咪身上，猫奴们因为不敢或是舍不得将针刺入猫咪的皮下，才会决定放置皮下导管。输液的给予量、种类及施打天数，都必须根据医师建议调整。如果在进行输液时发生任何问题，应立即向医师询问，确认是否需要将猫咪带到医院检查。

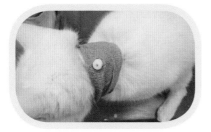

Step1 前四个步骤与输液相同。将皮下导管放置在颈背部，手术部位会包扎起来，只露出导管的头。

Step2 将皮下导管头的周围用酒精棉消毒。

Step3 将皮下导管的盖子转开。

Step4 将输液管与皮下导管连接起来。

Step5 将白色滚轮转开，让瓶子里的液体流出来。

Step6 将导管的盖子放在酒精棉上，以免被污染。

Step7

陪伴及安抚猫咪，直到输完用量。

Step8

输完后再将皮下导管周围以酒精棉消毒，拔除输液管，将导管的盖子拧上。

H 在家给糖尿病猫验血糖

　　猫咪是非常容易紧张的动物，因此在医院抽血验血糖时，往往会因为猫咪生气、紧张，造成验出来的血糖值偏高。此外，有些猫咪每次来医院都会很生气，无法让医师好好抽血，增加了血糖监控的困难度。

　　这些因素都会造成血糖控制的不稳定，而延长治愈糖尿病的时间。此外，有些猫咪在身体状况不稳定时，容易出现血糖过低的症状，这时如果不知道血糖值，有些主人会以为是高血糖的症状，错误施打胰岛素而造成更严重的低血糖症状。

　　因此，在本书，我们会介绍如何在家给猫咪验血糖，以降低血糖的误差值，减少低血糖症状的发生，以更稳定地控制糖尿病猫咪的血糖，增加糖尿病治愈的概率。

▶ 动物专用血糖机

血糖机的选择

　　人类使用的血糖仪通常会测出伪低值，有些则会呈现伪高值，虽然这些差异被认为在临床可接受的范围内，但最好还是采用已经被确认适用于猫的动物专用血糖机。

验血糖的步骤

　　居家验血糖并不
是很难的事，只是主
人必须先突破心理障
碍，毕竟在猫咪身上
扎针，不是每一个主
人都能做到的。

Step1

将耳缘血管上方及周围
的毛拔除，减少采血时的污
染，避免影响采血量。

Step2

用酒精棉片给将要采
血的部位消毒，并用干净
的干棉花将酒精擦干。以
免酒精影响数值判读。

Step3

将采血针对准血管并
刺入，在耳朵下方垫一片
厚棉花以方便操作，也可
以避免扎到手指。

Step4

将手指稍微放松，让
血液流出，将试片装入血
糖机内，以采血点对准血
滴蘸取，如血液量足够，
机器将自动进入倒数判
读，一般来说血糖机仅需
一滴血就足够了。（如无
血液流出，可能是没有刺
破血管，需重新扎针，注
意避免用力挤压血管，以
免造成淤血。）

请准备以下工具：

　　血糖机、血糖试纸、
采血针（血糖试纸都会
附）、止血钳或眉夹、
酒精棉片及干棉花。

Step5

采完血后，再用干棉花按压止血（约按压5分钟），直到放开后没有血液流出即可。（请记住不要使用酒精棉，会刺激针扎的小伤口引起疼痛，也可能影响止血效果。）

Step6

血液足够时，机器将自动进入判读倒数，倒数完后，机器会发出"哔"的一声，并显示血糖数值。

Step7

将验血糖的时间及血糖数值记录下来。

POINT

居家验血请注意：

1　验血的时间点、血糖数值及胰岛素的剂量，都必须与医师讨论，千万不要自行做调整，这对猫咪来说是非常危险的事。

2　如果猫咪的血糖值低于81mg/dL，但没有出现低血糖症状，请先与您的医师讨论，看是否要带猫咪到医院检查，或做紧急的处理。

3　如果猫咪的血糖值低于60mg/dL，且出现瞳孔放大、呼吸急促、流口水及瘫软症状，请先给猫咪一些糖水，并赶紧将猫咪送至医院。

4　猫咪还是需要定期回医院监控血糖值、体重和果糖胺值，以便医师更准确地帮猫咪调整胰岛素的剂量。

5　除了耳翼，肉垫也是可以采血的位置，采血位置可以交替使用。

　　居家验血糖除了可减少猫咪到医院的紧张，还可以进行良好的血糖控制，增加糖尿病痊愈的概率。但请记得使用血糖机验出来的血糖值，并且完整记录，与您的医师讨论。

　　千万不要根据血糖数值的高低自行更改胰岛素的注射剂量，这会造成严重的后果！除了记录血糖数值，进食量、喝水量及排尿量也是糖尿病监控的重要依据。因此，提供给医师的居家照护资料越详细，越能更快地让糖尿病猫咪的血糖稳定，增加痊愈的概率。

10

意外的紧急处理

意外的紧急处理

　　猫咪常常会因为强烈的好奇心而造成自身受伤，意外发生时还常在晚上，让猫奴无法临时找到医院。此外，猫咪是很能忍痛的动物，如果没有仔细观察，猫奴容易忽略它的不适。当猫咪发生紧急事故时，可以先做一些紧急处理，将伤害降到最低，但先决条件是你必须先冷静下来！大部分猫奴碰到猫咪受伤时，会因为心疼而无法冷静判断，这是人之常情，但当下能够帮助爱猫的也只有你了，所以让自己冷静下来帮猫咪处理，之后再赶紧送到最近的医院进一步治疗。

在紧急的情况下切记以下几点：

1　保持冷静，不要发出太大的声音惊吓到猫咪。
2　不要直接触摸伤口，伤口最好能用干净的毛巾或纱布包覆。
3　不随便使用药物，不当使用药物会造成猫咪中毒。
4　不给予水和食物，以免造成猫咪不适或呕吐。
5　安抚猫咪，减少猫咪情绪上的紧张。
6　与动物医院联络，并将猫咪送往医院治疗。

中毒

　　不管是什么物质，只要摄取量过多，都可能变成伤害身体的物质。一般把吃入较少量的物质（毒物）引起猫咪生病的状态称为中毒。猫咪可能暴露于各种存在有毒物质的环境中，并且对这些有毒物质有敏感性，例如清洁剂或食物中的防腐剂。但猫咪发生中毒的概率相对比狗低，可能是因为猫咪对吃的东西比狗狗更挑剔吧！在大部分中毒病例中，只要能及时清除胃内的有毒物质，并给予对症治疗和支持治疗，就能增加猫咪存活的机会。

　　猫咪中毒时，可能会出现呼吸困难、有神经症状（痉挛等症状）、心跳速率过快或过慢、出血或虚弱等。

紧急处理

1　如果怀疑猫咪有中毒现象，应立即联络你的兽医，电话中要明确地告诉医师猫咪的症状。如果能确认中毒前后猫咪的状况、原因和怀疑可能吃入的物质及呕吐物，最好都告知。
2　如果猫咪有呕吐症状，可以将呕吐物用干净的容器或塑料袋装起来，带到医院给医师评估，这对于确诊和治疗会有很大的帮助。

3　对于中毒最常采用的处理措施是催吐。在吃入有毒物质1~2小时内催吐是有帮助的，但如果吃入的是刺激性或腐蚀性的物质，就要避免催吐。此外，也可以提供一些抑制有毒物质吸收的物质，并且给予输液治疗。但以上的判定及治疗最好由医师来做出。

4　如果有毒物质附着在毛上，猫咪可能会因为毛上有讨厌的污垢而去舔，造成中毒的危险，可以用温水及洗毛剂将之洗净。不过必须是在猫咪状况还正常时才这么做，如果猫咪已经虚弱无力，就赶紧送医院治疗吧！

中暑

　　猫咪发生中暑的情况会比狗来得少，且猫咪对于环境中热的忍受力较好。但在炎热夏天，如果身处密闭的室内或车内，容易造成体温急速上升，身体无法适当调节体温，而造成中暑。症状恶化的话会导致昏迷，严重时也可能造成死亡。当猫咪有中暑现象时，请先将猫咪的体温降下来，并送往医院治疗。

　　当猫咪体温超过40℃时，腹部触摸起来比平常热，张口呼吸，眼睑边缘和口腔黏膜充血，甚至会流口水，可能是中暑了；严重时还可能出现全身瘫软、没有意识、休克等状况。尤其是体力变差的老年猫和有慢性疾病的猫，特别容易中暑，猫奴们务必注意。

如何判定猫咪是否中暑？

确认猫咪的体温是否过高？

（正常猫咪体温为38~39℃）

触摸猫咪大腿内侧的温度是否过高？

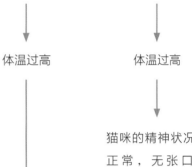

体温过高　　　　　　　体温过高

猫咪的精神状况还正常，无张口呼吸，不确定是否中暑，可打电话到医院询问。

轻度症状

　　当猫咪意识清楚，但有张口呼吸、流口水等状况时，可将猫咪移到凉爽的地方紧急处置。在呼吸稳定前让猫咪静养，如果10分钟后猫咪没有恢复稳定，请打电话到医院，询问是否需要带到医院去。

严重症状

　　猫咪意识不清，会张口呼吸，眼睑边缘和口腔黏膜有充血的现象。猫咪状况危急，请直接送往医院紧急处理。

紧急处理

1 使用空调或电风扇将室内温度维持在凉爽状态，若在密闭室内须保持通风。

2 将毛巾以冷水沾湿，包覆猫咪全身，使其体温降至39℃以下；也可拿毛巾包冰块，或取保冷剂放置于头颈部侧面、腋下及大腿内侧。不过不能一下降得太低，可以用温度计来测量体温。

3 送往医院，途中要保持车内凉爽，并且随时注意猫咪的精神状况及体温。到院前可以先向医师大致描述猫咪的身体状况，到院后医师就可以很快地帮猫咪处理。

癫痫 ▬▬▬▬

　　导致癫痫的原因很多，某种物质造成的中毒、肾脏病、低血糖及肝病等，都有可能让猫咪发生癫痫。癫痫通常会在5分钟内停止，但也有可能会重复好几次；如果癫痫持续5分钟以上，就算是危险的状况，必须找出病因并加以治疗。在猫咪发生癫痫时，请暂时不要做任何处理，先等它冷静下来。有些猫咪在发作前会变得比较焦虑，或是会因为一点小声音就被吓到，也可能会出现异常号叫声，这时就必须特别注意猫咪的行为。癫痫发作时，猫咪可能会有大小

便失禁、口吐白沫、发抖和无意识的四肢划动等症状。发作完后，猫咪常会变得焦虑或疲惫无力，甚至有些猫咪会容易饥饿。当猫咪发作完后，请将它送至医院接受检查及治疗。

紧急处理

1 在癫痫发作的当下，为了不让它受伤，可以将四周危险的物品移开。

2 不要强行抱它，猫咪癫痫时没有意识。

3 在猫咪癫痫发作的同时，可以手表记下发作时间，并将次数记录下来。

4 如果可以，也将影像拍下来，让医师能更了解猫咪的状况。

5 等到它冷静下来后，用毛巾将其包裹住，然后移到阴暗且安静的地方休息。

6 猫咪严重癫痫时，经常会口吐白沫，可以用卫生纸轻轻擦拭干净，以免造成呼吸不畅通。

7 平静下来后，猫咪可能已筋疲力尽。一边安抚猫咪，一边赶紧带它到医院接受治疗。

事故与意外 ===

当猫咪发生意外事故时，如果没有明显的跛脚或外伤流血，通常猫奴并不会特别注意到；有时猫咪的外表虽然看起来好好的，但有可能内脏和脑部已受到损害，特别是当猫咪的鼻腔和口腔内有血流出来时，有可能是内脏破裂及出血，切勿掉以轻心。

紧急处理

1 首先要观察猫咪的状况，是否站得起来、身躯是否有不自然弯曲等。
2 将猫咪平放在大箱子内，尽可能不要让它曲着身体。
3 送医途中，如果猫咪的口鼻有血液流出，用卫生纸将血液清理干净，保持呼吸道畅通。

脚骨折 ===

当猫咪走路一跛一跛的，或是走路的样子很奇怪，脚可能会缩起来（抬起来）、脚变形，或有骨头露在外面等状况出现时，表示猫咪可能骨折了。此时应尽量安抚猫咪，在移动猫咪的过程中，动作尽量不要太大，以缓解它的紧张及疼痛。

紧急处理

1 当发现猫咪骨折时，为了不弄伤患部的神经和血管，建议将猫咪放在较大的提篮或箱子内。
2 箱内放厚一点的毛巾，尽可能安静地将其搬运到动物医院，不摇晃猫咪。
3 固定骨折的脚对猫奴来说可能会有点困难，因此不用勉强，只要减少猫咪的移动，缓解其紧张情绪，尽快送往医院治疗即可。

▼ 01／尖锐物造成切割伤
　　02／打架被咬的伤口
　　03／用纱布压迫伤口处来止血，约10分钟

01　　　　　　　　　　　02　　　　　　　　　　　03

出血 ▰▰

　　半放养状态的猫咪最容易因外出打架或交通事故而造成出血；但完全养在室内的猫咪还是有可能会因玻璃、尖锐物切割伤等，造成出血的状况。如果看到猫咪出血，应压迫患部以止血，而初步的紧急处理后，一定要带到医院进一步治疗。有时猫在互相打架的情况下造成的伤口很小，但就算已经止血了，细菌还是会在里面繁殖，因此，清洗伤口后最好还是送往医院，让医师检查处理；到院前，可以先戴上伊丽莎白颈圈，防止猫咪去舔伤口。

紧急处理

1　用大量温水冲洗伤口，并用纸巾或纱布沾温水轻轻擦拭。
2　用干净的纱布包住出血的伤口，用手按压止血。
3　如果血流不止，一边压迫止血，一边赶紧送往医院治疗。

　　紧急处理是希望能将猫咪的伤害降到最低，但一般能进行的处理还是有限的。而猫奴们除了紧急处理，了解猫咪的状况、把状况告知医师也是非常重要的，因为这可以帮助医师快速地做出正确的判断和处理。此外，将物品收纳好，减少猫咪自由外出，并保持房间凉爽通风，预防意外事故的发生，比发生后的紧急处理来得更重要。

PART

11

老年猫照护

老年猫照护

　　老年猫一般是指 7 岁以上的猫咪。但很多 7 岁以上的猫咪看起来跟一般成年猫并无明显的不同，很多猫奴会有疑问：超过 7 岁的猫咪就算老年猫了吗？其实，猫咪在 7 岁之后，其活动力、视力、听觉等，都会慢慢地变差，器官的代谢机能也逐渐退化，所以很多疾病会陆续发生。因此，老年猫更需要仔细地观察及照顾。猫咪的平均寿命是 14~16 岁，但在细心的照料下，也有很多猫咪活到 19、20 岁。猫奴们应该了解老年猫的身体变化，定期给猫咪做身体检查，让猫咪有个安稳的老年生活。

▼ 老年猫的视力会渐渐变差，如果没仔细看，会不易察觉

身体上的变化

视力

　　老年猫的视力会渐渐变差，但因为猫咪还有嗅觉和触觉，加上行动变得缓慢，所以如果猫奴没特别注意猫咪行为的改变，也不会发觉猫咪视力异常。此外，眼睛的疾病（如白内障）和高血压也会造成猫咪失明，所以老年猫必须定期检查眼睛及血压。

听觉

　　老年猫对外界声音的敏感性变差，一般大小的声音猫咪可能会听不太清楚，有时需要很大声它才会有反应。

嗅觉

　　老年猫的嗅觉会因年龄的增长而慢慢丧失，对食物的分辨能力也会变差，进食自然会减少。此外，猫咪会用嗅觉辨别周遭的环境，因此，嗅觉变差也会影响猫咪的生活作息。

口腔

　　老年猫因免疫力下降，口腔内的细菌容易滋生，造成牙周疾病。牙周疾病会造成口腔发炎、牙齿脱落，严重的甚至会导致细菌由血液循环到心脏、肾脏等器官，造成器官发炎。此外，口腔发炎和疼痛也会造成猫咪的食欲变差，体重明显减轻。

行动

老年猫的行动力会逐渐变差，除了
会有骨头关节的疾病，也因为变瘦、身
体肌肉量减少，所以支撑身体的力量
变小，步态变得缓慢，不喜欢动，也不
爱跳高。有时要往高处跳，也会先看很
久，然后才有动作。

体重

当猫咪开始进入老化阶段时，身体
代谢率会降低、活动力减弱、净体重减
轻、体脂肪增加；而当身体的代谢吸收
变差后，再加上嗅觉变差及口腔疾病，
有些猫咪就会开始慢慢变瘦。

毛和指甲

老年猫的睡眠时间变得更长，且
不爱整理自己的毛，毛发因而干涩无光
泽，变得一束一束的；且指甲的角质会
变厚，如果没有经常帮猫咪修剪，会造
成指甲过弯而刺入肉垫中。

▲ 老年猫在跳跃之前，会先看很久，才
会有动作

▲ 老年猫的睡眠时间变长，也不爱整理
自己的毛

生活上的照顾

改成老猫饲料，注意每日进食量

1　给予含高质量蛋白质的老年猫专用饲料。除了年龄的增长，生病和压力也会造成
　　蛋白质储存流失，身体的肌肉组织减少，而补充蛋白质能弥补这些流失。故老年
　　猫对于蛋白质的需求会比年轻或成年猫咪高得多。老年猫的肾功能会随着年纪逐
　　渐衰退，这是正常的老化现象，肾功能不好的老年猫必须谨慎选择食物的蛋白质
　　含量。但若是健康的老年猫，蛋白质是不会引发肾脏病的，因此蛋白质对它们来
　　说，仍是重要的营养来源。

2　大部分老年猫对于日常能量需求会轻度至中度减少，因此应仔细监控猫咪的进食量和体重变化，维持理想体重，以预防过胖或过瘦。

3　老年猫生病时，请听从医师的指示，适时将平常喂食的饲料改成处方饲料。

经常帮猫咪梳理清洁

因为老年猫清理毛的时间变少了，掉落及干涩的毛容易纠结，所以常常帮猫咪梳毛，除了可以减少纠结的毛发，还可以减少皮肤疾病的产生。此外，定期帮猫咪剪指甲可以预防指甲过长刺入肉垫中，也可以降低指甲脱鞘的概率；定期帮猫咪清理眼睛和耳朵，以减少分泌物的产生，同时也可以检查耳朵和眼睛是否有异常。

改变老年猫的生活空间

老年猫与老年人一样，慢慢会出现骨关节疾病，肌肉量也会跟着减少，所以跳跃能力会变差，步态也会变得缓慢。降低物体之间的高度，例如在沙发旁摆放一个小椅子，让猫咪可以轻松地走上沙发，或是将猫砂盆换成较浅的，方便猫咪进出。这些改变都可以减少猫咪行动上的困难与不便。

定期给猫咪测量体重

通过测量猫咪的体重，可以了解猫咪身体状况的变化。正常猫咪的体重变化大多为几十克间的细微差距，只有在生病时才会有明显改变。公猫平均体重为 4~5 千克，而母猫平均体重为 3~4 千克，如果体重在两周至一个月内突然减少 10% 时，就需特别注意猫咪的食欲了。猫咪的体重、食欲或行为有改变时，请将其带到医院检查。

观察猫咪的变化 ===

多观察猫咪，如果发现以下状况，建议带到医院请医师做详细的检查，以确定猫咪是否健康。猫咪不会说话，猫奴们如果没有细心地观察猫咪的变化，很可能错过治疗的黄金时期。

1　食欲

猫咪的食欲是否突然增加？
对于平常爱吃的食物缺乏兴趣？
吃饲料时会有拨嘴巴的动作？
有想吃却又不敢吃的感觉？

2　喝水量和尿量

蹲在水盆前喝水喝很久？水盆内的水突然减少很多？

清理猫砂时，发觉每天猫砂结块的量增加很多？

3　体重变化

发现猫咪背上的脊椎变得明显，或猫咪明显变轻？

一个月称一次体重，发现体重少了10%以上？

4　注意猫咪行为上的改变

变得不爱活动，且睡眠时间变长了？

猫咪在跳到高处前会犹豫很久？

走路的样子怪怪的，或是跛脚？

猫咪会跑去躲起来？

猫咪走路变慢，容易碰撞到东西？

5　每日触摸猫咪的身体检查

抚摸它时发现身上有小团块物？

皮肤是否有严重掉毛或皮屑等？

老年猫的健康检查

老年猫常见的疾病包括心脏疾病、肾脏疾病、甲状腺功能亢进、关节疾病、糖尿病、口腔疾病及肿瘤。除了平时注意猫咪在生活作息上是否有异常，每年定期进行健康检查也是很重要的，健康检查除了基本的理学检查（如皮毛检查、耳镜检查），还有血液检查（如血细胞、血液生化）、X线片、腹部超声波和血压测量等。通过这些检查，不仅可以了解猫咪的身体状况，还可以在疾病发生的初期及时治疗并追踪。此外，别认为做了健康检查，猫咪这一年的身体都一定是健康的，疾病是随时可能发生的，检查结果也仅代表几周内的身体状况，还是必须时时观察猫咪的生活状况，一发现有异常就带到医院检查。

口腔保健、到院洗牙

口腔保健对老年猫来说是必要的，因为年纪增长会造成免疫力下降，口腔内的细菌也容易滋生。口腔保健和刷牙可以抑制细菌生长、减少牙结石的产生。此外，定期到医院检查口腔并洗牙也很重要，猫咪和人一样，就算天天刷牙，牙菌斑和牙结石还是会附着在牙齿上，一旦厚厚的牙结石附着在牙齿上，就必须到医院洗牙，才能完全去除牙结石。

既然养了这些可爱的家人，那么不管是健康、生病还是衰老，每个阶段都需要不同形式的陪伴与照顾，请负起照顾它们一辈子的责任，给予它们快乐、安心的生活。

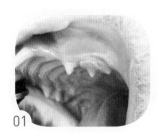
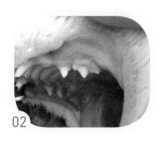

◀ 01／洗牙前，有很厚的牙结石堆积
02／洗牙后

01　　　　02

BB

Lily

Hamleys

Lucky

橘子和八戒

Molly

m 豆

丹丹

Garu

Mozzie

发发和可以

发发和喵喵

小萌

朱进时

橘子

小毛

蛋挞和细黑

电气白兰

糖宝

阿布

陌男

玻尔